建设工程识图与预算快速入门丛书

市政工程识图与预算快速入门

曾昭宏　主编

中国建筑工业出版社

图书在版编目（CIP）数据

市政工程识图与预算快速入门/曾昭宏主编. —北京：中国建筑工业出版社，2015.2（2022.11重印）
（建设工程识图与预算快速入门丛书）
ISBN 978-7-112-18201-5

Ⅰ.①市… Ⅱ.①曾… Ⅲ.①市政工程-工程制图-识别②市政工程-建筑预算定额 Ⅳ.①TU99 ②TU723.3

中国版本图书馆CIP数据核字（2015）第131142号

本书为“建设工程识图与预算快速入门丛书”之一。依据《建设工程工程量清单计价规范》GB 50500—2013、《市政工程工程量计算规范》GB 50857—2013编写。本书系统地介绍了市政工程识图与预算的基本知识和计算方法，全书共分为5章，主要内容包括：市政工程施工图识读基础、市政工程施工图识读、市政工程预算基本知识、市政工程定额计量与计价、市政工程清单计量与计价。

本书可供广大市政工程预算、造价及管理人员使用，也可供高职高专院校市政工程造价专业师生参考。

* * *

责任编辑：郭　栋　岳建光　张　磊
责任设计：张　虹
责任校对：李美娜　刘梦然

建设工程识图与预算快速入门丛书
市政工程识图与预算快速入门
曾昭宏　主编

*

中国建筑工业出版社出版、发行（北京西郊百万庄）
各地新华书店、建筑书店经销
霸州市顺浩图文科技发展有限公司制版
北京建筑工业印刷厂印刷

*

开本：787×1092毫米　1/16　印张：15¾　字数：392千字
2015年8月第一版　2022年11月第八次印刷
定价：**39.00**元

ISBN 978-7-112-18201-5
（27384）

编　委　会

主　编　曾昭宏

参　编（按笔画顺序排列）

王　乔　王　静　吕　峰　李晓丹

杨　静　张　军　张　彤　张　祎

张利艳　单杉杉　徐书婧

前 言

随着我国建设工程市场的稳步快速发展，工程造价咨询市场不断扩大，迫切需要大量的工程造价人员从事造价工作。为了完善工程量计价工作，规范工程发包、承包双方的计量和计价行为，国家颁布实施了《建设工程工程量清单计价规范》GB 50500—2013、《市政工程工程量计算规范》GB 50857—2013 等新的计价规范。新规范的颁布与实施，对广大市政工程造价人员和预算人员提出了更高的要求。为了满足工程造价初学者和刚入门者的需求，我们组织人员编写了本书，旨在帮助他们快递学习和掌握市政预算知识，提高其专业能力，更好地适应市政工程造价工作的需要，合理确定市政工程造价。

本书首先介绍了市政工程施工图识读的基础知识，引导读者读懂市政工程施工图纸；然后，通过预算基础知识、工程计量与计价等内容，帮助读者了解并掌握市政工程预算知识，完成从初学者到造价员、造价工程师的转变。本书可供广大市政工程预算、造价及管理人员使用，也可供高职高专院校市政工程造价专业师生学习参考。

由于编者的学识和经验有限，尽管编者反复推敲核实，但书中难免有疏漏或未尽之处，恳请有关专家和广大读者提出宝贵的意见，以便做进一步的修改和完善。

目　录

1 市政工程施工图识读基础

1.1 工程图纸的形成

1.1.1 投影图识读

1. 投影的概念

光线投影于物体产生影子的现象称之为投影，例如光线照射物体在地面或其他背景上产生影子，这个影子就是物体的投影，如图 1-1 所示。在制图学上，将此投影称为投影图（又称视图）。

用一组假想的光线将物体的形状投射到投影面上，并且在其上形成物体的图像，这种用投影图表示物体的方法称为投影法，它表示光源、物体和投影面三者之间的关系。投影法是绘制工程图的基础。

（1）一个点在空间各个投影面上的投影，总是一个点，如图 1-2 所示。

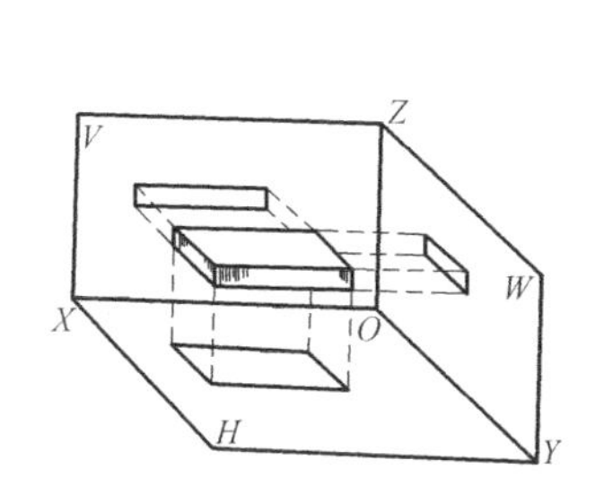

图 1-1 一块砖在三个面的投影

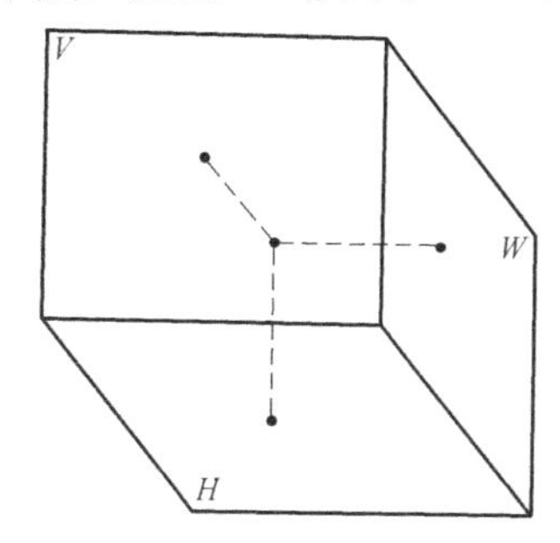

图 1-2 点的投影

（2）一条线在空间时，它在各投影面上的正投影，主要是由点和线来反映的。图 1-3（*a*）、（*b*）为一条竖直向下和一条水平线的正投影。

（3）一个几何形的面，在空间各个投影面上的正投影，主要是由面和线来反映的。如图 1-4 所示，是一个平行于底下投影面的平行四边形平面在三个投影面上的投影。

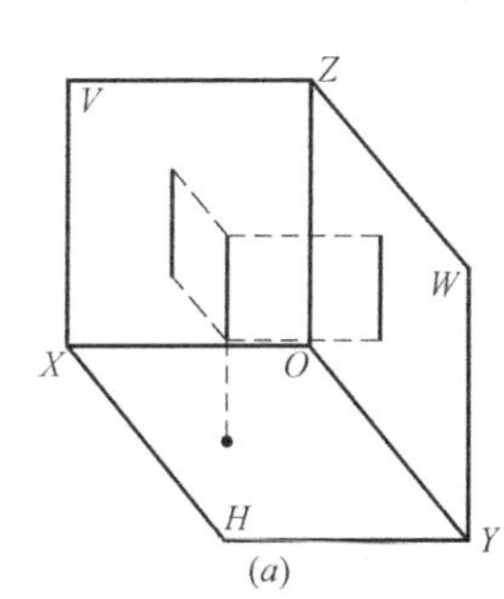

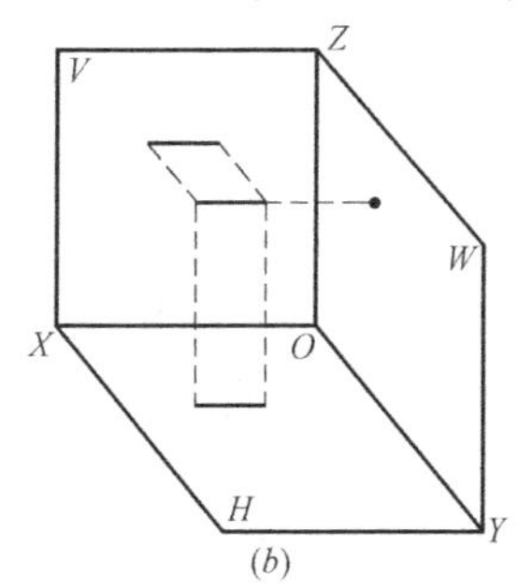

图 1-3 线的投影

（*a*）竖直线的正投影；（*b*）水平线的正投影

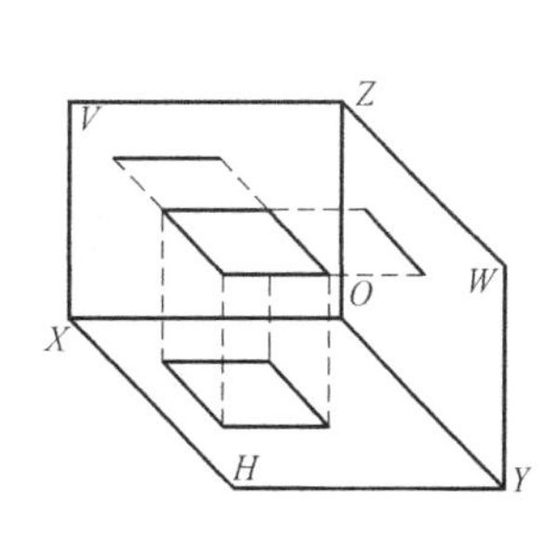

图 1-4 面的投影

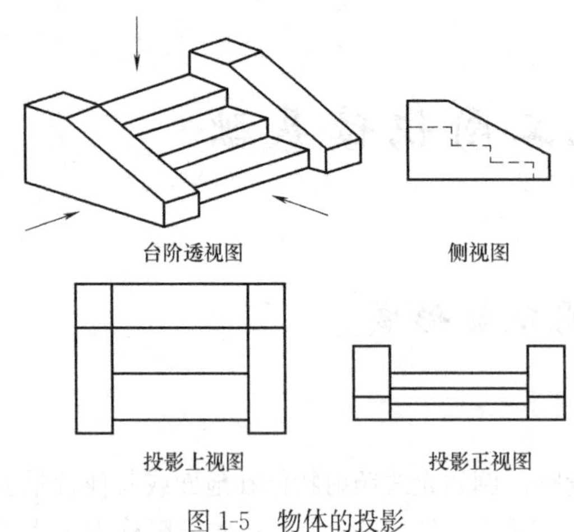

图 1-5　物体的投影

2. 物体的投影

物体的投影较为复杂，它在空间各投影面上的投影，均是以面的形式反映出来的。如图 1-5 所示，是一个台阶外形的正投影。

对于一个空心物体，如一个封闭的木箱，仅从其外表的投影是反映不出它的构造的，为此人们想出了一个办法，用一个平面中间切开它，让它的内部在这个面上投影，得到它内部的形状及大小，从而才能够反映这个物体的真实面貌。建筑物也类似这样的物体，仅外部的投影（在建筑图上称之为立面图）无法完全反映建筑物的构造，因此要有平面图和剖面图等来反映内部的构造。

（1）三个投影图中的每一个投影图表示物体的两个向度及一个面的形状，即：

1）V 面投影反映物体的长度及高度。

2）H 面投影反映物体的长度及宽度。

3）W 面投影反映物体的高度及宽度。

（2）三面投影图的“三等关系”

1）长对正，即 H 面投影图的长与 V 面投影图的长相等。

2）高平齐，即 V 面投影图的高与 W 面投影图的高相等。

3）宽相等，即 H 面投影图的宽与 W 投影图的宽相等。

（3）三面投影图与各方位之间的关系。物体均具备左、右、前、后、上、下六个方向，在三面图中，其对应关系为：

1）V 面图反映物体的上、下和左、右的关系。

2）H 面图反映物体的左、右和前、后的关系。

3）W 面图反映物体的前、后和上、下的关系。

3. 直线的三面正投影特性

空间直线与投影面的位置关系包括三种：投影面垂直线、投影面平行线及一般位置直线。

（1）投影面平行线。平行于一个投影面，而倾斜于另两个投影面的直线，称之为投影面平行线。投影面平行线分为：

1）水平线：直线平行于 H 面，倾斜于 V 面及 W 面。

2）正平线：直线平行于 V 面，倾斜于 H 面及 W 面。

3）侧平线：直线平行于 W 面，倾斜于 H 面及 V 面。

投影面平行线的投影特性见表 1-1。

（2）投影面垂直线。垂直于一投影面，而平行于另两个投影面的直线，称之为投影面垂直线。投影面垂直线分为：

1）铅垂线：直线垂直于 H 面，平行于 V 面及 W 面。

投影面平行线的投影特性　　表 1-1

名称	直观图	投影图	投影特性
水平线	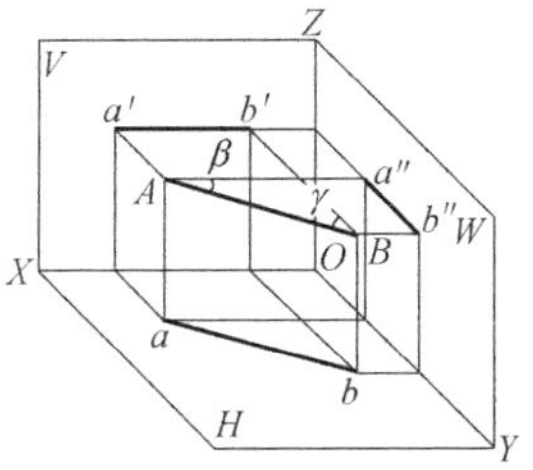	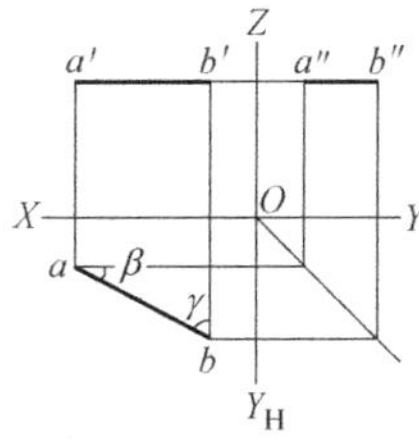	(1)水平投影反映实长 (2)水平投影与 X 轴和 Y 轴的夹角，分别反映直线与 V 面及 W 面的倾角 β 和 γ (3)正面投影及侧面投影分别平行于 X 轴及 Y 轴，但不反映实长
正平线	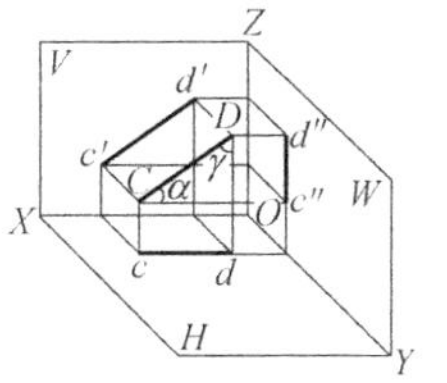	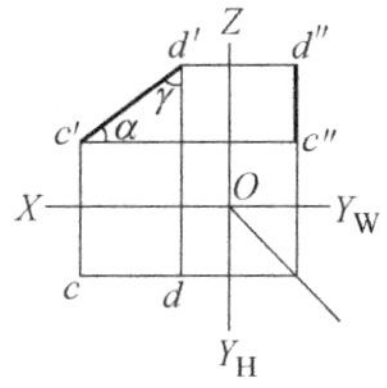	(1)正面投影反映实长 (2)正面投影与 X 轴和 Z 轴的夹角，分别反映直线与 H 面及 W 面的倾角 α 和 γ (3)水平投影及侧面投影分别平行于 X 轴及 Z 轴，但不反映实长
侧平线	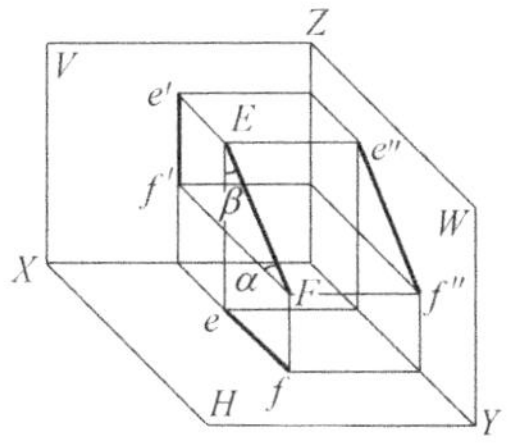	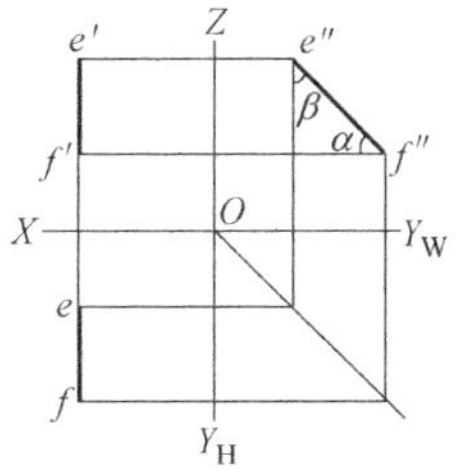	(1)侧面投影反映实长 (2)侧面投影与 Y 轴及 Z 轴的夹角，分别反映直线与 H 面和 V 面的倾角 α 和 β (3)水平投影及正面投影分别平行于 Y 轴及 Z 轴，但不反映实长

2）正垂线：直线垂直于 V 面，平行于 H 面及 W 面。

3）侧垂线：直线垂直于 W 面，平行于 H 面及 V 面。

投影面垂直线的投影特性见表 1-2。

投影面垂直线的投影特性　　表 1-2

名称	直观图	投影图	投影特性
铅垂线	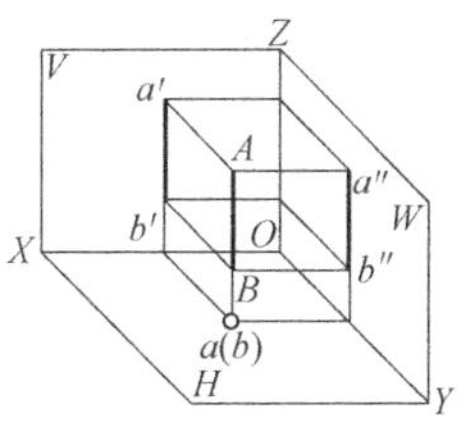	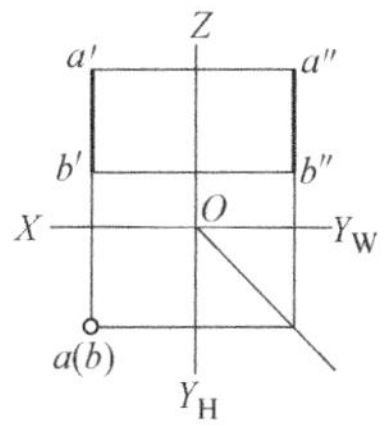	(1)水平投影积聚成一点 (2)正面投影及侧面投影分别垂直于 X 轴和 Y 轴，且反映实长
正垂线	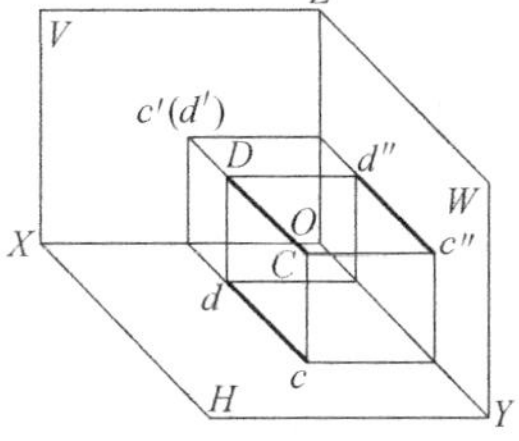	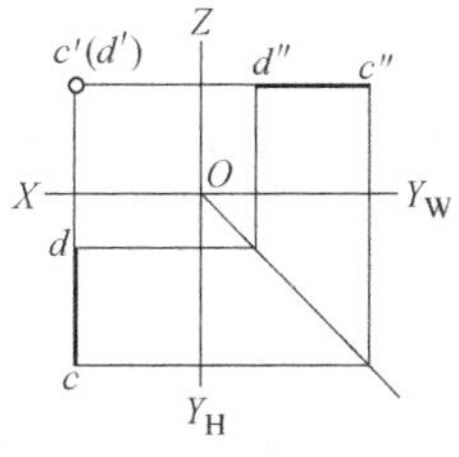	(1)正面投影积聚成一点 (2)水平投影和侧面投影分别垂直于 Y 轴及 Z 轴，且反映实长

续表

名称	直观图	投影图	投影特性
侧垂线	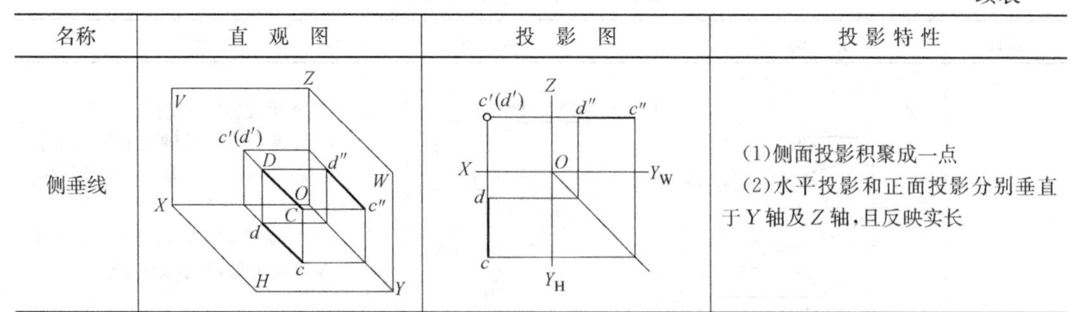		(1)侧面投影积聚成一点 (2)水平投影和正面投影分别垂直于 Y 轴及 Z 轴,且反映实长

4. 一般位置直线

如图 1-6 所示为一般位置直线。因为直线 AB 倾斜于 H 面、Y 面和 W 面，所以其端点 A、B 到各投影面的距离均不相等，由于一般位置直线的三个投影与投影轴都成倾斜位置，且不反映实长，也不反映直线对投影面的倾角。

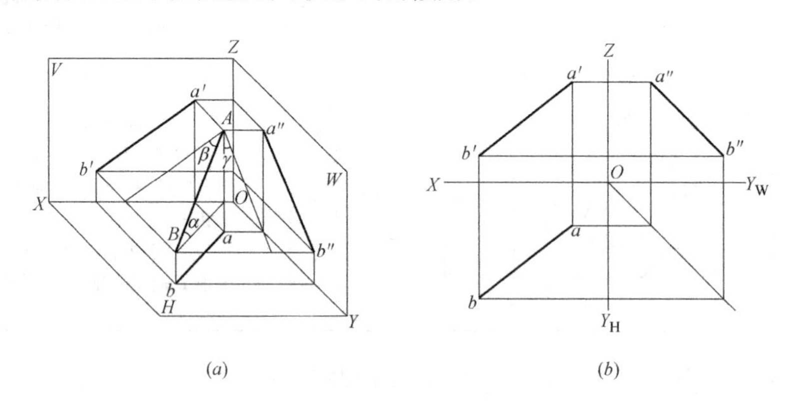

图 1-6　一般位置直线的投影

(a) 直观图；(b) 投影图

5. 平面的三面正投影特性

空间平面与投影面的位置关系包括三种：投影面平行面、投影面垂直面及一般位置平面。

(1) 投影面平行面。投影面平行面为投影面平面平行于一个投影面，同时垂直于另外两个投影面，其投影特点为：

1) 平面在它所平行的投影面上的投影反映实形。

2) 平面在另两个投影面上的投影积聚为直线，并且分别平行于相应的投影轴。

投影面平行面的投影特性见表 1-3。

(2) 投影面垂直面。此类平面垂直于一个投影面，同时倾斜于另外两个投影面，其投影图的特征是：

1) 垂直面在其所垂直的投影面上的投影积聚为一条与投影轴倾斜的直线。

2) 垂直面在另两个面上的投影不反映实形。

投影面垂直面的投影特性见表 1-4。

(3) 一般位置平面。对三个投影面都倾斜的平面称之为一般位置平面，其投影的特点是：三个投影均是封闭图形，小于实形且没有积聚性，但具有类似性。

投影面平行面的投影特性 表 1-3

名称	直观图	投影图	投影特性
水平面	Z V c′(d′) b′(a′) D A d″(a″) W X C B c″(b″) d a c b H Y	Z c′(d′) b′(a′) d″(a″) c″(b″) X O Y_W a d c b Y_H	(1)在 H 面上的投影反映实形 (2)在 V 面及 W 面上的投影积聚为一直线,且分别平行于 OX 轴和 OY_W 轴
正平面	Z V d′ a′ c′ b′ A d″(a″) D W X C B c″(b″) H d(c) a(b) Y	Z d′ a′ d″(a″) c′ b′ c″(b″) X O Y_W d(c) a(b) Y_H	(1)在 V 面上的投影反映实形 (2)在 H 面及 W 面上的投影积聚为一直线,且分别平行于 OX 轴和 OZ 轴
侧平面	Z V a′ b′(e′) A a″ c′(d′) E e″ W X D B d″ b″ e(d) C c″ a H b(c) Y	Z a′ a″ b′(e′) e″ b″ d″ c′(d′) c″ X O Y_W e(d) a b(c) Y_H	(1)在 W 面上的投影反映实形 (2)在 V 面及 H 面上的投影积聚为一直线,且分别平行于 OZ 轴和 OY_H 轴

投影面垂直面的投影特性 表 1-4

名称	直观图	投影图	投影特性
铅垂面	Z V b′ a′ A a″ B W d′ c′ b″ X D O d″ c″ a(d) C b(c) H Y	a′ b′ Z a″ b″ d′ c′ O d″ c″ X Y_W β a(d) γ b(c) Y_H	(1)在 H 面上的投影积聚为一条与投影轴倾斜的直线 (2)β、γ 反映平面与 V 面及 W 面的倾角 (3)在 V 面及 W 面上的投影小于平面的实形

续表

名称	直观图	投影图	投影特性
正垂面			(1)在 V 面上的投影积聚为一条与投影轴倾斜的直线 (2)α、γ 反映平面与 H 面及 W 面的倾角 (3)在 H 面及 W 面上的投影小于平面的实形
侧垂面			(1)在 W 面上的投影积聚为一条与投影轴倾斜的直线 (2)α、β 反映平面与 H 面及 V 面的倾角 (3)在 V 面及 H 面上的投影小于平面的实形

6. 投影图的识读

读图是根据形体的投影图，运用投影原理及特性，对投影图进行分析，想象出形体的空间形状。识读投影图的方法包括形体分析法与线面分析法两种。

(1) 形体分析法。形体分析法是根据基本形体的投影特性，在投影图上分析组合体各组成部分的形状及相对位置，然后综合起来想象出组合形体的形状。

(2) 线面分析法

1) 线面分析法是以线和面的投影规律为基础，根据投影图中的某些棱线和线框，分析它们的形状及相互位置，进而想象出它们所围成形体的整体形状。

2) 为应用线面分析法，必须掌握投影图上线及线框的含义，才能够结合起来综合分析，想象出物体的整体形状。投影图中的图线（直线或曲线）可能代表的含义包括：

① 形体的一条棱线，即形体上两相邻表面交线的投影。

② 与投影面垂直的表面（平面或曲面）的投影，即为积聚投影。

③ 曲面轮廓素线的投影。

3) 投影图中的线框，可能包括如下含义：

① 形体上某一平行于投影面的平面的投影。

② 形体上某平面类似性的投影（即平面处于一般位置）。

③ 形体上某曲面的投影。

④ 形体上孔洞的投影。

(3) 投影图阅读步骤。阅读图纸的顺序通常是先外形，后内部；先整体，后局部；最后，由局部回到整体，综合想象出物体的形状。读图的方法，通常以形状分析法为主、线面分析法为辅。阅读投影图的基本步骤是：

1）从最能够反映形体特征的投影图入手，通常以正立面（或平面）投影图为主，粗略分析形体的大致形状及组成。

2）结合其他投影图阅读，正立面图与平面图对照，三个视图联合起来，运用形体分析法及线面分析法形成立体感，综合想象，得出组合体的全貌。

3）结合详图（剖面图、断面图），综合各投影图，想象整个形体的形状及构造。

1.1.2 视图

视图，即人从不同的位置所看到的一个物体在投影面上投影后所绘成的图纸。通常分为上视图，前、后侧视图，剖视图。

（1）上视图：即人在这个物体的上部向下看，物体在下面投影面上所投影出的形象。

（2）前、后侧视图：是人在物体的前、后、侧面看到的这个物体的形象。

（3）剖视图：是人们假想一个平面把物体某处剖切开之后，移走一部分，人站在未移走的那部分物体剖切面前所看到的物体剖切平面上的投影的形象。

如图 1-7（a）所示，即为用水平面 H 剖切后，移走上部，从上往下看的上视图。为了符合建筑图纸的习惯称法，这种上视图称为平面图（实际是水平剖视图）。另外，如图 1-7（b）、（c）、（d）所示，分别称为立面图（实际是前视图）、剖面图（实际是竖向剖视

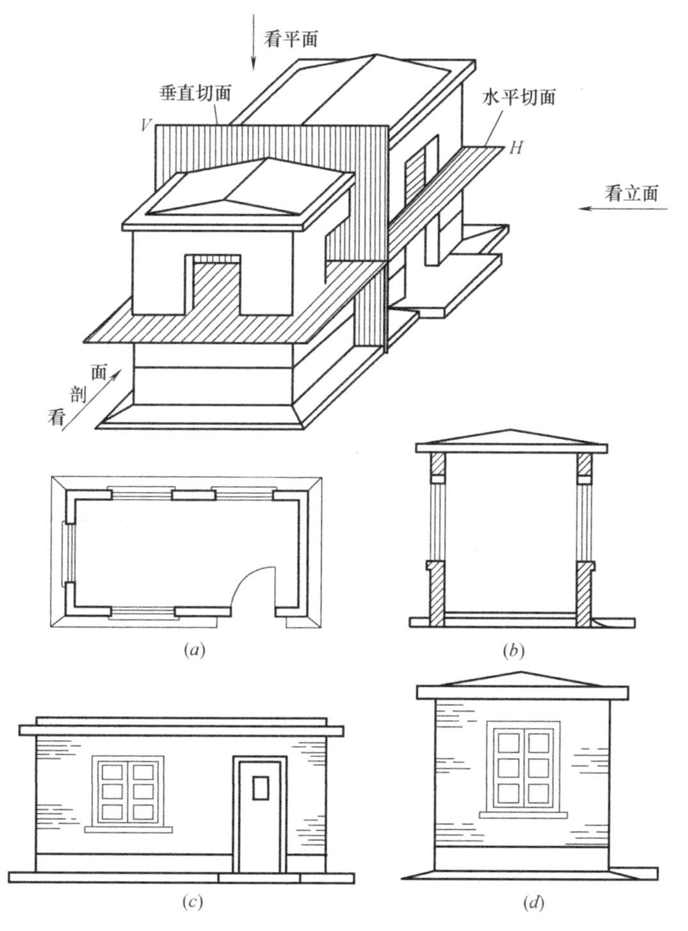

图 1-7 房屋的剖切视图

（a）H 平面剖切图；（b）立面图；（c）V 面剖切图；（d）侧立面图

图）和侧立面图（实际是侧视图）。

（4）仰视图：这是人在物体下部向上观看所看到的形象。建筑中的仰视图，通常是在室内人仰头观看的顶棚构造或吊顶平面的布置图形。建筑中顶棚无各种装饰时，通常不绘制仰视图。

在工程图中，物体上可见的轮廓线，一般采用粗实线表示，不可见的轮廓线采用虚线表示。当物体内部构造复杂时，投影图中就会出现很多虚线，因而使图线重叠，不能清晰地表示出物体，也不利于标注尺寸和读图。

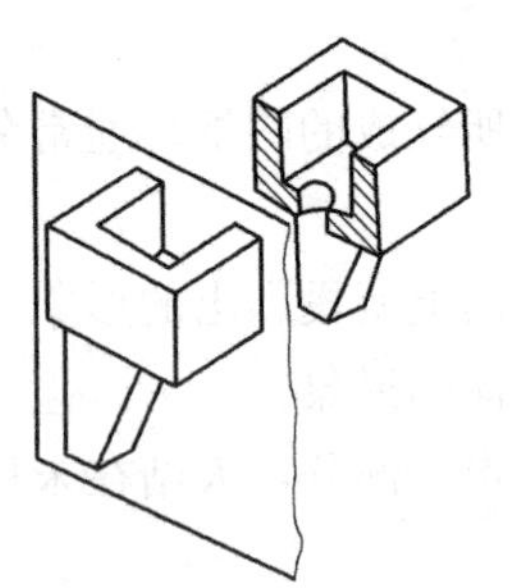

图 1-8　剖面图的形成

1. 剖面图

为了能够清晰地表达物体的内部构造，假想利用一个平面将物体剖开（此平面称为切平面），移出剖切平面前的部分，然后画出剖切平面后面部分的投影图，这种投影图称为剖面图，如图 1-8 所示。

（1）剖面图的画法

1）确定剖切平面的位置。画剖面图时，首先应选择适当的剖切位置，使剖切后画出的图形能确切反映所要表达部分的真实形状。

2）剖切符号。剖切符号又称剖切线，由剖切位置线和剖视方向所组成。用断开的两段粗短线表示剖切位置，在其两端画与其垂直的短粗线表示剖视方向，短线在哪一侧即表示向哪方向投影。

3）编号。用阿拉伯数字编号，并注写在剖视方向线的端部，编号应按顺序由左至右、由下至上连续编排，如图 1-9 所示。

4）画剖面图。剖面图虽然是按照剖切位置移去物体在剖切平面和观察者之间的部分，根据留下的部分画出投影图。但由于剖切是假想的，所以画其他投影时，仍应完整地画出，不受剖切的影响。剖切平面与物体接触部分的轮廓线用粗实线表示，剖切平面后面的可见轮廓线用细实线来表示。物体被剖切后，剖面图上仍可能有不可见部分的虚线存在，为了使图形清晰、易读，对于已表示清楚的部分，虚线可省略不画。

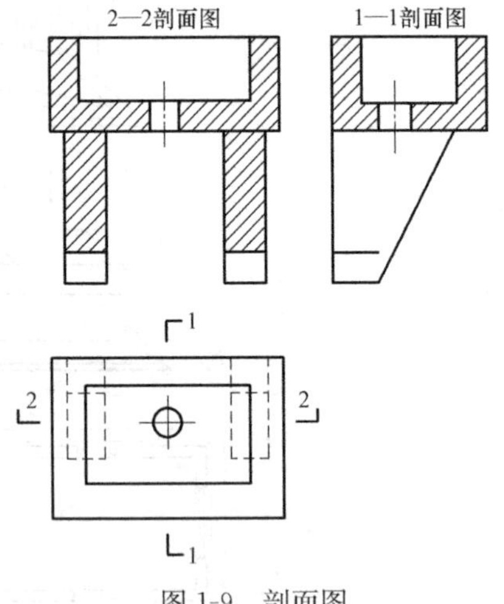

图 1-9　剖面图

5）画出材料图例。在剖面图上为了分清物体被剖切到和没有被剖切到的部分，在剖切平面与物体接触部分要画上材料图例，同时表明建筑物各构配件是由什么材料做成的。

（2）剖面图的种类

1）按照剖切位置可以分为两种：

① 水平剖面图。当剖切平面平行于水平投影面时，所得的剖面图称为水平剖面图，建筑施工图当中的水平剖面图称为平面图。

② 垂直剖面图。如果剖切平面垂直于水平投影面所得到的剖面图称为垂直剖面图，图 1-9 中的 1—1 剖面称为纵向剖面图，2—2 剖面称为横向剖面图，两者都为垂直剖面图。

2）按剖切面的形式又可分为：

① 全剖面图。用一个剖切平面将形体全部剖开之后所画的剖面图。如图 1-9 所示的两个剖面为全剖面图。

② 半剖面图。当物体的投影图和剖面图均为对称图形时，采用半剖的表示方法，如图 1-10 所示，图中投影图与剖面图各占一半。

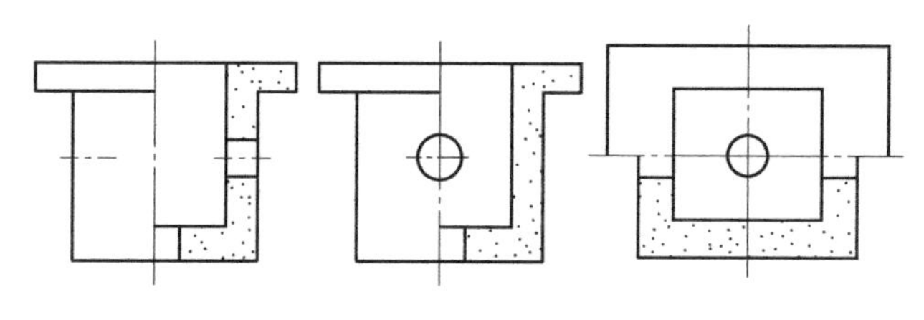

图 1-10 半剖面图

③ 阶梯剖面图。用阶梯形平面剖切形体之后得到的剖面图，如图 1-11 所示。

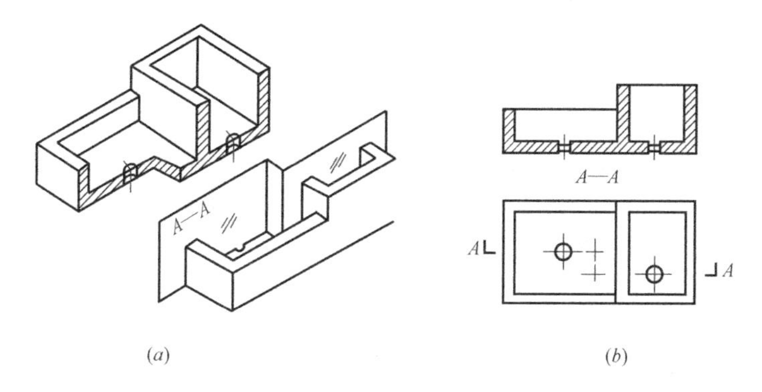

图 1-11 阶梯剖面图

④ 局部剖面图。形体局部剖切后所画的剖面图，如图 1-12 所示。

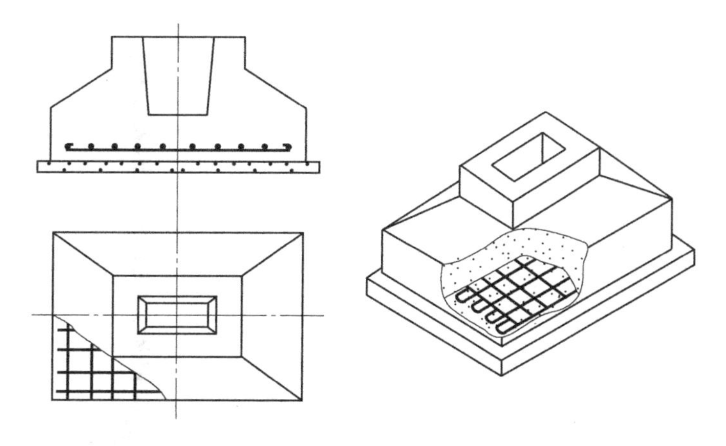

图 1-12 局部剖面图

（3）剖面图的阅读。剖面图应画出剖切后留下部分的投影图，在阅读时应注意以下几点：

1）图线。被剖切的轮廓线用粗实线来表示，未剖切的可见轮廓线用中实线或细实线表示。

2）不可见线。在剖面图当中，看不见的轮廓线通常不画，特殊情况可以用虚线来表示。

3）被剖切面的符号表示。剖面图中的切口部分（部切面上），通常画上表示材料种类的图例符号；当无需示出材料种类时，用45°平行细线表示；当切口截面比较狭小时，可以涂黑表示。

2. 断面图

假想用剖切平面将物体剖切后，只画出剖切平面剖切到部分的图形称为断面图。对于某些单一的杆件或需要表示某一局部的截面形状时，可只画出断面图。如图1-13所示为断面图的画法。它与剖面图的区别在于，断面图只需要画出形体被剖切后与剖切平面相交的那部分截面图形，至于剖切后投影方向可能见到的形体其他部分轮廓线的投影，则不必画出。显然，断面图包含于剖面图。

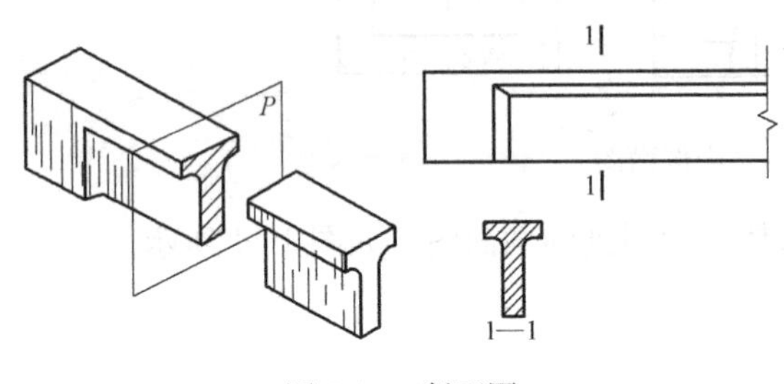

图1-13　断面图

断面图的剖切位置线端部，不必如剖面图那样画短线，其投影方向可以用断面图编号的注写位置来表示。例如，断面图编号写在剖切位置线的左侧，即表示从右向左投影。

在实际应用当中，断面图的表示方式包括以下几种：

（1）将断面图画在视图之外适当位置，称为移出断面图。移出断面图适用于形体的截面形状变化较多的情况，如图1-14所示。

（2）将断面图画在视图之内，称为折倒断面图或重合断面图。它适用于形体截面形状变化比较少的情况。断面图的轮廓线用粗实线来表示，剖切面画材料符号，不标注符号及编号。如图1-15所示是现浇楼层结构平面图中表示梁板及标高所用的折倒断面图。

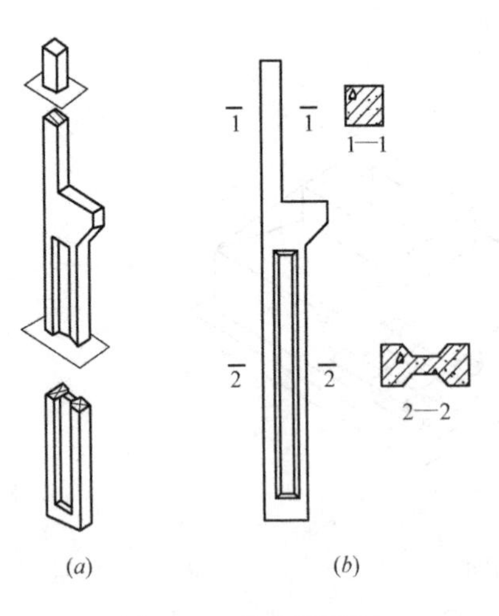

图1-14　移出断面图

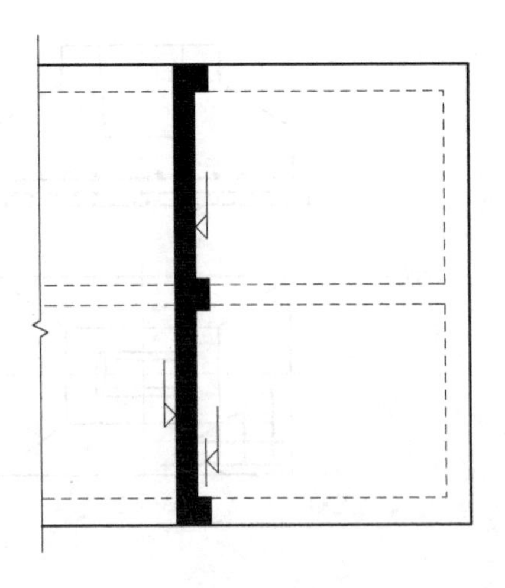

图1-15　折倒断面图

（3）将断面图画在视图的断开处，称为中断断面图。此种断面图适用于形体较长的杆件且截面单一的情况，如图1-16所示。

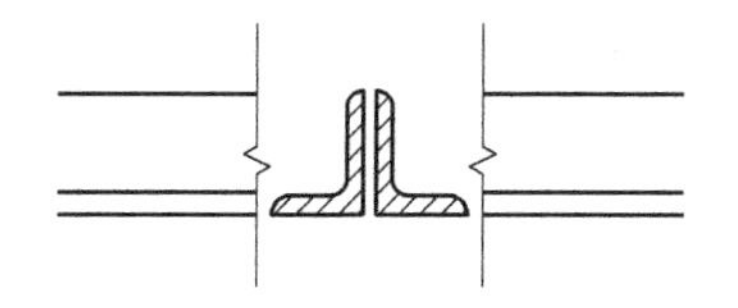

图 1-16 中断断面图

1.2 施工图一般规定

1.2.1 图纸幅面

一张由边框线围面的空白纸面，称为图纸的幅图（简称为“图幅”），我国制图标准规定的图纸幅面分为 A0～A4 五类，幅面的尺寸见表 1-5。

市政制图图纸幅面尺寸（单位：mm） 表 1-5

幅面代号 尺寸代号	A0	A1	A2	A3	A4
$b \times l$	841×1189	594×841	420×594	297×420	210×297
c	10				5
a	25				

注：表中 b 为幅面短边尺寸，l 为幅面长边尺寸，c 为图框线与幅面线间宽度，a 为图框线与装订边间宽度。

图纸的短边尺寸不应该加长，A0～A3 幅面长边尺寸可加长，但应符合表 1-6 的规定。

市政制图图纸长边加长尺寸（单位：mm） 表 1-6

幅 面 代 号	长 边 尺 寸	长边加长后的尺寸
A0	1189	1486(A0+1/4l) 1635(A0+3/8l) 1783(A0+1/2l) 1932(A0+5/8l) 2080(A0+3/4l) 2230(A0+7/8l) 2378(A0+l)
A1	841	1051(A1+1/4l) 1261(A1+1/2l) 1471(A1+3/4l) 1682(A1+l) 1892(A1+5/4l) 2102(A1+3/2l)
A2	594	742(A2+1/4l) 891(A2+1/2l) 1041(A2+3/4l) 1189(A2+l) 1338(A2+5/4l) 1486(A2+3/2l) 1635(A2+7/4l) 1783(A2+2l) 1932(A2+9/4l) 2080(A2+5/2l)
A3	420	630(A3+1/2l) 841(A3+l) 1051(A3+3/2l) 1261(A3+2l) 1471(A3+5/2l) 1682(A3+3l) 1892(A3+7/2l)

注：有特殊需要的图纸，可以采用 $b \times l$ 为 841mm×891mm 与 1189mm×1261mm 的幅面。

1.2.2 标题栏

标题栏，又称为图标栏或者图签栏，是用以标注图纸名称、工程名称、项目名称、图号、张次、设计阶段及有关人员签署等内容的栏目。图纸的标题栏及装订边的位置，应符合下列规定：

（1）横式使用的图纸应按照图 1-17、图 1-18 的形式布置。

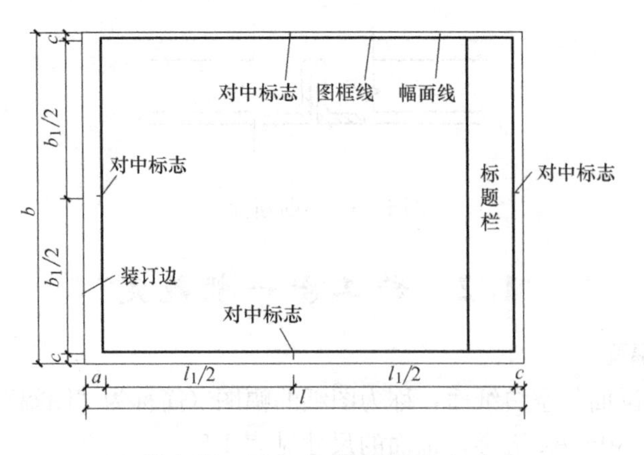

图 1-17　A0～A3 横式幅面（一）

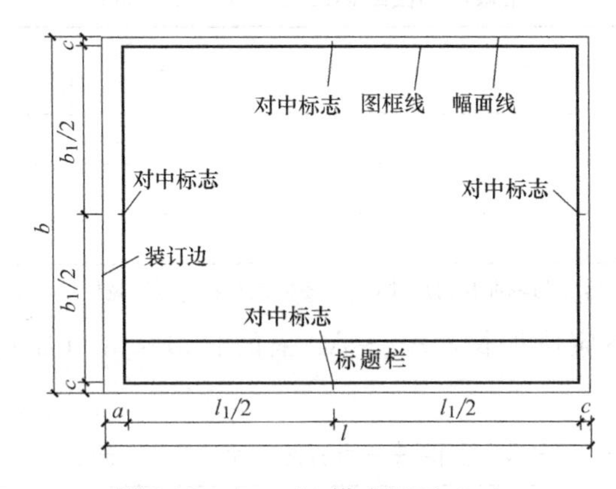

图 1-18　A0～A3 横式幅面（二）

（2）立式使用的图纸应按照图 1-19、图 1-20 的形式布置。

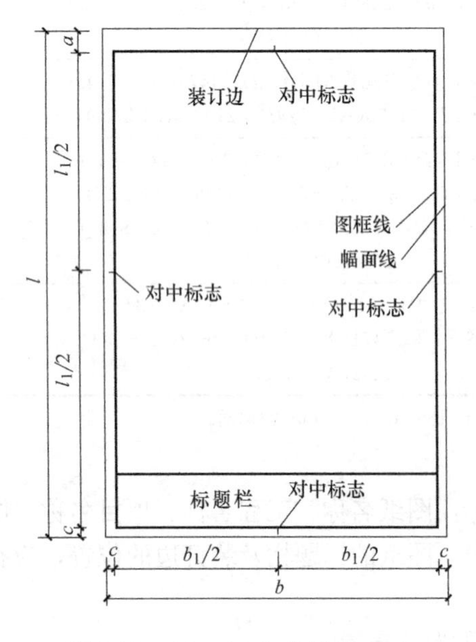

图 1-19　A0～A4 立式幅面（一）

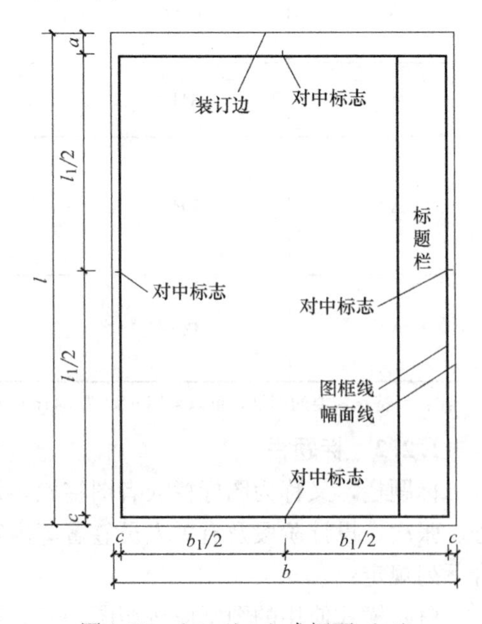

图 1-20　A0～A4 立式幅面（二）

标题栏应符合如图 1-21、图 1-22 所示的规定，根据市政工程的需要选择确定其尺寸、格式及分区。签字栏应包括实名列及签名列。

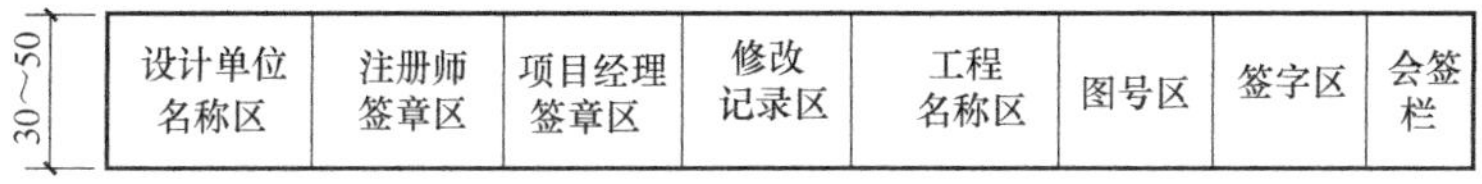

设计单位名称区	注册师签章区	项目经理签章区	修改记录区	工程名称区	图号区	签字区	会签栏

30～50

图 1-21 标题栏（一）

设计单位名称区
注册师签章区
项目经理签章区
修改记录区
工程名称区
图号区
签字区
会签栏

40～70

图 1-22 标题栏（二）

1.2.3 图线

设计人员绘图所采用的各种线条，称为图线，图线的宽度宜从 1.4mm、1.0mm、0.7mm、0.5mm、0.35mm、0.25mm、0.18mm、0.13mm 线宽系列中选取。图线宽度不应小于 0.1mm。每个图样，应根据复杂程度与比例大小，先选定基本线宽 b，再选用表 1-7 中相应的线宽组。同一张图纸内，相同比例的各图样，应选用相同的线宽组。

线宽组（单位：mm）　　表 1-7

线宽比	线宽组			
b	1.4	1.0	0.7	0.5
$0.7b$	1.0	0.7	0.5	0.35
$0.5b$	0.7	0.5	0.35	0.25
$0.25b$	0.35	0.25	0.18	0.13

注：1. 需要缩微的图纸，不宜采用 0.18mm 及更细的线宽。
2. 同一张图纸内，各不同线宽中的细线，可统一采用较细的线宽组的细线。

为了使图形清晰、含义清楚且绘图方便，国家标准中对图线的形式、宽度、间距及用途均做了明确的规定，见表 1-8。

图线的线型、线宽及用途　　表 1-8

名称		线型	线宽	一般用途
实线	粗	——	b	主要可见轮廓线
	中粗	——	$0.7b$	可见轮廓线
	中	——	$0.5b$	可见轮廓线、尺寸线、变更云线
	细	——	$0.25b$	图例填充线、家具线

续表

名称		线型	线宽	一般用途
虚线	粗		b	见各有关专业制图标准
	中粗		0.7b	不可见轮廓线
	中		0.5b	不可见轮廓线、图例线
	细		0.25b	图例填充线、家具线
单点长画线	粗		b	见各有关专业制图标准
	中		0.5b	见各有关专业制图标准
	细		0.25b	中心线、对称线、轴线等
双点长画线	粗		b	见各有关专业制图标准
	中		0.5b	见各有关专业制图标准
	细		0.25b	假想轮廓线、成型前原始轮廓线
折断线			0.25b	断开界线
波浪线			0.25b	断开界线

图纸的图框和标题栏线可采用表 1-9 的线宽。

图框和标题栏线的宽度（单位：mm） **表 1-9**

幅面代号	图框线	标题栏外框线	标题栏分格线
A0、A1	b	0.5b	0.25b
A2、A3、A4	b	0.7b	0.35b

1.2.4 比例

市政工程施工图上所表现的建（构）筑物，有的很大、很长，如道路、桥梁、管道等，受图纸幅面的限制，设计人员无法将其按照原有的大小绘制在图纸上；有的则很小，按照原有大小绘制在图纸上则不能表达清楚，这就必须采用缩小或是放大的方法将其绘制出来。所以，缩小或放大都必须有比例。

所谓比例，即图纸所画图形与实物相对应的线性尺寸之比。例如，某一实物长度为1m即1000mm，若在施工图上画为10mm，就是缩小了100倍，即此图形的比例为1∶100，1为图上所画尺寸，100为实物尺寸，两者之间是100倍的关系。比例有大小之分，比值大的比例就大，例如1∶50大于1∶100。比例的符号为“∶”，比例的标注以阿拉伯数字表示，如1∶1、1∶2、1∶50、1∶1000等。

比例通常分为缩小比例和放大比例。市政工程设计中，通常都采用缩小比例；有时，在详图设计当中也采用放大比例，但通常很少使用。

同一张图纸当中各个图形所用比例大小不同时，其比值宜分别标注在各自图名的右侧，字的底面基准线应取齐，比例的字高宜比图名的字高小一号或两号。当同一张图中所有图形使用同一个比例时，其比值通常都写在图纸标题栏内，但也可以写在各自图名的右侧。

市政工程施工图中所使用的比例，通常根据图样的用途与被绘对象的繁简程度而定，常用比例如下。

总平面图：1∶500、1∶1000、1∶2000、1∶5000。

基本图纸：1∶100、1∶200、1∶500。

详图：1∶2、1∶5、1∶10、1∶20、1∶50。

1.2.5 标高

市政工程施工图中建（构）筑物各部分的高度与被安装物体的高度均用标高表示。标高有绝对标高与相对标高之分。绝对标高又称为海拔标高，是以青岛市的黄海海平面作为零点而确定的高度尺寸。相对标高是选定某一参考面或参考点作为零点而确定的高度尺寸。市政工程中的管道施工图和路桥施工图一般采用绝对标高，泵站、水池等建（构）筑物一般采用相对标高。

标高的表示方法如图 1-23 所示，三角尖端下面的横线指需标注标高的表面，三角底部上面的数字表示三角尖端处标高的数值。标高数值以“m”为单位，标注到小数点后第三位。

1.2.6 定位轴线

定位轴线是表示建筑物主要结构或构件位置的点画线。凡是承重墙、柱、梁、屋架等主要承重构件，均应画上轴线，并且编上轴线号，以确定其位置；对于次要的墙、柱等承重构件，则编附加轴线号确定其位置。定位轴线应用细单点长画线绘制。定位轴线应编号，编号应注写在轴线端部的圆内。圆应用细实线绘制，直径为 8～10mm。定位轴线圆的圆心应在定位轴线的延长线上或延长线的折线上。除较复杂需采用分区编号或圆形、折线形外，平面图上定位轴线的编号，宜标注在图样的下方或左侧。横向编号应用阿拉伯数字，从左至右顺序编写；竖向编号应用大写拉丁字母，从下至上顺序编写，如图 1-24 所示。

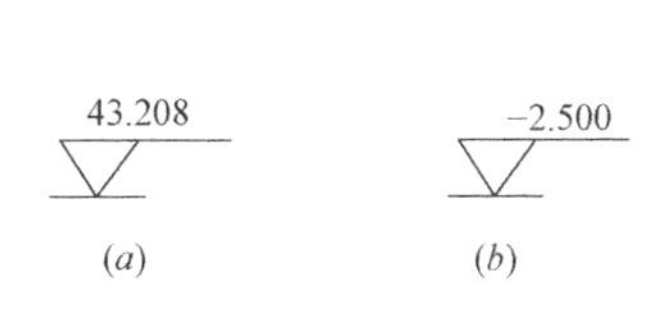

图 1-23 标高的表示方法

（a）绝对标高；（b）相对标高

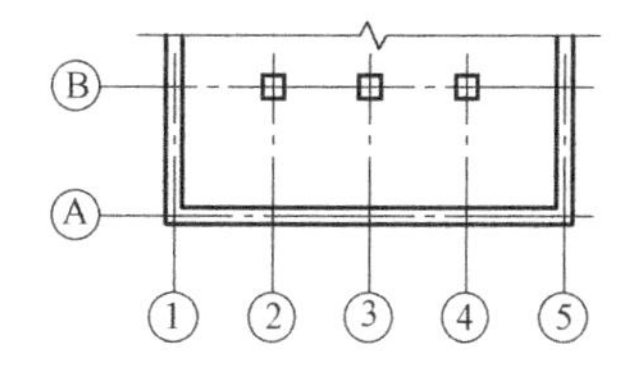

图 1-24 定位轴线的编号顺序

拉丁字母作为轴线号时，应全部采用大写字母，不应用同一个字母的大小写来区分轴线号。拉丁字母的 I、O、Z 不得用做轴线编号。当字母数量不够使用，可以增用双字母或单字母加数字注脚。

组合较复杂的平面图中定位轴线也可采用分区编号（如图 1-25 所示）。编号的注写形式应为“分区号——该分区编号”。“分区号——该分区编号”采用阿拉伯数字或大写拉丁字母表示。

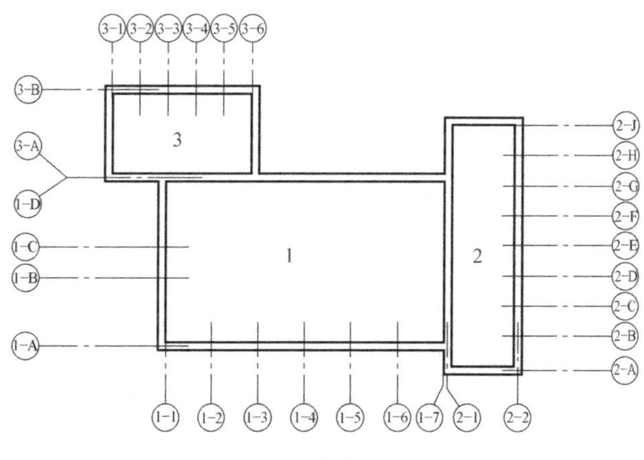

图 1-25 定位轴线的分区编号

附加定位轴线的编号应以分数形式表示，并应符合下列规定：

(1) 两根轴线的附加轴线，应以分母表示前一轴线的编号，分子表示附加轴线的编号。编号宜用阿拉伯数字顺序编写；

(2) 1 号轴线或 A 号轴线之前的附加轴线的分母应以 01 或 0A 表示。

一个详图适用于几根轴线时，应同时注明各有关轴线的编号，如图 1-26 所示。

通用详图中的定位轴线应只画圆，不注写轴线编号。圆形与弧形平面图中的定位轴线，其径向轴线应以角度进行定位，其编号宜用阿拉伯数字表示，从左下角或－90°（若径向轴线很密，角度间隔很小）开始，按逆时针顺序编写；其环向轴线宜用大写阿拉伯字母表示，从外向内顺序编写（如图 1-27、图 1-28 所示）。

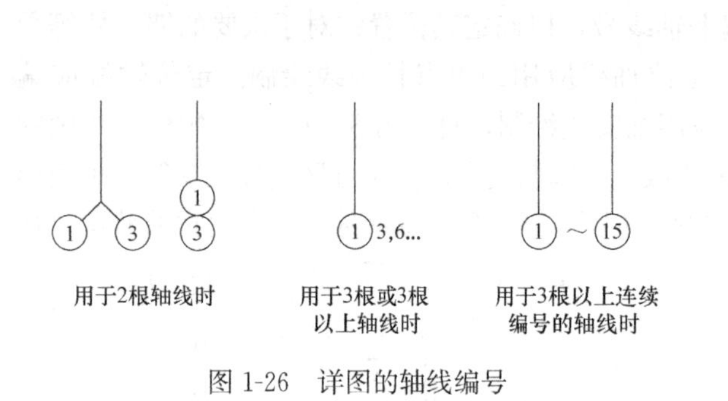

图 1-26　详图的轴线编号

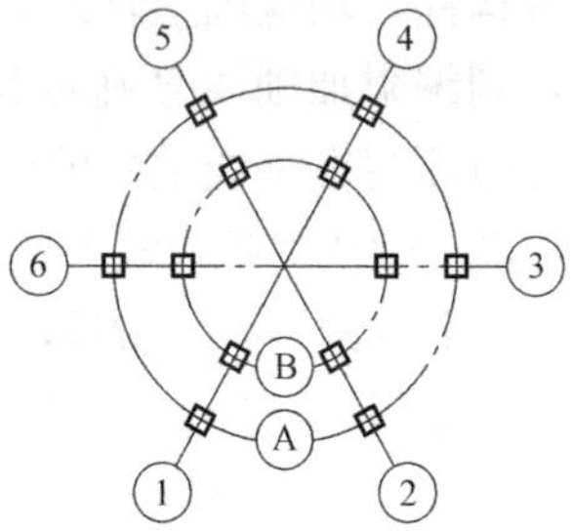

图 1-27　圆形平面定位轴线的编号

折线形平面图中定位轴线的编号，可按如图 1-29 所示的形式编写。

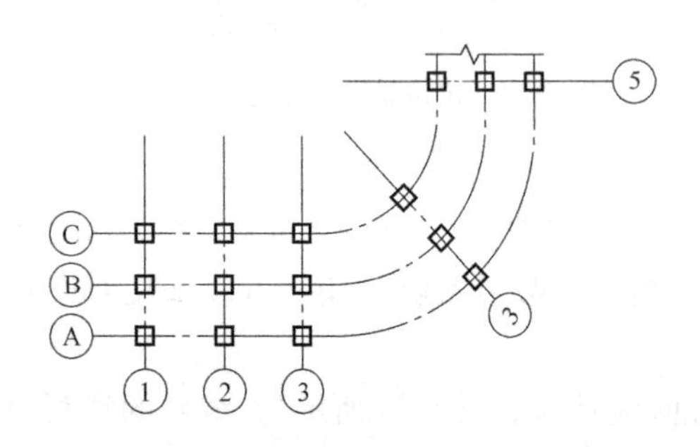

图 1-28　弧形平面定位轴线的编号

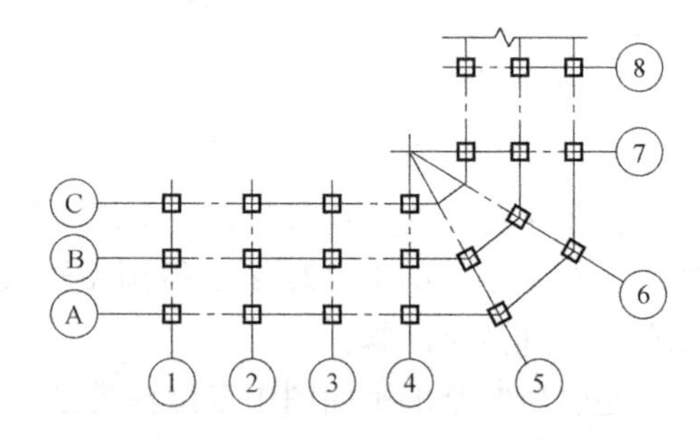

图 1-29　折线形平面定位轴线的编号

1.2.7　风玫瑰与指北针

工程所在地一年四季的风向情况，一般采用风向频率标记，由于风向频率标记形似一朵玫瑰花，因此又称为风向频率玫瑰图，简称为风玫瑰。它是根据某一地区多年平均统计的各个方向刮风次数的百分值，按一定比例绘制而成的，一般采用 16 个方位表示，箭头表示正北方向，实线表示全年的风向频率，虚线表示夏季（6～8 月）的风向频率，图上所表示的风的吹向是指从外面吹向地区中心的，如图 1-30 所示。如图 1-30 所示的该地区全年的主导风向为西北风，夏季的主导风向为西风。

指北针是表示东、西、南、北四个朝向的符号，形状如图 1-31 所示。指北针采用细实线绘制，圆的直径为 24mm，尾部的宽度为 3mm，上端注“北”字或“N”字母。

市政工程施工图中，总平面图中一般需要标明风玫瑰或指北针，以便正确进行工程定位。

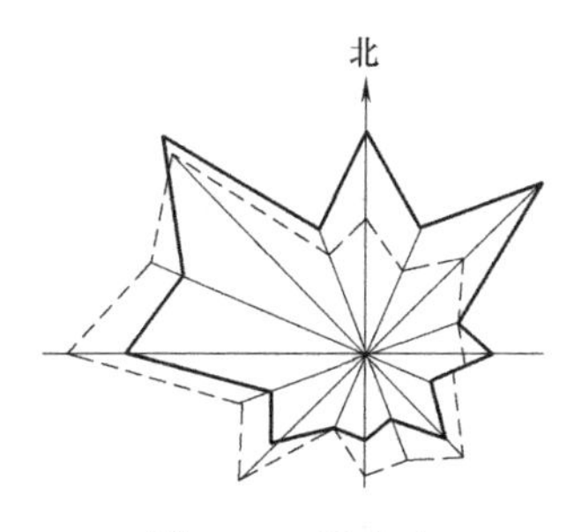

图 1-30 风玫瑰

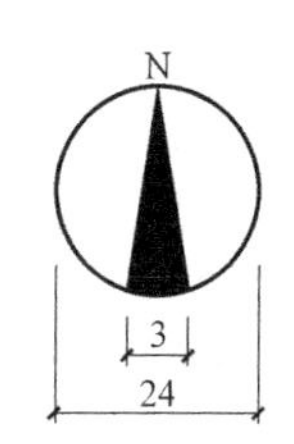

图 1-31 指北针

1.2.8 尺寸标注规定

不论何种工程施工图，除了画出建（构）筑物、设备等的形状图形外，还必须完整、准确和清晰地标注出建（构）筑物及设备各部分大小的尺寸，以及它们相互之间的尺寸关系，以便正确进行施工和计算实物工程量。为此，国家制图标准中做了以下规定：

（1）图纸中的尺寸单位，坐标、标高、距离以“m”为单位，里程以“km”为单位，其他均以“mm”为单位。

（2）图样上标注的所有尺寸数字是物体的实际大小值，与图的比例无关。

（3）坡度可以用比例来表示，如 1∶n；也可以用百分数表示或千分数表示，如 i=3‰。用比例表示时，分子表示竖直高度，分母表示水平宽度。用百分数或千分数表示时，坡度符号为单边细实箭头，坡度值标注其上，箭头的指向为下坡，一般坡度较小时用百分数或千分数表示。市政道路路基工程一般用比例表示坡度，市政管道的敷设坡度一般采用千分数表示。坡度的标注如图 1-32 所示。

（4）在不按上述规定标注时，应加以说明。

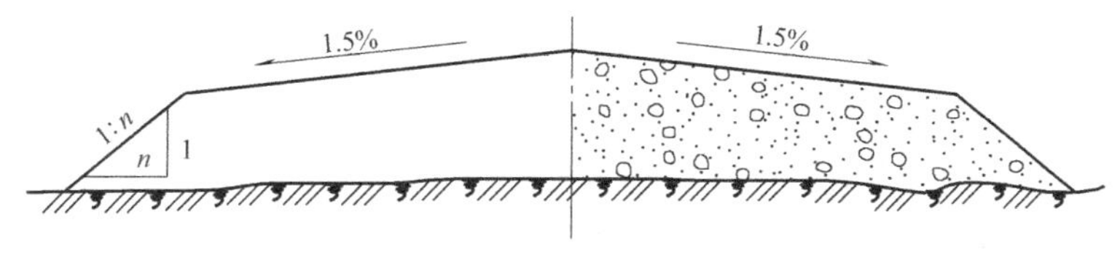

图 1-32 坡度标注方法

1.3 道路制图相关规定

1.3.1 路线平面

（1）平面图中常用的图线应符合以下规定：

1）设计路线应采用加粗的粗实线表示，比较线应采用加粗的粗虚线表示。

2）道路中线应采用细点画线表示。

3）中央分隔带边缘线应采用细实线表示。

4）路基边缘线应采用粗实线表示。

5）导线、边坡线、护坡道边缘线、边沟线、切线、引出线、原有通路边线等，应采用细实线表示。

6）用地界线应采用中粗点画线表示。

7）规划红线应采用粗双点画线表示。

(2) 里程桩号的标注应在道路中线上从路线起点至终点，按照从小到大、从左到右的顺序排列。千米桩宜标注在路线前进方向的左侧，用符号“◐”表示；百米桩宜标注在路线前进方向的右侧，用垂直于路线的短线表示。也可以在路线的同一侧，都采用垂直于路线的短线表示千米桩和百米桩。

(3) 平曲线特殊点如第一缓和曲线起点、圆曲线起点、圆曲线中点、第二缓和曲线终点、第二缓和曲线起点、圆曲线终点的位置，宜在曲线内侧用引出线的形式表示，并应标注点的名称和桩号。

(4) 在图纸的适当位置，应列表标注平曲线要素：交点编号、交点位置、圆曲线半径、缓和曲线长度、切线长度、曲线总长度、外距等。高等级公路应列出导线点坐标表。

(5) 缩图（示意图）中的主要构造物可以按照图 1-33 标注。

(6) 图中的文字说明除“注”之外，宜采用引出线的形式标注（图 1-34）。

图 1-33　构造物的标注　　　图 1-34　文字的标注

(7) 图中原有管线应采用细实线来表示，设计管线应采用粗实线表示，规划管线应采用虚线表示。

(8) 边沟水流方向应采用单边箭头表示。

(9) 水泥混凝土路面的胀缝应采用两条细实线表示；假缝应采用细虚线表示，其余应采用细实线表示。

1.3.2　路线纵断面

(1) 纵断面图的图样应布置在图幅上部。测设数据应采用表格形式布置在图幅下部。高程标尺应布置在测设数据表的上方左侧，如图 1-35 所示。

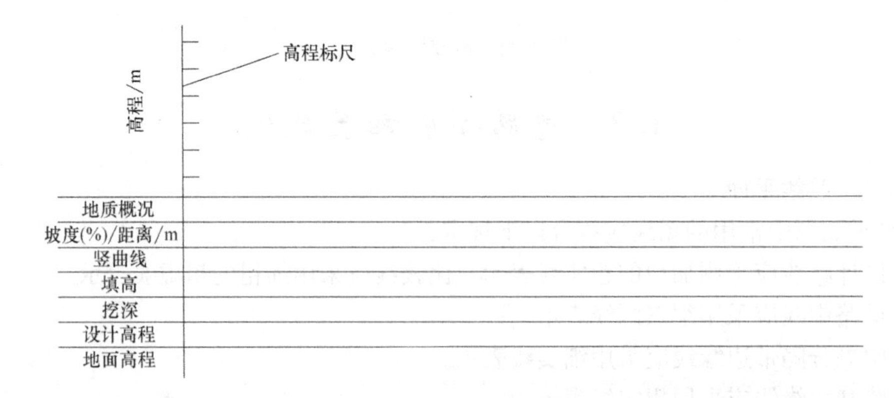

图 1-35　纵断面图的布置

测设数据表宜按图 1-36 的顺序排列，表格可以根据不同设计阶段和不同道路等级的要求而增减，纵断面图中的距离与高程宜按照不同比例绘制。

(2) 道路设计线应采用粗实线表示；原地面线应采用细实线表示；地下水位线应采用

细双点画线及水位符号表示；地下水位测点可仅用水位符号表示，如图 1-36 所示。

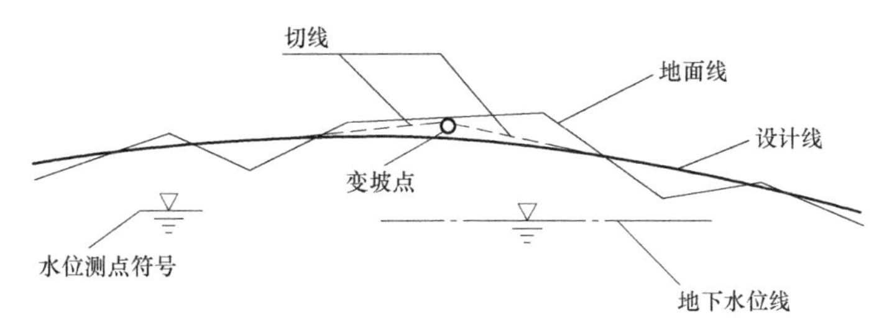

图 1-36 道路设计线、原地面线、地下水位线的标注

(3) 当路线短链时，道路设计线应在相应桩号处断开，并按照图 1-37 (*a*) 标注。路线局部改线而发生长链时，为利用已绘制的纵断面图，当高差较大时，宜按照图 1-37 (*b*) 标注；当高差较小时，宜按照图 1-37 (*c*) 标注。长链较长而不能利用原纵断面图时，应另绘制长链部分的纵断面图。

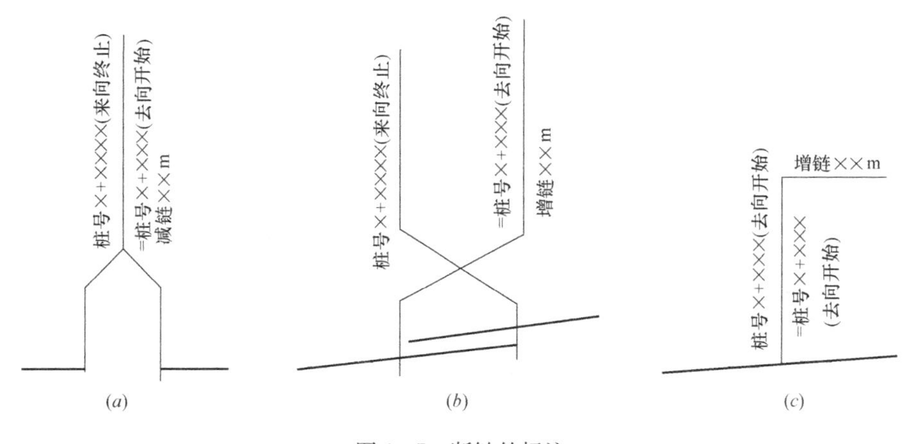

图 1-37 断链的标注

(4) 当路线坡度发生变化时，变坡点应用直径为 2mm 中粗线圆圈表示；切线应采用细虚线表示；竖曲线应采用粗实线表示。标注竖曲线的竖直细实线应对准变坡点所在桩号，线左侧标注桩号；线右侧标注变坡点高程。水平细实线两端应对准竖曲线的始点与终点。两端的短竖直细实线在水平线之上为凹曲线；反之，为凸曲线。竖曲线要素（半径 R、切线长 T、外矩 E）的数值都应标注在水平细实线上方，如图 1-38 (*a*) 所示。竖曲线标注也可布置在测设数据表内。此时，变坡点的位置应在坡度、距离栏内示出，如图 1-38 (*b*) 所示。

(5) 道路沿线的构筑物、交叉口，可以在道路设计线的上方，用竖直引出线标注。竖直引出线应对准构筑物或交叉口中心位置。线左侧标注桩号，水平线上方标注构筑物名称、规格、交叉口名称，如图 1-39 所示。

(6) 水准点宜按照图 1-40 标注。竖直引出线应对准水准点桩号，线左侧标注桩号，水平线上方标注编号及高程；线下方标注水准点的位置。

(7) 盲沟和边沟底线应分别采用中粗虚线和中粗长虚线表示。变坡点、距离及坡度宜按照图 1-41 标注，变坡点用直径 1～2mm 的圆圈表示。

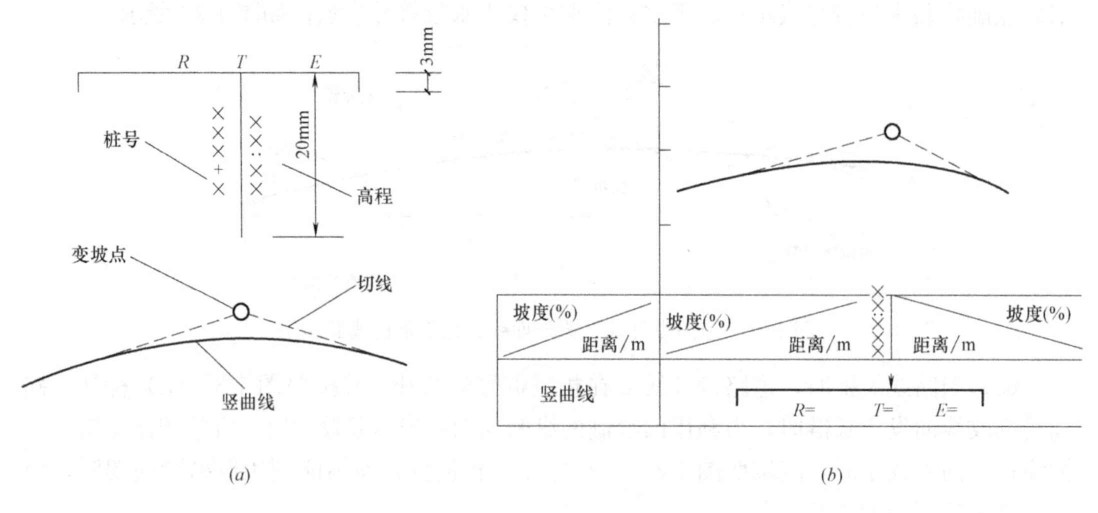

图 1-38　竖曲线的标注

图 1-39　沿线构造物及交叉口标注

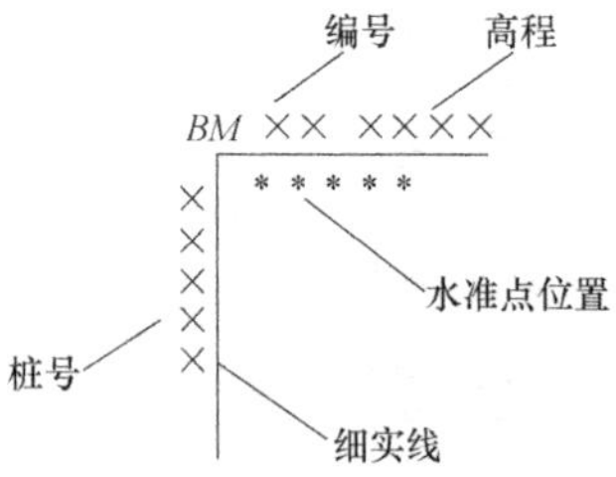

图 1-40　水准点的标注

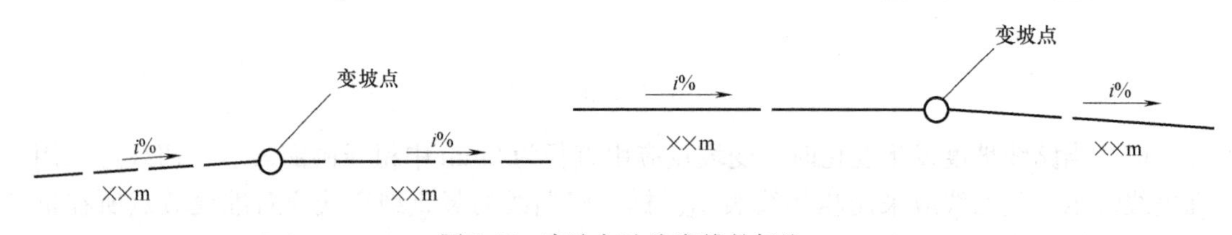

图 1-41　盲沟与边沟底线的标注

（8）在纵断面图中可以根据需要绘制地质柱状图，并表示出岩土图例或代号。各地层高程应与高程标尺相对应。

探坑应按照宽为 0.5cm、深为 1∶100 的比例绘制，在图样上标注高程及土壤类别图例。

钻孔可以按照宽 0.2cm 绘制，仅标注编号及深度，深度过长时可以采用折断线示出。

（9）纵断面图中，给水排水管涵应标注规格及管内底的高程。地下管线横断面应采用相应图例。无图例时可以自拟图例，并应在图纸中说明。

（10）在测设数据表中，设计高程、地面高程、填高、挖深的数值应对准其桩号，单位以米计。

（11）里程桩号应由左向右进行排列。应将所有固定桩及加桩桩号示出。桩号数值的字底应与所表示桩号位置对齐。整千米桩应标注“K”，其余桩号的千米数可省略，如图

1-42 所示。

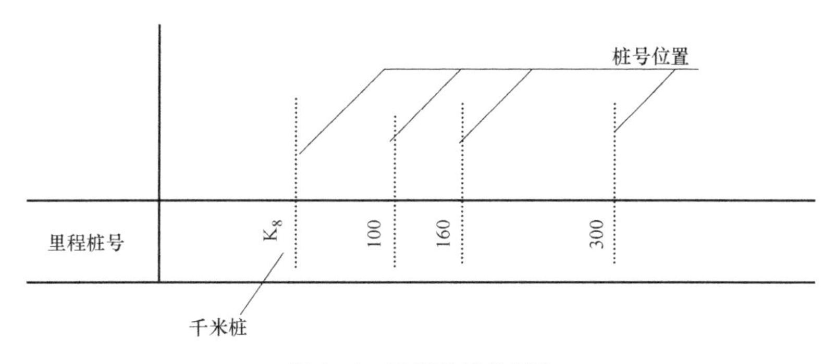

图 1-42　里程桩号的标注

（12）在测设数据表中的平曲线栏中，道路左、右转弯应分别用凹、凸折线表示。当不设缓和曲线段时，按照图 1-43（*a*）所示标注；当设缓和曲线段时，按照图 1-43（*b*）所示标注。在曲线的一侧标注交点编号、桩号、偏角、半径、曲线长。

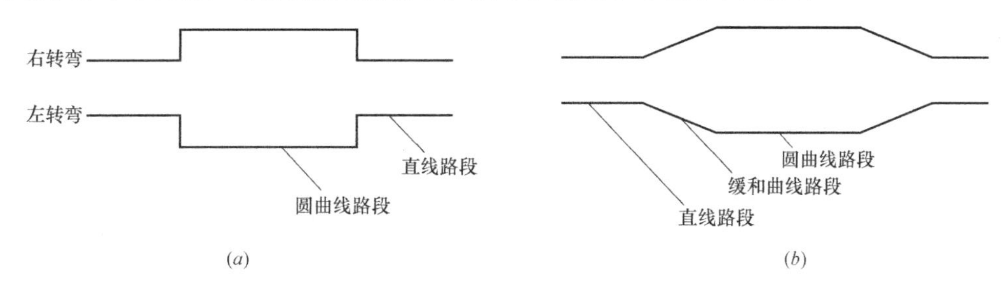

图 1-43　平曲线的标注

1.3.3　路线横断面

（1）路面线、路肩线、边坡线与护坡线均应采用粗实线表示；路面厚度应采用中粗实线表示；原有地面线应采用细实线表示，设计或原有道路中线应采用细点画线表示，如图 1-44 所示。

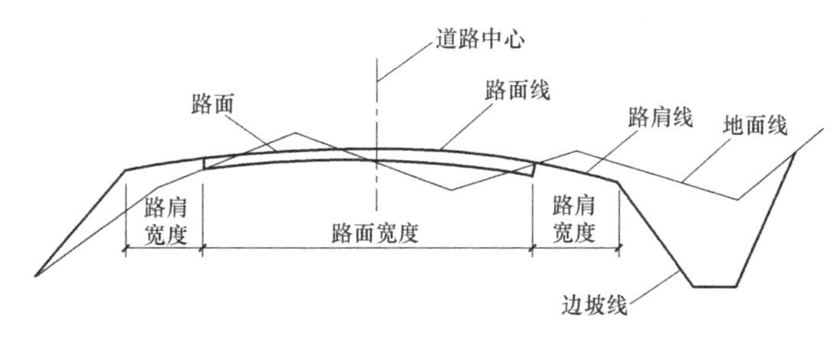

图 1-44　横断面图

（2）当道路分期修建、改建时，应在同一张图纸中示出规划、设计、原有道路横断面，并注明各道路中线之间的位置关系。规划道路中线应采用细双点画线表示，规划红线应采用粗双点画线表示。在设计横断面图上，应注明路侧方向，如图 1-45 所示。

（3）横断面图中，管涵、管线的高程应根据设计要求标注。管涵、管线横断面应采用相应的图例，如图 1-46 所示。

（4）道路的超高、加宽应在横断面图中示出，如图 1-47 所示。

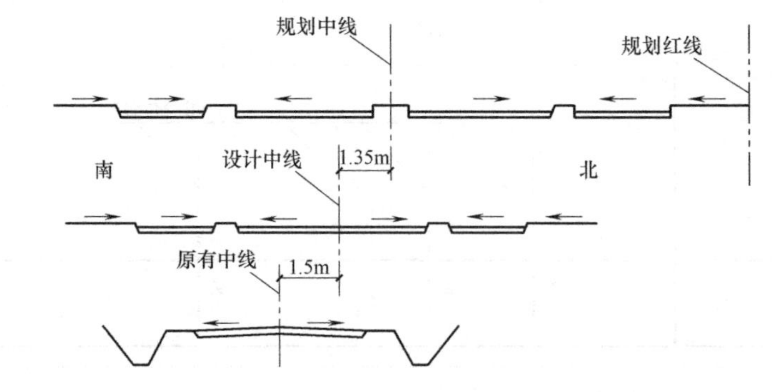

图 1-45　不同设计阶段横断面

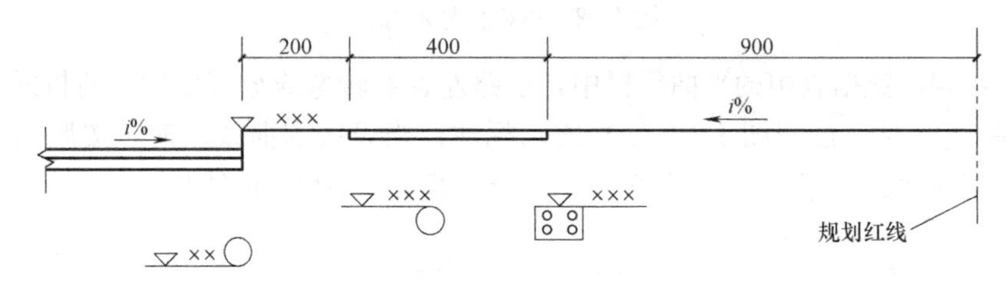

图 1-46　横断面图中管涵、管线的标注

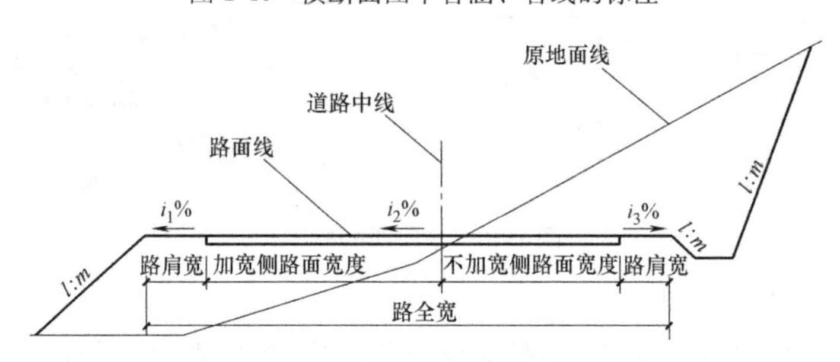

图 1-47　道路超高、加宽的标注

(5) 用于施工放样及土方计算的横断面图应在图样下方标注桩号。图样右侧应标注填高、挖深、填方、挖方的面积，并采用中粗点画线示出征地界线，如图 1-48 所示。

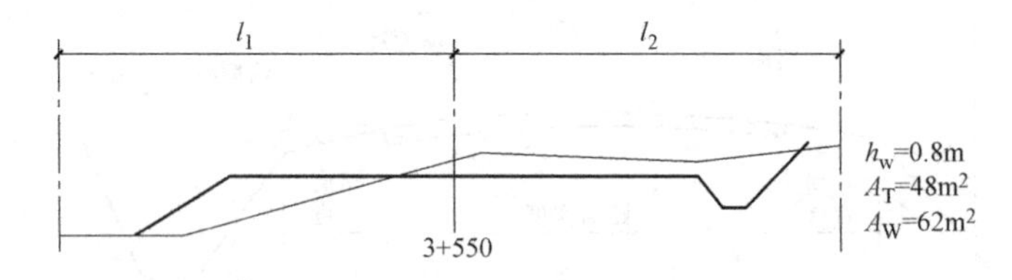

图 1-48　横断面图中填挖方的标注

(6) 当防护工程设施需标注材料名称时，可以不画材料图例，其断面阴影线可省略，如图 1-49 所示。

(7) 路面结构图应符合以下规定：

1) 当路面结构类型单一时，可以在横断面图上，用竖直引出线标注材料层次及厚度，如图 1-50 (*a*) 所示。

2) 当路面结构类型较多时，可以按照各路段不同的结构类型分别进行绘制，并标注材料图例（或名称）及厚度，如图 1-50 (*b*) 所示。

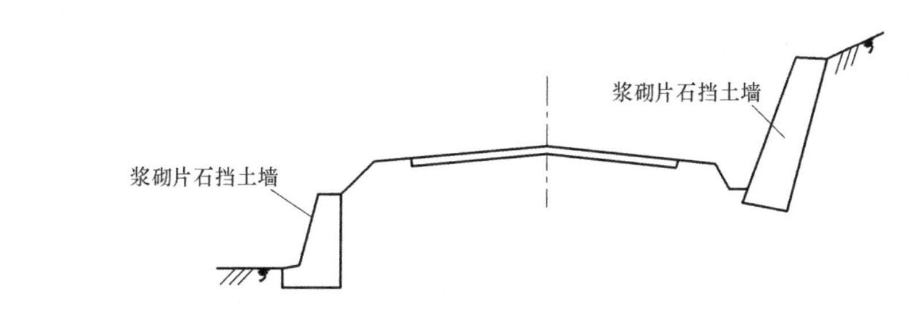

图 1-49 防护工程设施的标注

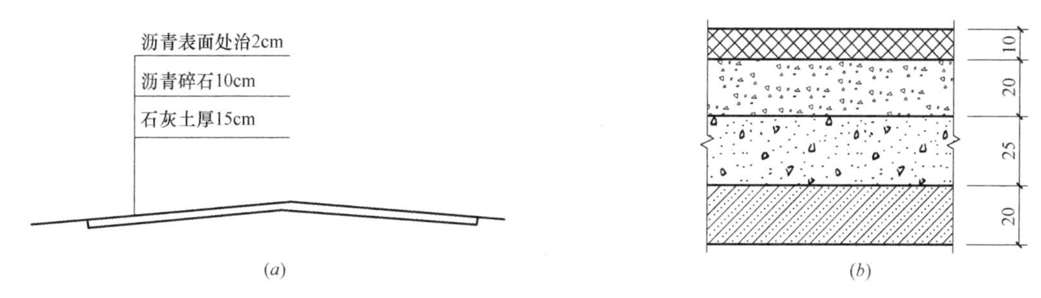

图 1-50 路面结构的标注

（8）在路拱曲线大样图的垂直和水平方向上，应按照不同的比例绘制，如图 1-51 所示。

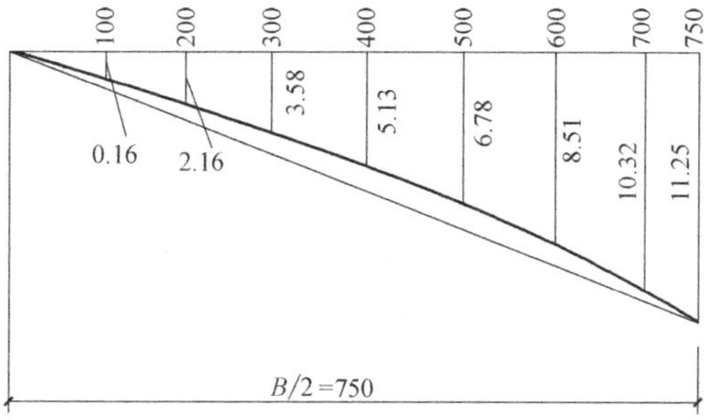

图 1-51 路拱曲线大样

（9）当采用徒手绘制实物外形时，其轮廓应与实物外形相近。当采用计算机绘制此类实物时，可以用数条间距相等的细实线组成与实物外形相近的图样，如图 1-52 所示。

（10）在同一张图纸上的路基横断面，应按桩号的顺序排列，并且从图纸的左下方开始，先由下向上，再由左向右排列，如图 1-53 所示。

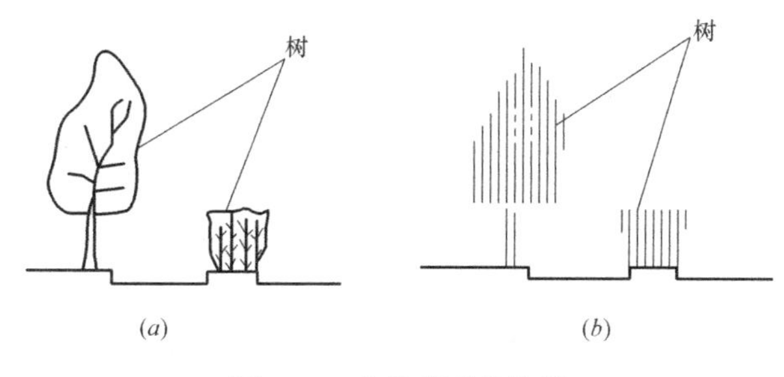

图 1-52 实物外形的绘制

（a）徒手绘制；（b）计算机绘制

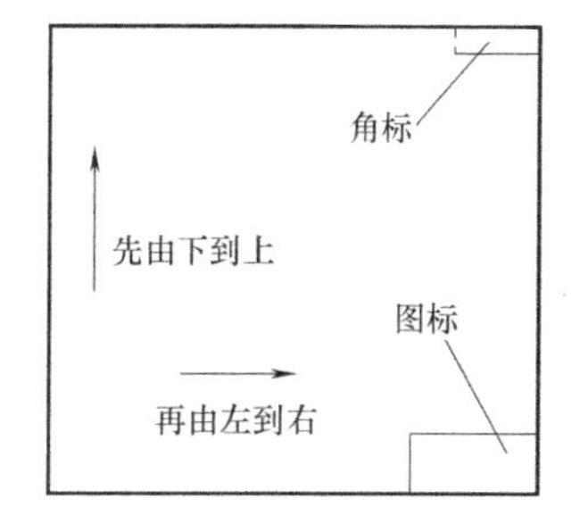

图 1-53 横断面的排列顺序

1.3.4 道路的平交与立交

（1）交叉口竖向设计高程的标注应符合以下规定：

1）较简单的交叉口可以仅标注控制点的高程、排水方向及其坡度，如图 1-54（*a*）

所示；排水方向可以采用单边箭头表示。

2）用等高线进行表示的平交路口，等高线宜采用细实线进行表示，并每隔四条细实线绘制一条中粗实线，如图 1-54（*b*）所示。

3）用网格高程表示的平交路口，其高程数值宜标注在网格交点的右上方，并加括号。如果高程整数值相同时，可以省略。小数点前可不加“0”定位。高程整数值应在图中说明。网格应采用平行于设计道路中线的细实线绘制，如图 1-54（*c*）所示。

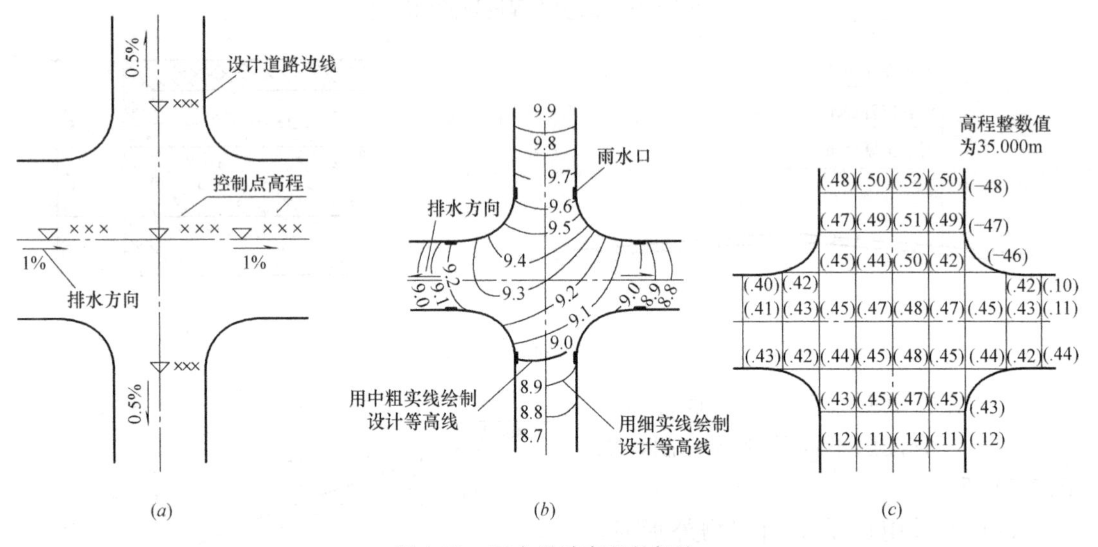

图 1-54　竖向设计高程的标注

（2）当交叉口改建（新旧道路衔接）及旧路面加铺新路面材料时，可以采用图例表示不同贴补厚度及不同路面结构的范围，如图 1-55 所示。

（3）水泥混凝土路面的设计高程数值应标注在板角处，并加注括号。在同一张图纸中，当设计高程的整数部分相同时，可以省略整数部分，但应在图中说明，如图 1-56 所示。

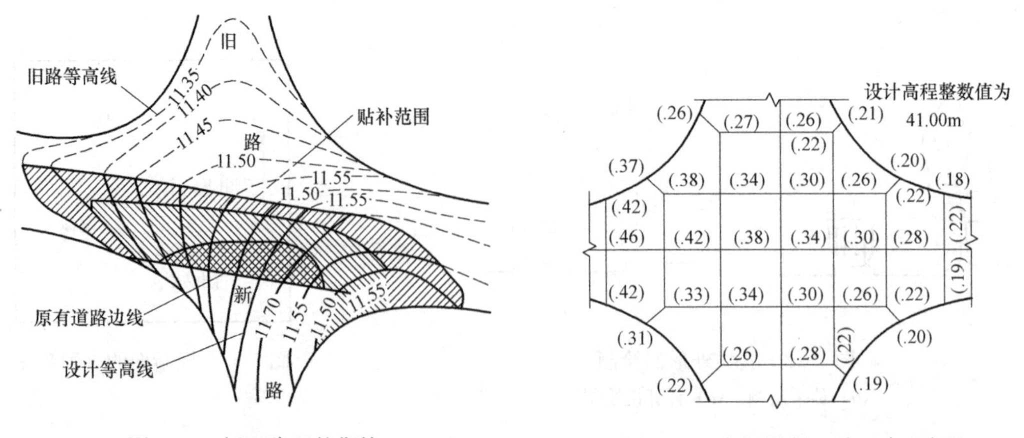

图 1-55　新旧路面的衔接　　　　图 1-56　水泥混凝土路面高程标注

（4）在立交工程纵断面图当中，机动车与非机动车的道路设计线均应采用粗实线绘制，其测设数据可以在测设数据表中分别列出。

（5）在立交工程纵断面图当中，上层构筑物宜采用图例表示，并表示出其底部高程，图例的长度为上层构筑物底部全宽，如图 1-57 所示。

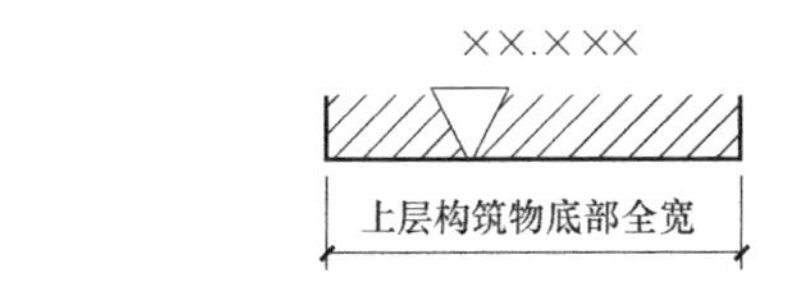

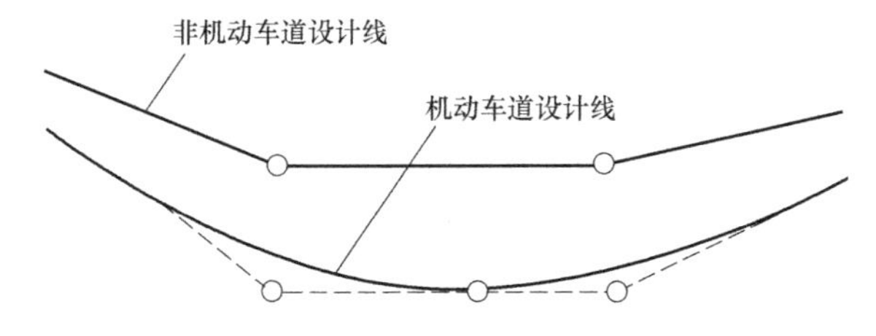

图 1-57 立交工程上层构筑物的标注

（6）大互通式立交工程线形布置图中，匝道的设计线应采用粗实线表示，干道的道路中线应采用细点画线进行表示，如图 1-58 所示。图中的交点、圆曲线半径、控制点位置、平曲线要素及匝道长度都应列表示出。

（7）在互通式立交工程纵断面图中，匝道端部的位置、桩号应采用竖直引出线标注，并在图中适当位置用中粗实线绘制线形示意图和标注各段的代号，如图 1-59 所示。

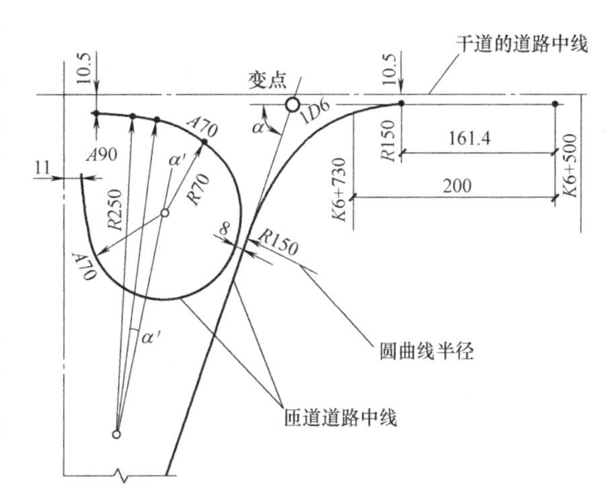

图 1-58 立交工程线形布置图

（8）在简单立交工程纵断面图中，应标注低位道路的设计高程，其所在桩号用引出线标注。当构筑物中心与道路变坡点在同一桩号时，构筑物应采用引出线标

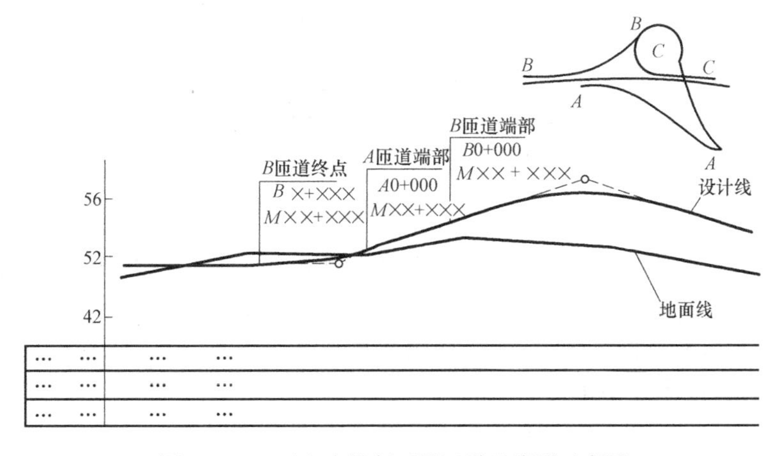

...	...	...	...
...	...	...	...
...	...	...	...

图 1-59 互通立交纵断面图匝道及线形示意图

注，如图 1-60 所示。

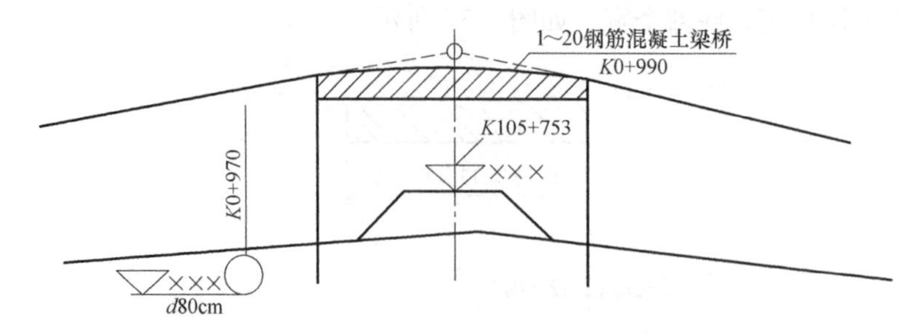

图 1-60　简单立交中低位道路及构筑物标注

(9) 在立交工程交通量示意图当中，交通量的流向应采用涂黑的箭头表示，如图 1-61 所示。

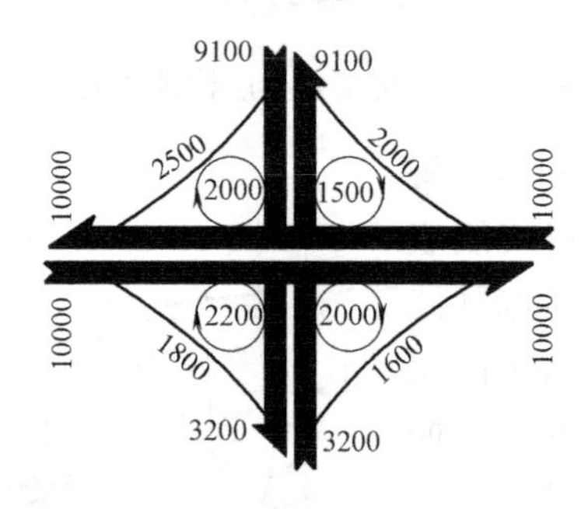

图 1-61　立交工程交通量示意图

1.4　桥涵、隧道等结构制图相关规定

1.4.1　砖石、混凝土结构

(1) 砖石、混凝土结构图中的材料标注，可以在图形中适当位置用图例表示，如图 1-62 所示。当材料图例不便绘制时，可以采用引出线标注材料名称及配合比。

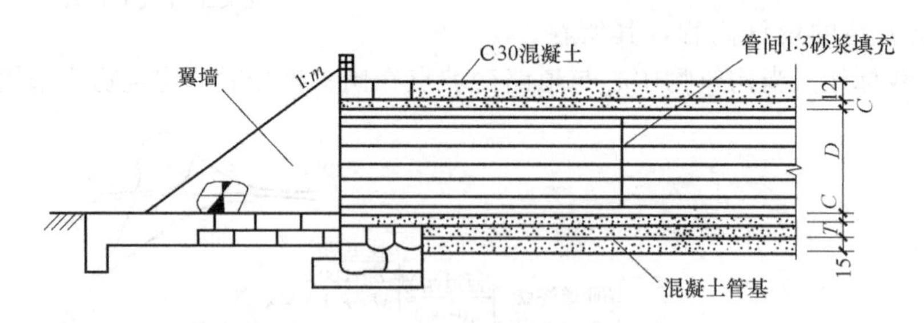

图 1-62　砖石、混凝土结构的材料标注

(2) 边坡和锥坡的长短线引出端，应为边坡和锥坡的高端。坡度用比例标注，其标注应符合《道路工程制图标准》GB 50162—1992 的规定，如图 1-63 所示。

(3) 当绘制构筑物的曲面时，可以采用疏密不等的影线表示，如图 1-64 所示。

1.4.2　钢筋混凝土结构

(1) 钢筋构造图应置于一般构造之后。当结构外形简单时，两者可以绘于同一视图当中。

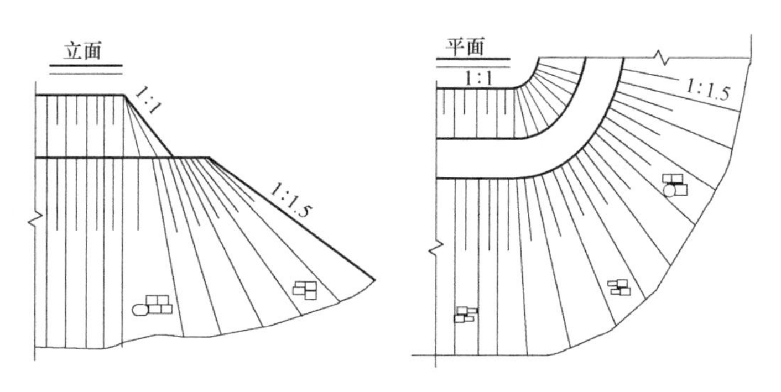

图 1-63 边坡和锥坡的标注

(2) 在一般构造图中，外轮廓线应以粗实线表示，钢筋构造图中的轮廓线应以细实线来表示。钢筋应以粗实线的单结条或实心黑圆点来表示。

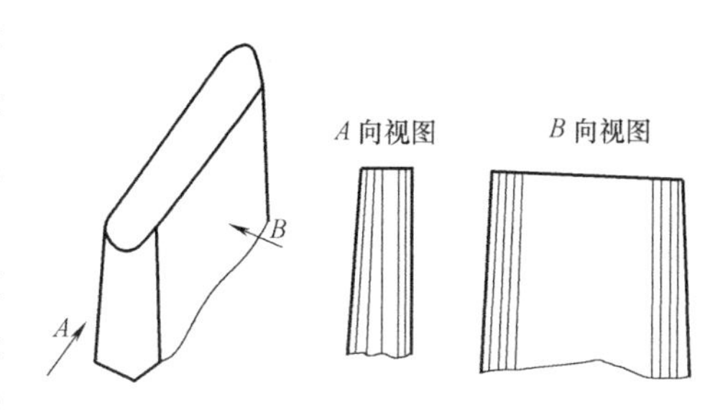

图 1-64 曲面的影线表示法

(3) 在钢筋构造图当中，各种钢筋应标注数量、直径、长度、间距、编号，其编号应采用阿拉伯数字来表示。当钢筋编号时，宜先编主、次部位的主筋，后编主、次部位的构造筋。编号格式应符合下列规定：

1) 编号宜标注在引出线右侧的圆圈内，圆圈的直径为 4～8mm，如图 1-65 (*a*) 所示。

2) 编号可标注在与钢筋断面图对应的方格内，如图 1-65 (*b*) 所示。

3) 可将冠以 *N* 字母的编号，标注在钢筋的侧面，根数应标注在 *N* 字母之前，如图 1-65 (*c*) 所示。

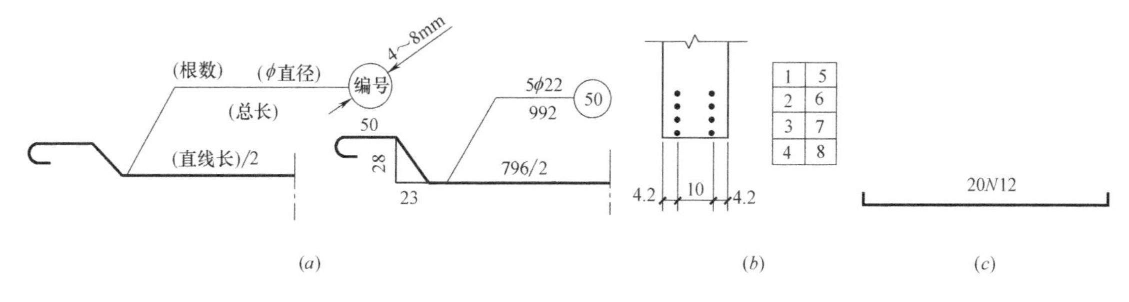

图 1-65 钢筋的标注

(4) 钢筋大样应与钢筋构造图布置在同一张图纸上。钢筋大样的编号宜按图 1-65 标注。当钢筋加工形状简单时，也可以将钢筋大样绘制在钢筋明细表内。

(5) 钢筋末端的标准弯钩可分为 90°、135°和 180°三种，如图 1-66 所示。当采用标准弯钩时（标准弯钩即最小弯钩），钢筋直段长的标注可以直接标注于钢筋的侧面，如图 1-66 所示。

(6) 当钢筋的直径大于 10mm 时，应修正钢筋的弯折长度。除了标准弯折外，其他角度的弯折应在图中画出大样，并表示出切线与圆弧的差值。

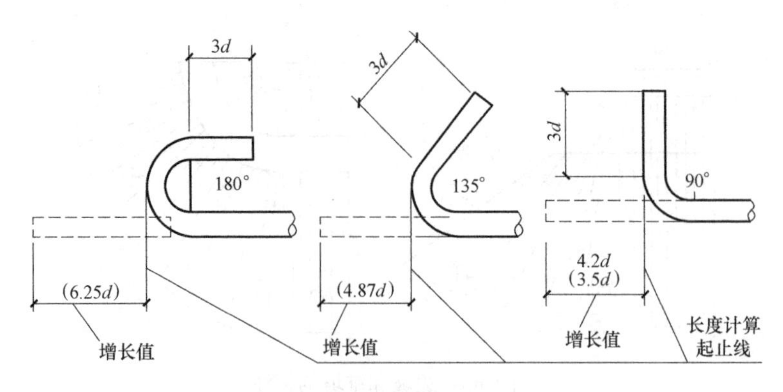

图 1-66　标注弯钩

注：图中符号内数值为圆钢的增长值。

(7) 焊接的钢筋骨架可以按照图 1-67 所示标注。

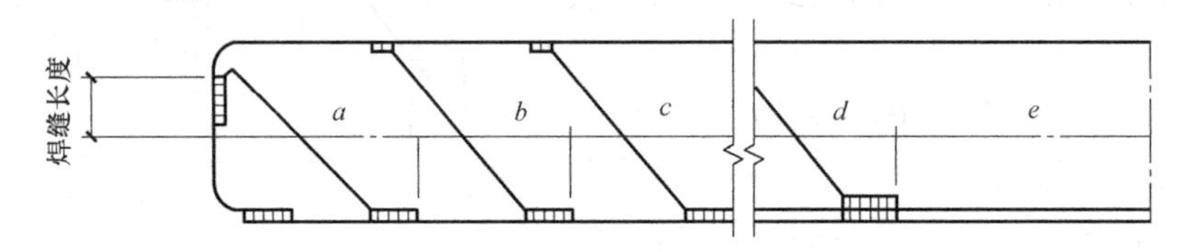

图 1-67　焊接钢筋骨架的标注

(8) 箍筋大样可不绘出弯钩，如图 1-68（*a*）所示。当为扭转或抗震箍筋时，应在大样图的右上角，增绘两条倾斜 45°的斜短线，如图 1-68（*b*）所示。

(9) 在钢筋构造图当中，当有指向阅图者弯折的钢筋时，应采用黑圆点表示；当有背向阅图者弯折的钢筋时，应采用“×”表示，如图 1-69 所示。

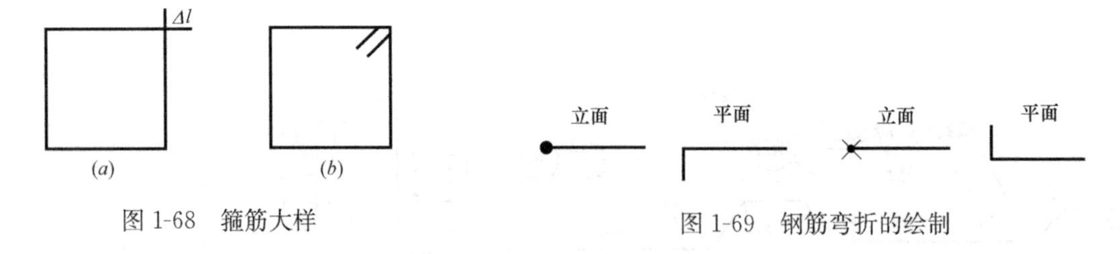

图 1-68　箍筋大样

图 1-69　钢筋弯折的绘制

(10) 当钢筋的规格、形状、间距完全相同时，可仅用两根钢筋表示，但应将钢筋的布置范围及钢筋的数量、直径、间距示出，如图 1-70 所示。

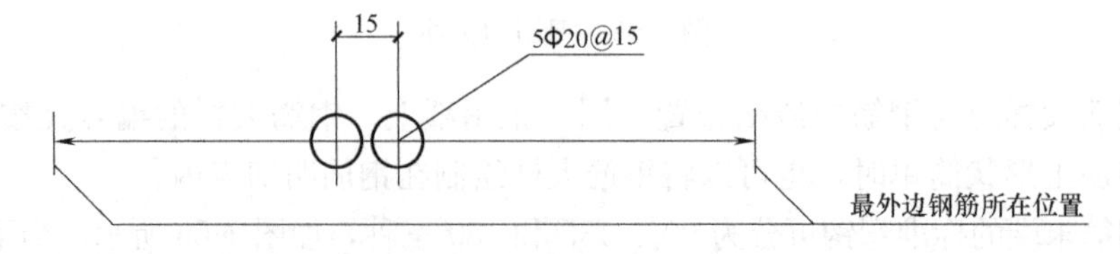

图 1-70　钢筋的简化标注

1.4.3　预应力混凝土结构

(1) 预应力钢筋应采用粗实线或 2mm 直径以上的黑圆点表示，图形轮廓线应采用细实线表示。当预应力钢筋与普通钢筋在同一视图中出现时，普通钢筋应采用中粗实线表示。一般构造图中的图形轮廓线应采用中粗实线表示。

(2) 在预应力多筋布置图中，应标注预应力钢筋的数量、型号、长度、间距、编号。编号应以阿拉伯数字表示。编号格式应符合下列规定：

1) 在横断面图中，宜将编号标注在与预应力钢筋断面对应的方格内，如图 1-71 (*a*) 所示。

2) 在横断面图中，当标注位置足够时，可以将编号标注在直径为 4～8mm 的圆圈内，如图 1-71 (*b*) 所示。

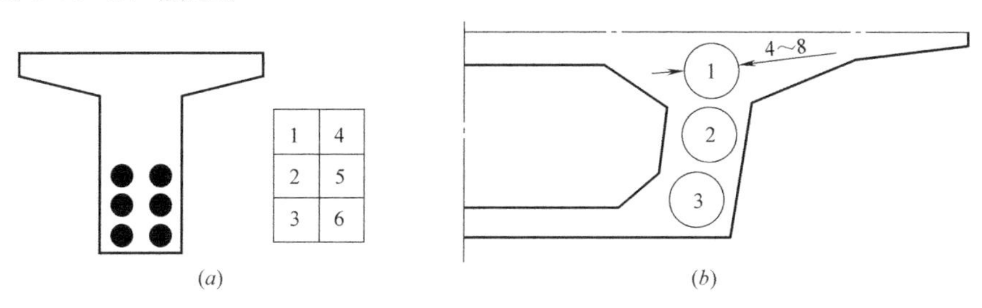

图 1-71 预应力钢筋的标注

3) 在纵断面图当中，当结构简单时，可以将冠以 *N* 字母的编号标注在预应力钢筋的上方。当预应力钢筋的根数大于 1 时，也可以将数量标注在 *N* 字母之前；当结构复杂时可自拟代号，但应在图中予以说明。

(3) 在预应力钢筋的纵断面图中，可以采用表格的形式，以每隔 0.5～1m 的间距，标出纵、横、竖三维坐标值。

(4) 预应力钢筋在图中的几种表示方法应符合以下规定：

1) 预应力钢筋的管道断面：○

2) 预应力钢筋的锚固断面：

3) 预应力钢筋断面：

4) 预应力钢筋锚同侧面：

5) 预应力钢筋连接器侧面：

6) 预应力钢筋连接器断面：◎

(5) 对弯起的预应力钢筋应列表或直接在预应力钢筋大样图中，标出弯起角度、弯曲半径切点的坐标（包括纵弯或既纵弯又平弯的钢筋）及预留的张拉长度，如图 1-72 所示。

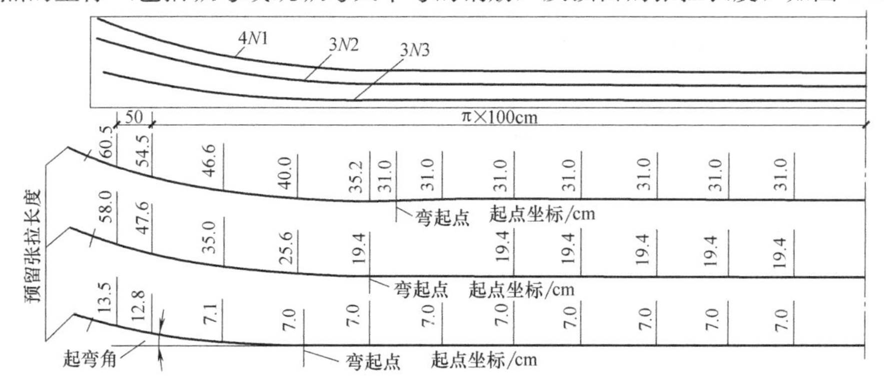

图 1-72 预应力钢筋大样

1.4.4 钢结构

（1）钢结构视图的轮廓线应采用粗实线绘制，螺栓孔的孔线等应采用细实线绘制。

（2）常用钢材代号规格的标注应符合表 1-10 的规定。

常用型钢的代号规格标注　　表 1-10

名　称	代号规格
钢板、扁钢	▭ 宽×厚×长
角钢	∟ 长边×短边×边厚×长
槽钢	⊏ 高×翼缘宽×腹板厚×长
工字钢	I 高×翼缘宽×腹板厚×长
方钢	□ 边宽×长
圆钢	Φ 直径×长
钢管	Φ 外径×壁厚×长
卷边角钢	∟ 边长×边长×卷边长×边厚×长

（3）型钢各部位的名称应按照图 1-73 规定采用。

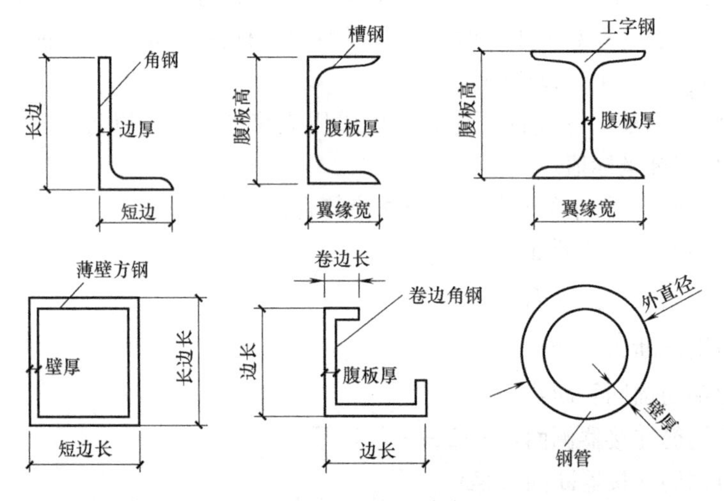

图 1-73　型钢各部位名称

（4）螺栓与螺栓孔代号的表示应符合以下规定：

1）已就位的普通螺栓代号：⬬

2）高强度螺栓、普通螺栓的孔位代号：┼ 或 ⊕

3）已就位的高强度螺栓代号：-⬬-

4）已就位的销孔代号：◎

5）工地钻孔的代号：┼ 或 ⊕

6）当螺栓种类繁多或在同一册图中与预应力钢筋的表示重复时，可自拟代号，但应在图纸中说明。

（5）螺栓、螺母、垫圈在图中的标注应符合以下规定：

1）螺栓采用代号和外直径乘长度标注，如：M10×100。

2）螺母采用代号和直径标注，如：M10。

3）垫圈采用汉字名称和直径标注，如：垫圈 10。

（6）焊缝的标注除应符合现行国家标准有关焊缝的规定外，尚应符合以下规定：

1）焊缝可以采用标注法和图示法表示，绘图时可以选其中一种或两种。

2）标注法的焊缝应采用引出线的形式将焊缝符号标注在引出线的水平线上，还可以在水平线末端加绘作说明用的尾部，如图 1-74 所示。

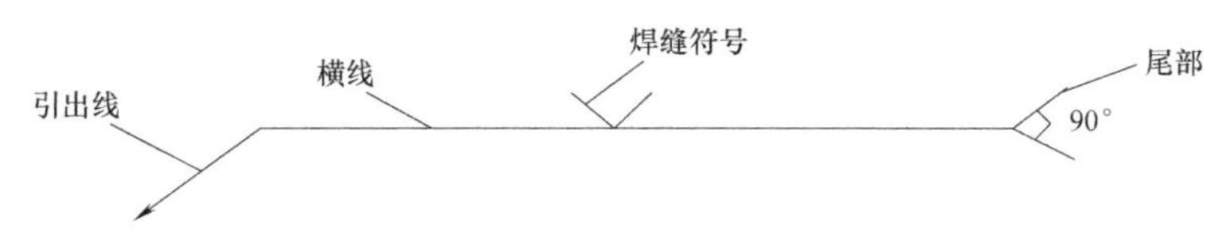

图 1-74 焊缝的标注法

3）通常无需标注焊缝尺寸，当需要标注时应按现行的国家标准《焊缝符号表示法》GB/T 324—2008 的规定标注。

4）标注法采用的焊缝符号应按现行国家标准的规定采用。常用的焊缝符号应符合表 1-11 的规定。

常见焊缝符号 **表 1-11**

名 称	图 例	符 号
V 形焊缝		V
带钝边 V 形焊缝		Y
带钝边 U 形焊缝		
单面贴角焊缝		
双面贴角焊缝		

5）图示法的焊缝应采用细实线绘制，线段长 1～2mm，间距为 1mm（图 1-75）。

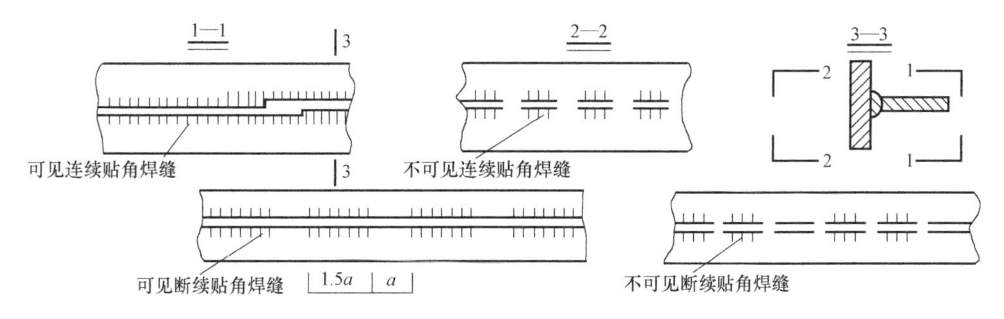

图 1-75 焊缝的图示法

（7）当组合断面的构件间相互密贴时，应采用双线条绘制。当构件组合断面过小时，可用单线条的加粗实线进行绘制，如图 1-76 所示。

（8）构件的编号应采用阿拉伯数字标注，如图 1-77 所示。

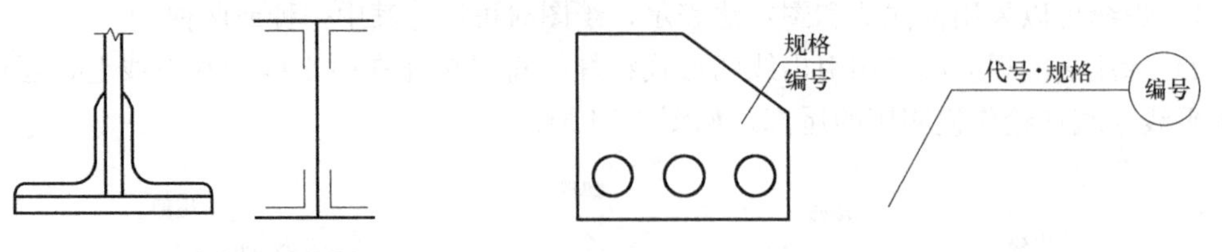

图 1-76　组合断面的绘制　　　图 1-77　构件编号的标注

（9）表面粗糙度常用的代号应符合以下规定：

1）"∀"表示采用"不去除材料"的方法获得的表面，例如：铸、锻、冲压变形、热轧、冷轧、粉末冶金等，或是用于保持原供应状况的表面。

2）"Ra"表示表面粗糙度的高度参数轮廓算术平均偏差值，单位是微米（μm）。

3）"√"表示采用任何方法获得的表面。

4）"∀"表示采用"去除材料"的方法获得的表面，例如：进行车、铣、钻、磨、剪切、抛光等加工获得。

5）粗糙度符号的尺寸，应按照图 1-78 所示进行标注。H 等于 1.4 倍字体高。

（10）线性尺寸与角度公差的标注应符合以下规定：

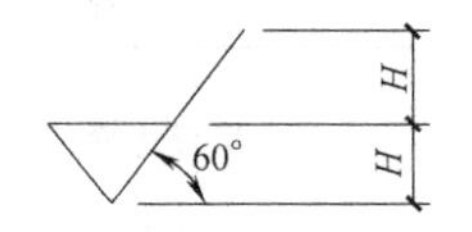

图 1-78　粗糙度符号的尺寸标准

1）当采用代号标注尺寸公差时，其代号应标注在尺寸数字的右边，如图 1-79（a）所示。

2）当采用极限偏差标注尺寸公差时，上偏差应标注在尺寸数字的右上方；下偏差应标注在尺寸数字的右下方，上、下偏差的数字位数必须对齐，如图 1-79（b）所示。

3）当同时标注公差代号及极限偏差时，则应将后者加注圆括号，如图 1-79（c）所示。

4）当上、下偏差相同时，偏差数值应仅标注一次，但应在偏差值前加注正、负符号，

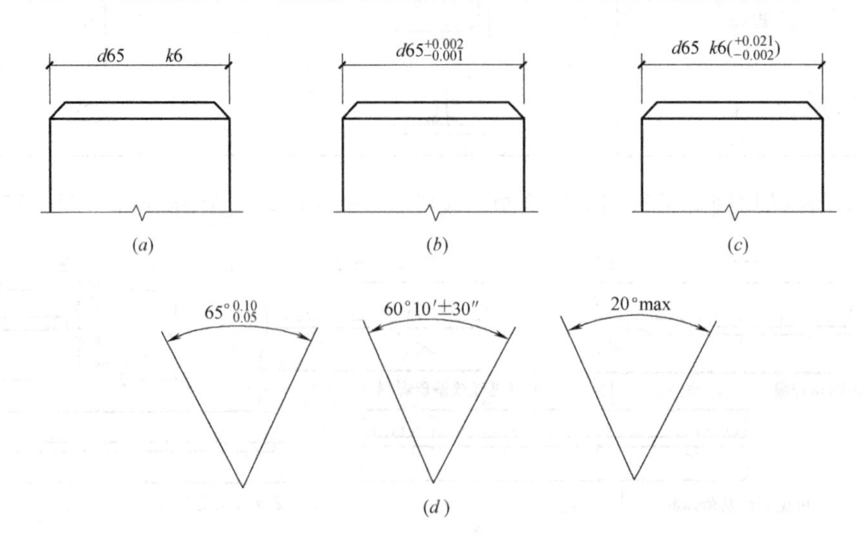

图 1-79　尺寸要素的标注

且偏差值的数字与尺寸数字字高相同。

5）角度公差的标注同线性尺寸公差，如图 1-79（*d*）所示。

1.4.5 斜桥涵、弯桥、坡桥、隧道、弯挡土墙视图

（1）斜桥涵视图及主要尺寸的标注应符合以下规定：

1）斜桥涵的主要视图应为平面图。

2）斜桥涵的立面图宜采用与斜桥纵轴线平行的立面或纵断面进行表示。

3）各墩台里程桩号、桥涵跨径、耳墙长度均采用立面图中的斜投影尺寸，但墩台的宽度仍应采用正投影尺寸。

4）斜桥倾斜角 α，应采用斜桥平面纵轴线的法线与墩台平面支承轴线的夹角标注，如图 1-80 所示。

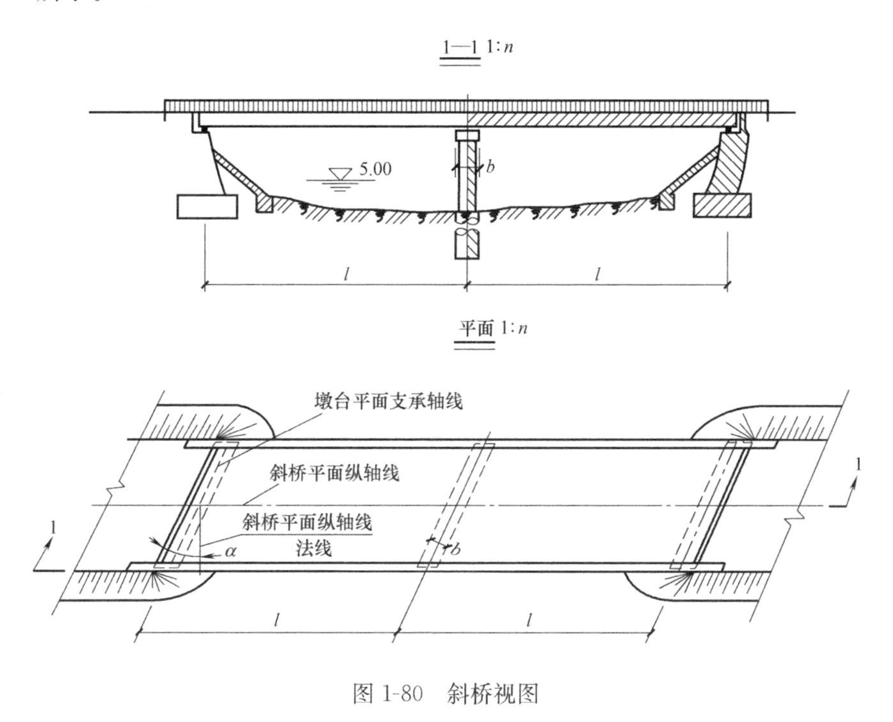

图 1-80 斜桥视图

（2）当绘制斜板桥的钢筋构造图时，可以按照需要的方向剖切。当倾斜角较大而使图面难以布置时，可以按照缩小后的倾斜角值绘制，但在计算尺寸时，仍应按实际的倾斜角计算。

（3）弯桥视图应符合下列规定：

1）当全桥在曲线范围内时，应以通过桥长中点的平曲线半径为对称线；立面或纵断面应垂直对称线，并以桥面中心线展开后绘制，如图 1-81 所示。

2）当全桥仅一部分在曲线范围内时，其立面或纵断面应平行于平面图中的直线部分，并以桥面中心线展开绘制，展开后的桥墩或桥台间距应为跨径的长度。

3）在平面图中，应标注墩台中心线间的曲线或折线长度、平曲线半径及曲线坐标。曲线坐标可列表示出。

4）在立面和纵断面图当中，可以略去曲线超高投影线的绘制。

（4）弯桥横断面宜在展开后的立面图中切取，并应表示超高坡度。

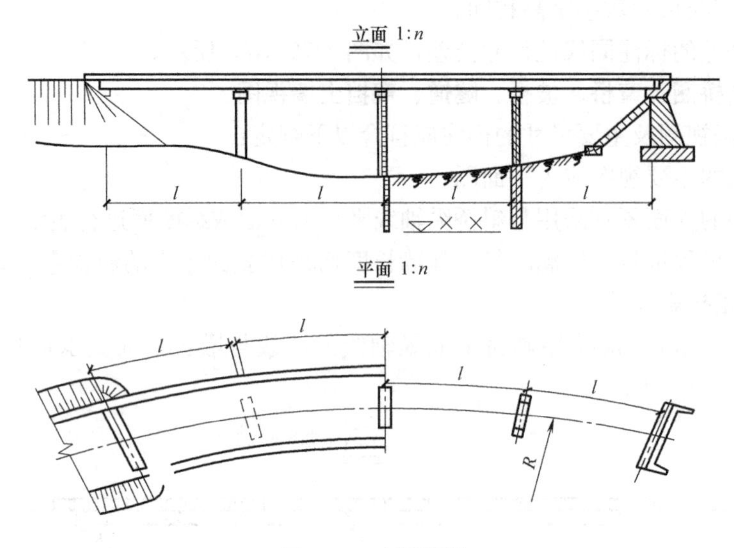

图 1-81　弯桥视图

（5）在坡桥立面图的桥面上应在标注坡度。墩台顶、桥面等处，均应注明标高。竖曲线上的桥梁亦属坡桥，除应按照坡桥标注外，还当应标出竖曲线坐标表。

（6）斜坡桥的桥面四角标高值应在平面图中标注；立面图中可以不标注桥面四角的标高。

（7）隧道洞门的正投影应为隧道立面。无论洞门是否对称，均应全部绘制。洞顶排水沟应在立面图中用标有坡度符号的虚线进行表示。隧道平面与纵断面可仅表示洞口的外露部分，如图 1-82 所示。

（8）弯挡土墙起点、终点的里程桩号应与弯道路基中心线的里程桩号相同。

弯挡土墙在立面图中的长度，应按照挡土墙顶面外边缘线的展开长度标注，如图 1-83 所示。

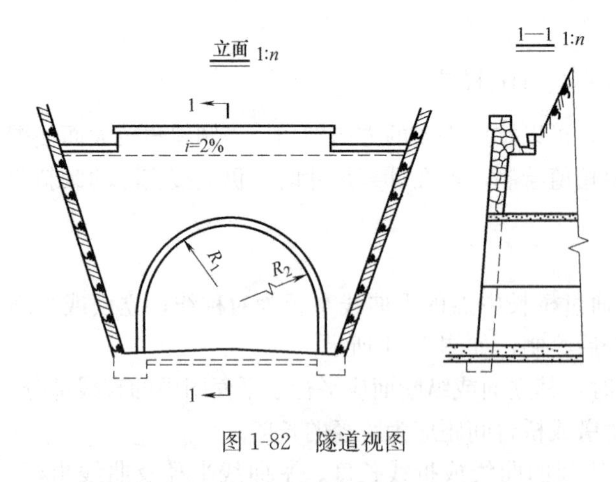

图 1-82　隧道视图

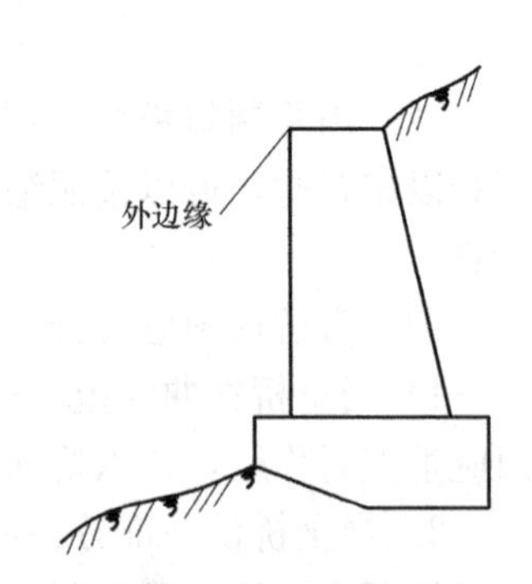

图 1-83　挡土墙外边缘

1.4.6　交通工程与交通标志

1. 交通工程

（1）交通标线应采用线宽为 1～2mm 的虚线或实线表示。

（2）车行道中心线的绘制应符合以下规定：

1）其中 l 值可以按照制图比例取用。中心虚线应采用粗虚线绘制；

2）中心单实线应采用粗实线绘制；

3）中心双实线应采用两条平行的粗实线绘制，两线之间的净距是 1.5～2mm；

4）中心虚、实线应采用一条粗实线和一条粗虚线绘制，两线间净距为 1.5～2mm，如图 1-84 所示。

（3）车行道分界线应采用粗虚线表示，如图 1-85 所示。

（4）车行道边缘线应采用粗实线表示。

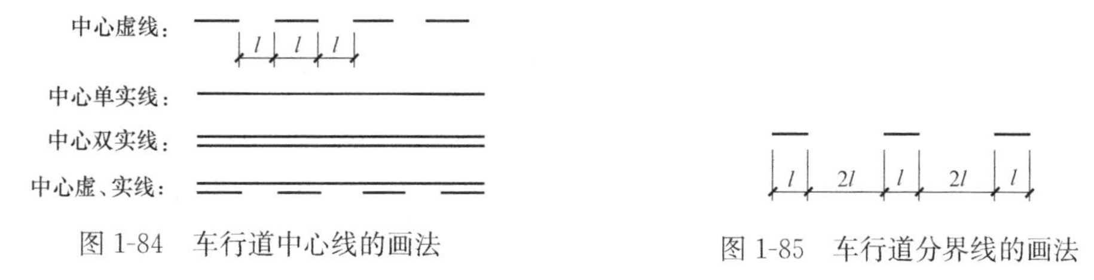

图 1-84　车行道中心线的画法

图 1-85　车行道分界线的画法

（5）停止线应起于车行道中心线，止于路缘石边线，如图 1-86 所示。

（6）人行横道线应采用数条间隔 1～2mm 的平行细实线表示，如图 1-86 所示。

（7）减速让行线应采用两条粗虚线表示。粗虚线间净距宜采用 1.5～2mm，如图 1-87 所示。

（8）导流线应采用斑马线绘制。斑马线的线宽及间距宜采用 2～4mm。斑马线的图案可以采用平行式或折线式，如图 1-88 所示。

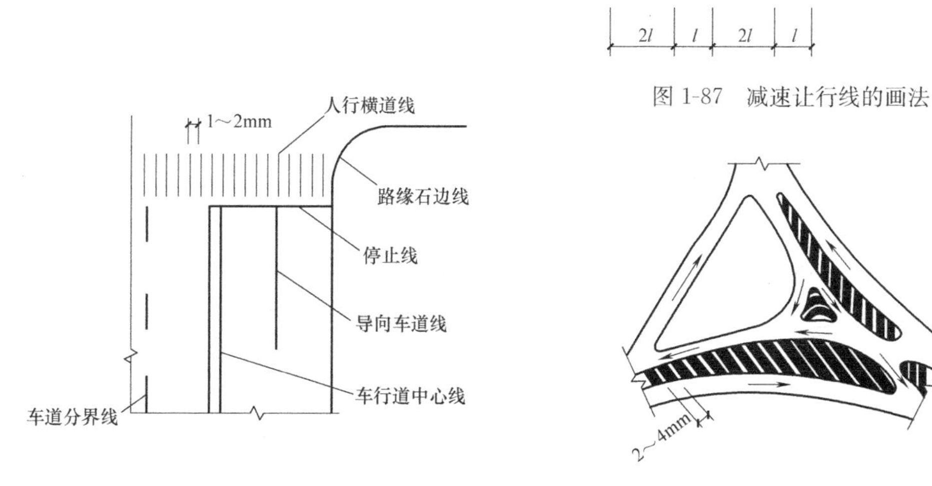

图 1-87　减速让行线的画法

图 1-86　停止线位置

图 1-88　导流线的斑马线

（9）停车位标线应由中线与边线组成。中线采用一条粗虚线表示，边线采用两条粗虚线表示。中、边线倾斜的角度数值可以按照设计需要采用，如图 1-89 所示。

（10）出口标线应采用指向匝道的黑粗双边箭头表示，如图 1-90（*a*）所示。入口标线应采用指向主干道的黑粗双边箭头表示，如图 1-90（*b*）所示。斑马线拐角尖的方向应与双边箭头的方向相反。

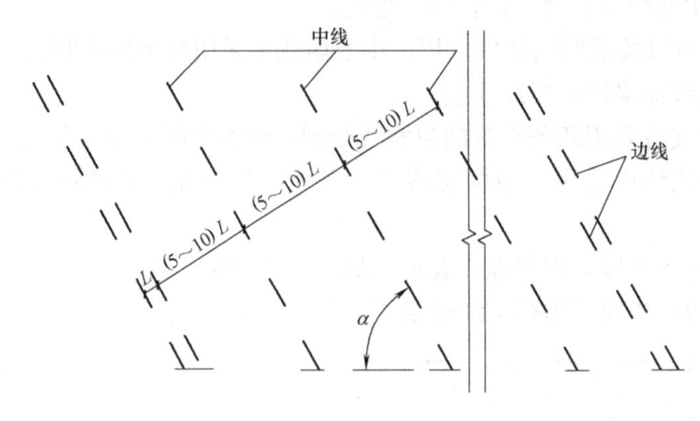

图 1-89　停车位标线

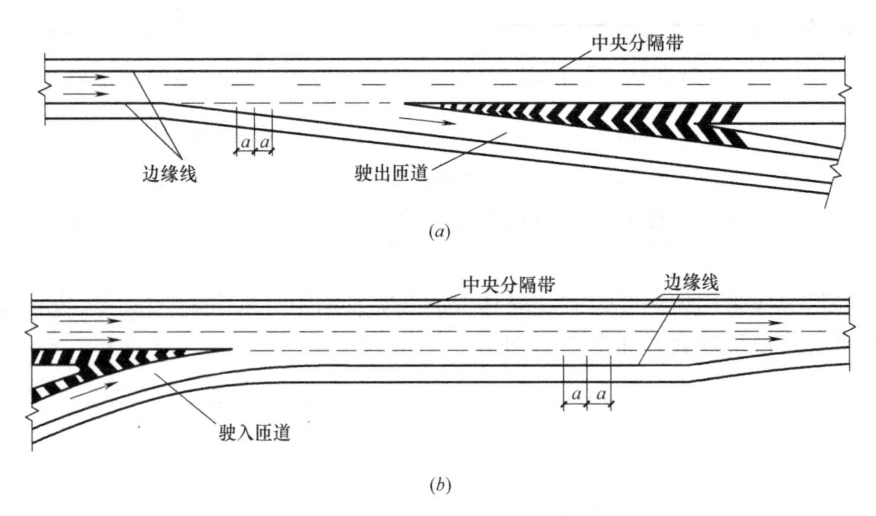

(a)

(b)

图 1-90　匝道出口、入口标线

（11）港式停靠站标线应由数条斑马线组成，如图 1-91 所示。

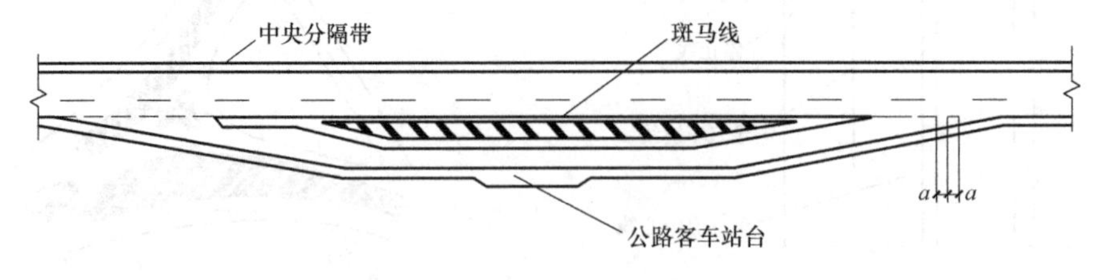

图 1-91　港式停靠站

（12）车流向标线应采用黑粗双边箭头表示，如图 1-92 所示。

2. 交通标志

（1）交通岛应采用实线绘制。转角处应采用斑马线表示，如图 1-93 所示。

（2）在路线或交叉口平面图中应示出交通标志的位置。标志宜采用细实线绘制。标志的图号、图名，应采用现行的国家标准《道路交通标志和标线》GB 5768—2009 规定的图号、图名。标志的尺寸及画法应符合表 1-12 的规定。

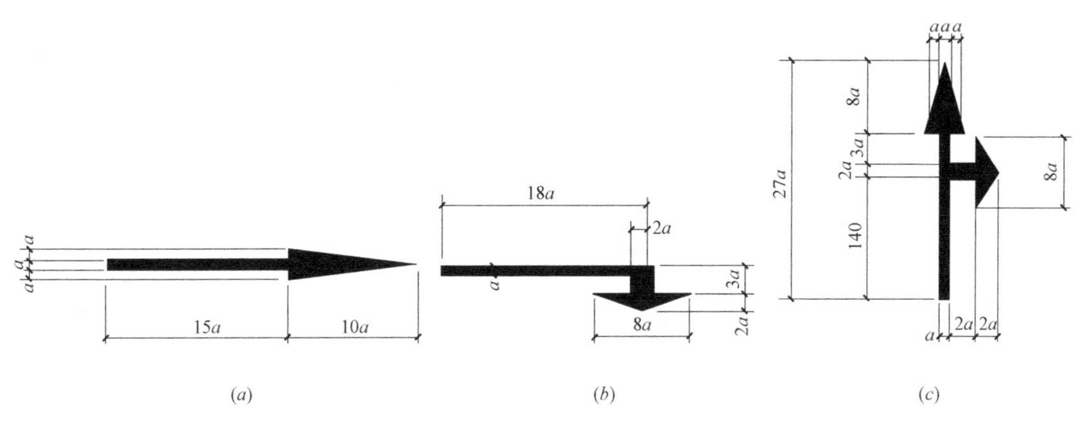

图 1-92 车流向标线

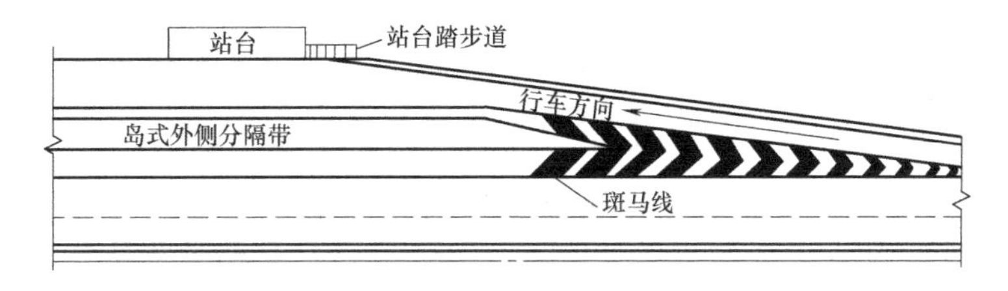

图 1-93 交通岛标志

标志示意图的形式及尺寸 **表 1-12**

规格种类	形式与尺寸/mm	画 法
警告标志	(图号) (图名) 15～20	等边三角形采用细实线绘制，顶角向上
禁令标志	(图号) (图名) 45° 15～20	圆采用细实线绘制，圆内斜线采用粗实线绘制
指令标志	(图号) (图名) 15～20	圆采用细实线绘制
禁令标志	(图名) (图号) 9 9 25～50	矩形框采用细实线进行绘制

续表

规格种类	形式与尺寸/mm	画法
指路标志高速公路	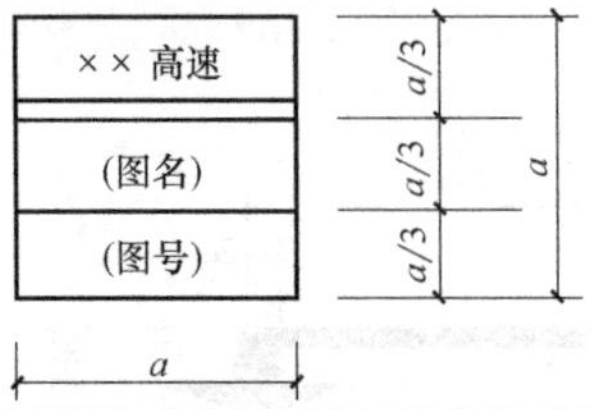 ××高速 (图名) (图号) a/3 a/3 a/3 a a	正方形外框采用细实线进行绘制，边长为30～50mm。方形内的粗、细实线间距是1mm
辅助标志	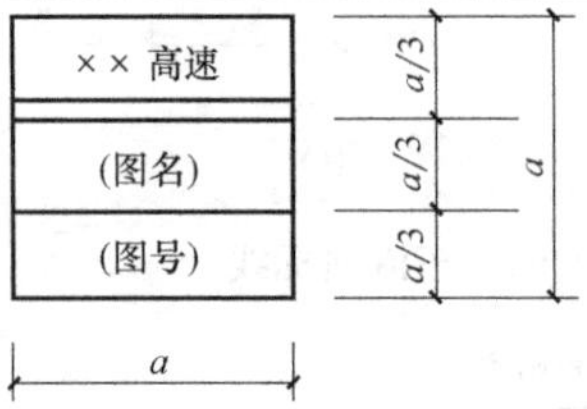 ××高速 (图名) (图号) a/3 a/3 a/3 a a	长边采用粗实线绘制，短边采用细实线绘制

（3）标志的支撑图式应采用粗实线绘制。支撑的画法应符合表1-13的规定。

标志的支撑图式 **表1-13**

名称	单柱式	双柱式	悬臂式	门式	附着式
图式		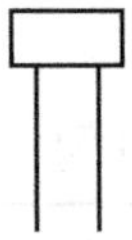	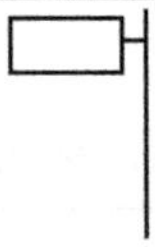	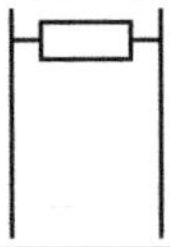	将标志直接标注在结构物上

1.5 施工图图例

1.5.1 常用图例

市政工程常用图例见表1-14。

市政工程常用图例 **表1-14**

项目	序号	名称		图例
平面	1	涵洞		
	2	通道		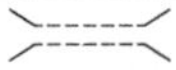
	3	分离式立交	主线上跨	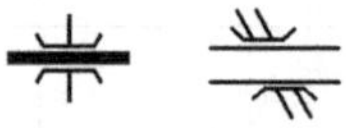
			主线下穿	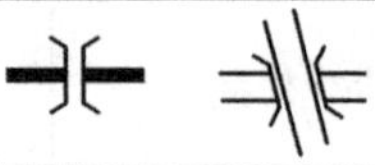
	4	桥梁（大、中桥按实际长度绘）		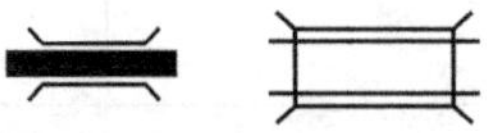
	5	互通式立交（按采用形式绘）		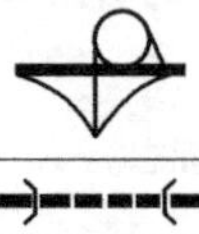
	6	隧道		
	7	养护机构		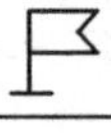

续表

项目	序号	名称		图例
平面	8	管理机构		
	9	防护网		
	10	防护栏		
	11	隔离墩		
纵断	12	箱涵		
	13	管涵		
	14	盖板涵		
	15	拱涵		
	16	箱形通道		
	17	桥梁		
	18	分离式立交	立线上跨	
			主线下穿	
	19	互通式立交	主线上跨	
			主线下穿	
材料	20	细粒式沥青混凝土		
	21	中粒式沥青混凝土		
	22	粗粒式沥青混凝土		
	23	沥青碎石		
	24	沥青贯入碎砾石		
	25	沥青表面处治		
	26	水泥混凝土		
	27	钢筋混凝土		
	28	水泥稳定土		
	29	水泥稳定砂砾		

续表

项目	序号	名称		图例
材料	30	水泥稳定碎砾石		
	31	石灰土		
	32	石灰粉煤灰		
	33	石灰粉煤灰土		
	34	石灰粉煤灰砂砾		
	35	石灰粉煤灰碎砾石		
	36	泥结碎砾石		
	37	泥灰结碎砾石		
	38	级配碎砾石		
	39	填隙碎石		
	40	天然砂砾		
	41	干砌片石		
	42	浆砌片石		
	43	浆砌块石		
	44	木材	横	
			纵	
	45	金属		
	46	橡胶		
	47	自然土		
	48	夯实土		

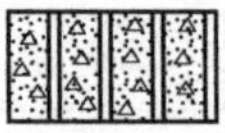

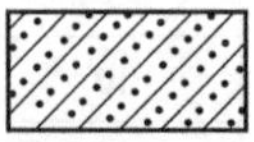

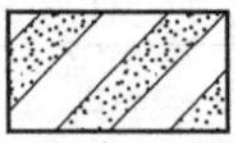

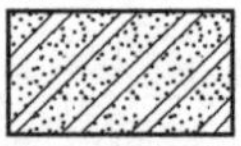

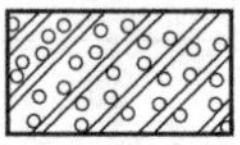

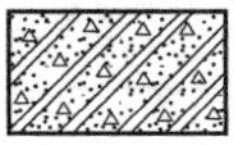

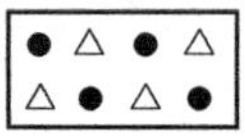

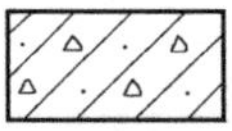

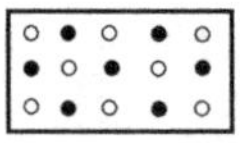

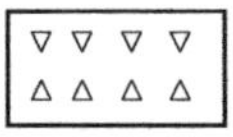

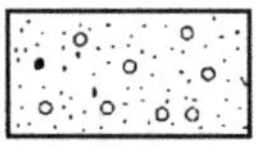

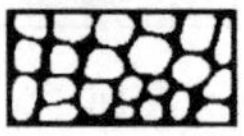

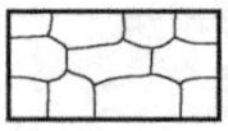

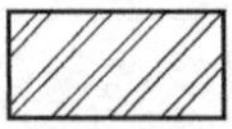

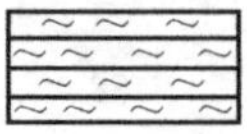

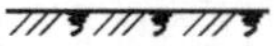

1.5.2 平面设计图图例

市政工程平面设计图图例见表 1-15。

市政工程平面设计图图例（单位：mm）　　表 1-15

图　例	名　称	图　例	名　称
3　6　n×3　2	平箅式雨水口(单、双、多箅)	3	护坡边坡加固
	偏沟式雨水口(单、双、多箅)	6　2	边沟过道(长度超过规定时按实际长度绘)
	联合式雨水口(单、双、多箅)	实际长度　实际宽度	大、中、小桥(大比例尺时绘双线)
DN××　L=××m	雨水支管	2	涵洞(一字洞口)；需绘洞口具体做法及采取导流措施时宽度按实际宽度绘制
		2	涵洞(八字洞口)；需绘洞口具体做法及采取导流措施时宽度按实际宽度绘制
4 1 4 1　1	标柱	4　实际长度　4	倒虹吸
1　10　10　1	护栏	实际长度　实际净跨　实际宽度	过水路面混合式过水路面
实际长度　实际宽度≥4	台阶、坡道	实际宽度　1.5　1.5	铁路道口
1.5	盲沟	实际长度　2　5　5	渡槽
实际长度　4　按管道图例	管道加固	2　起止桩号	隧道
实际长度　1.5	水簸箕、跌水	实际长度　起止桩号	明洞
1.5	挡土墙、挡水墙	实际长度	栈桥(大比例尺时绘双线)
	铁路立交(长、宽角按实际绘)	雨　升降标高	迁杆、伐树、迁移、升降雨水口、探井等
	边沟、排水沟及地区排水方向		迁坟、收井等(加粗)
	干浆砌片石(大面积)	12k　d=10	整千米桩号
	拆房(拆除其他建筑物，刨除旧路面相同)		街道及公路立交按设计实际形状(绘制各部组成)参用有关图例

1.5.3 道路工程常用图例

市政道路工程常用图例见表 1-16～表 1-18。

市政路面结构材料断面图例　　表 1-16

图例	名称	图例	名称	图例	名称
	单层式沥青表面处理		水泥混凝土		石灰土
	双层式沥青表面处理		加筋水泥混凝土		石灰焦渣土
	沥青砂黑色石屑(封面)		级配砾石		矿渣
	黑色石屑碎石		碎石、破碎砾石		级配砂石
	沥青碎石		粗砂		水泥稳定土或其他加固土
	沥青混凝土		焦渣		浆砌块石

道路工程文字注释图例（单位：mm）　　表 1-17

图　例	含　义	图　例	含　义
桩号 名称、形式 长度 = (m) l_0(净跨) = (m)	大、中桥(需表示起讫桩号时另注)	桩 号 类别 D或$B\times H$(孔径)=(m) l(长度)=(m) 管底高 进口=出口	倒虹吸(另列表时不注长度底高)
高程　高程 $d\leqslant 5$	高程符号(图形为较大平面面积)	桩号～桩号 名称 长度 = (m)	隧道、明洞、半山洞、栈桥、过水路面等
类别 h (高度) = (m) m (斜率) =1:x	水簸箕跌水	30 12 X= Y=	坐标
桩 号 类别 l_0或D = (m) L或A (长度) = (m) 底高进口 = 出口	水桥涵(山区路不注长度及进出口高)	桩号～桩号 (路口不注) 类别 长度(m) 类别 长度 (m) 桩 桩 号 号	挡土墙、挡水墙、护挡、标柱、护坡等
12 桩号=桩号 应增(减)(m) 40	断链	桩 号 类别 l_0或D = (m) 荷载级别	边沟过道
修整大车道 B (宽度) = (m) i (纵坡) = (%) l (长度) = (m)	修整大车道等其他简单附属工程，拆迁项目同此	9　5　至 × × 2 5 或　至 × ×	路标

注：1. 构造物及工程项目图例号用于 1∶500 及 1∶100 平面图，1∶2000 平面图可参考使用。大比例尺图纸及构筑物较大可按实际尺寸绘制时，均按实际绘制。

2. 图例符号与文字注释结合使用，升降各种探井、闸门、雨水口，杆线应注升降值及高程。

3. 需表明构筑物布置情况及相互关系时，按平面设计图纸内容规定绘注。

道路工程线型图例　　表 1-18

图　　例	含　　义
5　40　规划 设计施工	道路中心线（较细线 最细线）
	路基边线 平道牙（粗线）
15　2　15	路基边线 平道牙（较细线）
15　2　15	收地线（较细线）
1　2　1　2	道口道牙
用红铅笔或红墨水绘	规划红线（粗线）
长度视图 面大小定	坡面线（最细线）
	填挖方 坡脚线（较细线）

2 市政工程施工图识读

市政工程施工图的识读应按照图纸目录、设计说明、平面图、剖（断）面图、详图的步骤进行。通过图纸目录，了解全套施工图包含的图件种类及数量；通过设计说明，了解有关的设计资料、设计参数以及图纸上未表达清楚的一些施工做法等内容；然后，再识读平面图、剖面图、详图等图纸，达到对施工图纸全面、细致的理解。在识读时应相互结合、相互对比，以便形成一个整体印象；切忌孤立地识读某一张图纸，出现以偏概全或错误的理解。施工图识读的最基本要求是能够正确地计算出工程量并制定出切实可行的施工方案，进而为正确计算工程造价奠定基础。

2.1 城市道路工程施工图识读

2.1.1 城市道路平面图的识读

城市道路的平面图，是运用正投影的方法在地形图的基础上来表现道路的方向、长度、宽度、平面线形、平面构成、两侧地形地物、路线定位等内容的图样。在平面图上主要反映地形和道路平面设计两部分内容，通常包括路线定位图及平面设计图。

1. 地形部分的图示内容

（1）图样比例的选择。根据地形、地物的不同情况，可以采用不同的比例，但应以能清晰表达图样为原则进行确定。通常常用的比例为 1∶1000、1∶2000 等比例。因为城市的规划图多以 1∶500 为比例，所以道路平面图的比例也可以采用 1∶500、1∶5000 等比例。

（2）方位确定。设计地区的方位的确定可以采用坐标网或指北针两种方法。坐标网法应在图中绘出坐标网并注明坐标，通常 X 轴向为南北方向（上为北），Y 轴向为东西方向（右为东）。指北针法应在图样的适当位置，按照标准绘出指北针，以指明方位。

（3）地形地物。地形情况通常采用等高线或地形点表示。城市道路地形通常比较平坦，多采用地形点来表示地形高程，地形点通常用▼符号表示，其标高值注在其右侧。地物情况主要反映地貌，通常用城市规划图要素图例表示。

（4）水准点。在平面图中应注明水准点的位置并对其编号，以便进行道路的高程控制。水准点通常用⊗$\frac{\text{BM 编号}}{\text{高程}}$表示，将高程值写在分数线的下方，高程编号写在分数线的上方。

2. 道路平面设计部分的图示内容

（1）道路规划红线。道路规划红线是指通过城市总体规划或道路系统专项规划确定的各等级城市道路的路幅边界控制线，是道路建设用地的外边线，通常采用双点画线表示。两条规划红线之间的宽度即为道路规划宽度，即规划路幅宽度。

（2）道路中心线。道路中心线表示道路的中心位置，用来区分不同方向的车道，通常画在道路正中，好像一条隔离带，将道路隔成两个方向，通常用细单点画线表示。

(3) 里程桩号。里程就是指道路长度，里程桩号表示该桩至道路起点的长度，它反映了道路的总长及各段的长度。里程桩号通常用 KX+Y 表示，K 含义为整数公里处，K 后面的数字 X 表示第 X 公里处，Y 表示在第 X 公里处再前向加 Ym 处。如 K14+400 表示该里程桩在 14 整数公里再前向加 400m 处。里程桩号通常设在道路中心线上，从起点到终点，沿前进方向注写里程桩号；也可以向垂直道路中心线方向引一细直线，再在图样边上注写里程桩号。

(4) 路线定位。路线定位通常采用坐标网或指北针结合地面固定参照物进行定位。

(5) 平曲线。受地形、地物或地质条件的限制，路线通常需要改变方向，路线在平面方向发生转折的点称为路线转向的折点。为了满足车辆行驶的要求，在转向的两直线间一般用曲线连接，该曲线通常为圆曲线。当圆曲线的曲率较大、不便于车辆行驶时，应在直线与圆曲线间增设缓和曲线，构成平曲线。道路中平曲线的几何要素及控制点有直缓点（ZH）、缓圆点（HY）、曲中点（QZ），圆缓点（YH）、缓直点（HZ）、交点（JD）、切线长（T）、曲线长（L）、外矢距（E）、转角（α）。当只有圆曲线时，其几何要素及控制点有直圆点（ZY）、曲中点（QZ）、圆直点（YZ）、切线长（T）、曲线长（L）、外矢距（E）、转角（α）。

转角是路线转向的折角，是沿道路前进方向向左或向右偏转的角度。

3. 道路平面图的识读方法

(1) 了解地形地物情况。首先，根据平面图的图例及等高线的特点，了解此图样反映的地形地物情况、地面各控制点高程、附属构筑物的位置、已知水准点的位置及编号、坐标网参数、指北针或地形点方位、道路两侧建筑物的情况、性质以及用地范围等。

(2) 了解道路的用地情况。根据已掌握的地形地物情况，了解原有建筑物及构筑物的拆除范围以及数量。

(3) 了解路线定位参数。在道路定线图上，了解道路的方位、走向、转向以及转角、曲线几何要素、控制点的坐标、里程桩号等。

(4) 阅读道路设计内容。在道路平面设计图上，阅读道路中心线、规划红线、机动车道、非机动车道、人行道、分隔带、交叉口的位置以及相关平面尺寸。如果道路设置了曲线，还要搞清楚曲线的形式及相关参数。

(5) 计算挖填方工程量。结合道路纵断面图，了解路基挖填方情况，并据此计算出相应的挖填方工程量。

(6) 确定图中水准点的绝对高程。根据图中所给各水准点的位置及编号，到有关部门查出该水准点的绝对高程，以便于施工中正确控制道路高程。

2.1.2 城市道路纵断面图的识读

城市道路纵断面图是通过沿道路中心线用假想的铅垂面进行剖切，展开后进行正投影所得到的图样。它主要反映了道路沿纵向的设计高程变化、地质情况、挖填情况、原地面标高、坡度及距离、桩号等多项图示内容及数据，通常由高程标尺、图样及测设数据表三部分组成，图样在图幅上部，测设数据表在图幅下部，高程标尺在测设数据表的上方左侧，如图 2-1 所示。

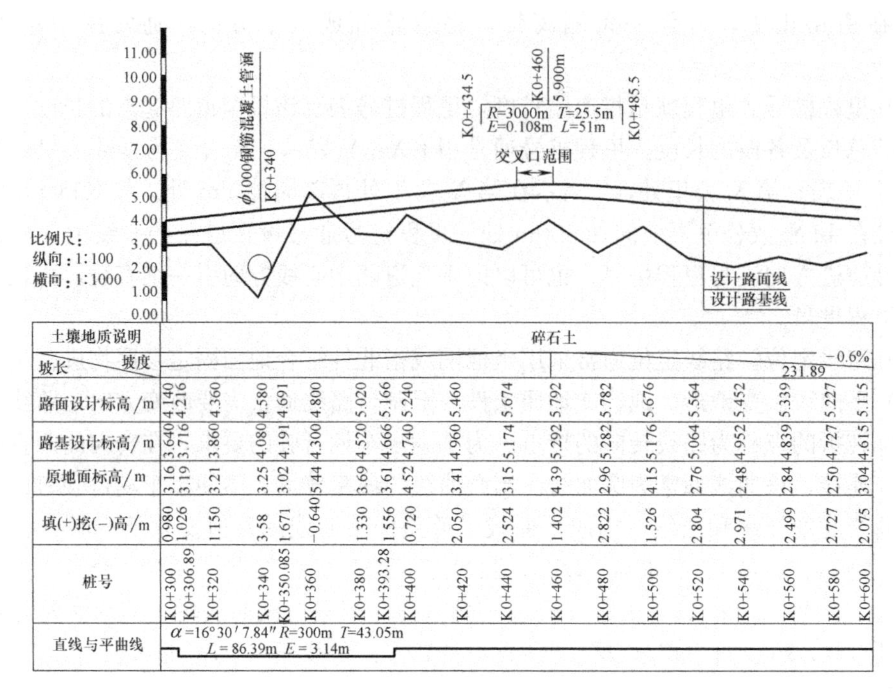

图 2-1 某城市道路纵断面图

1. 图样部分的图示内容

（1）路线长度和高程。图样的水平方向表示路线长度，垂直方向表示高程。为了清晰地反映垂直方向的高差，规定垂直方向的比例按照水平方向的比例放大 10 倍，这样图上所画的图线坡度较实际坡度大，但看起来舒适、美观。

（2）原地面高程线。图样当中不规则的细折线表示沿道路设计中心线处的原地面高程线，它是根据一系列中心桩的原地面高程用细实线连接形成的，反映了道路中心线处原地面的高程变化情况。

（3）设计路面高程线。图样中比较规则的直线与曲线组成的粗实线表示道路的设计路面高程线。它是根据一系列中心桩处的设计路面高程，用粗实线连接而成的，反映了道路中心路面设计高程的变化情况。

设计路面高程线与原地面高程线结合，可以反映出路基的挖填情况。原地面高程线与设计路面高程线上对应点的高程（即标高）差称为挖填高度（即施工高度），此差值如果大于零，说明需要挖方；如果小于零，说明需要填方。

（4）竖曲线。当设计路面纵向坡度变更处的两相邻坡度之差的绝对值超过一定数值时，为了便于车辆行驶，在变坡处设置的竖向圆形曲线称之为竖曲线。竖曲线包括凹形竖曲线和凸形竖曲线两种。在设计路面高程线上方用└┬┘表示凹形竖曲线，用┌┴┐表示凸形竖曲线，并在符号处注明竖曲线半径 R、切线长 T、曲线长 L、外矢距 E，如图 2-1 中，R=3000m、T=25.5m、L=51m、E=0.108m。

（5）路线上的构筑物。在纵剖面图上应按照桩号位置用相关图例绘出桥梁、涵洞、立交桥等构筑物，并注明其名称及编号。

（6）道路交叉口。在纵剖面图上，应标出相关道路交叉口的位置及相交道路的名称、桩号。

（7）水准点。沿线设置的水准点，按照其所在里程桩号注在设计路面高程线的上方，并注明编号、高程及相对路线的位置。

2. 测设数据表的图示内容

测设数据表是设置在图样下方与图样相对应的表格，其内容、格式应根据道路路线的具体情况而定，但通常应包括如下内容：

（1）地质情况。表示道路沿线的土质变化情况，应注明每段土的土质名称。

（2）坡度与坡长。用细直线连接两个变坡点得到一条斜线，在斜线上方注明坡度，斜线下方注明坡长，单位以“m”计。

（3）设计路面高程。表明各里程桩的路面中心的设计高程，单位以“m”计，它是设计人员根据道路设计原理和相应设计规范确定的。

（4）原地面高程。表明各里程桩的路面中心的原地面高程，单位以“m”计，它是根据测量结果确定的。

（5）挖填情况。反映设计路面与原地面的标高差。

（6）里程桩号。按照比例标注里程桩号，通常有 Km 桩号、100m 桩号、50m 桩号、构筑物位置桩号、路线控制点桩号等。

（7）平面直线与曲线。为了反映路线的平面变化，根据路线平面变化的实际情况，结合纵断面图在测设数据表中的相应位置处，用直角折线表示平曲线的起止点，通常‾‾|__|‾‾表示左偏角的平曲线，__|‾‾|__表示右偏角的平曲线，并将曲线几何要素注明在此符号处。如图 2-1 中，在 K0＋306.89 处道路左偏角度是 16°30′7.84″，转弯半径 $R=$300m，切线长 $T=$43.05m，曲线长 86.39m，外矢距值 $E=$3.14m。

3. 纵断面图的识读方法

城市道路纵剖面图的识读，应结合图样、高程标尺、测设数据表综合识读，并与平面图相对照，得出图样所要表达的确切内容。

（1）根据图样的纵、横比例和高程标尺确定道路沿线的高程变化，并与测设数据表中注明的高程对比。如误差较大，应与设计人员商讨共同确定。

（2）读懂竖曲线及其几何要素的含义。图样中竖曲线的起止点均与里程桩号相对应，竖曲线的符号大小和实际大小均一致，且要理解所注明的各项曲线几何要素的意义，以便正确理解路线的竖向变化情况。

（3）根据路线中所标注的构筑物的图例、编号、位置桩号，正确理解构筑物的实际情况。

（4）找出沿线设置的已知水准点，并根据编号、位置查出已知的高程，为施工奠定基础。

（5）根据里程桩号、原地面高程、设计地面高程，搞清楚道路沿线的挖填情况。

（6）根据测设数据表中的坡度、坡长、平曲线示意符号、几何要素等资料，搞清路线的空间变化情况，形成一个整体的概念。

2.1.3 城市道路横断面图的识读

城市道路横断面图是沿与道路中心线垂直方向的断面图，它主要表明机动车道、非机动车道、人行道、分隔带等的横向布置情况，如图 2-2 所示。

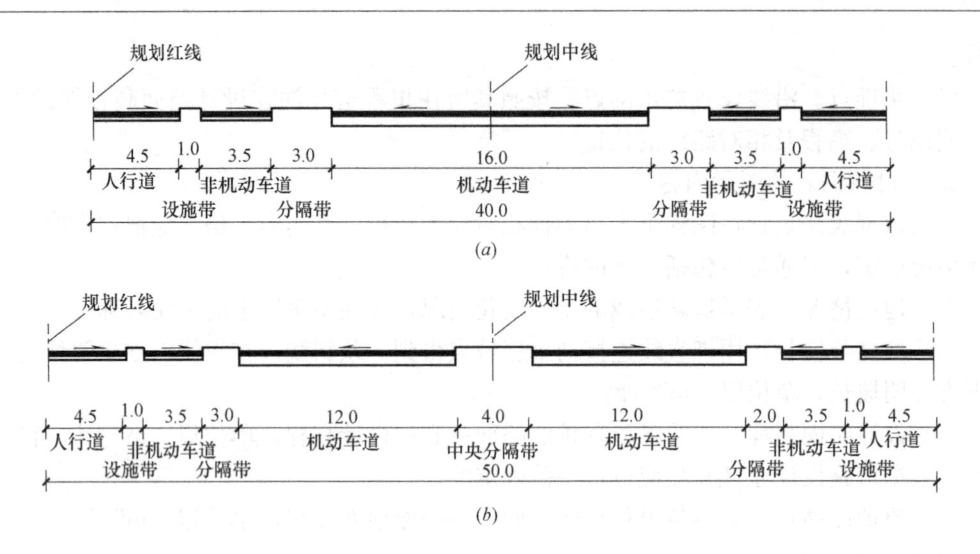

图 2-2 某城市道路横断面图

(*a*) 规划横断面（一）；(*b*) 规划横断面（二）

注：1. 本图尺寸均以米计；

2. 本图比例为 1∶200。

1. 城市道路横断面图的图示内容

(1) 横断面图的比例。应根据道路等级确定，通常采用 1∶100、1∶200 的比例。

(2) 机动车道、非机动车道、人行道、绿化带、分隔带的位置及尺寸。通常，用细点画线表示道路中心线，车行道、人行道用粗实线表示。同时，还要注明构造分层情况、排水横坡度与红线位置。

(3) 用图例示意出绿地、房屋、树木、灯杆等。

(4) 用中实线图示出分隔带设置情况，并注明相应的尺寸。

(5) 在必要时也可以图示出地下设施的种类及大小。

2. 城市道路横断面图的识读

(1) 确定道路横断面的基本形式。道路横断面的基本形式，根据机动车道和非机动车道的布置形式的不同，可以分为单幅路、双幅路、三幅路与四幅路四种形式，如图 2-3 所示。

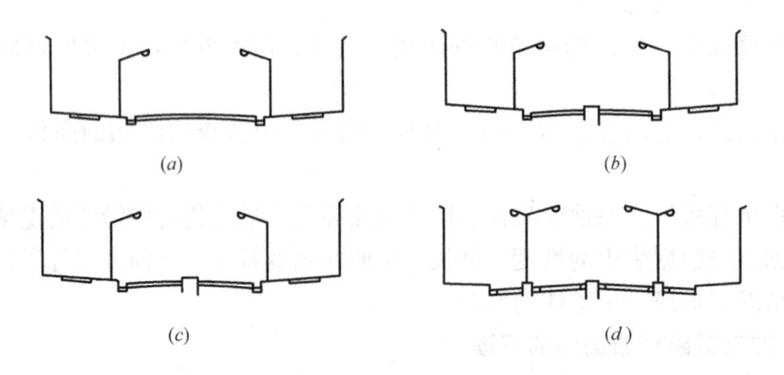

图 2-3 城市道路横断面布置形式

(*a*) 单幅路；(*b*) 双幅路；(*c*) 三幅路；(*d*) 四幅路

单幅路的车行道不设分车带，机动车在中间，非机动车在两侧，按照靠右侧规则行驶，双向机动车与非机动车混行，又称其为一块板断面。

双幅路利用分车带分隔对向车流，将车行道一分为二，每侧机动车与非机动车混行，又称之为两块板断面。

三幅路利用两条分车带分隔机动车与非机动车，将车行道一分为三，机动车道双向行驶，两侧非机动车道车辆为单向行驶，又称之为三块板断面。

四幅路利用三条分车带，使上、下行的机动车与非机动车全部隔开，各车道均为单向行驶，又称为四块板断面，是最为理想的道路横断面布置形式。

(2) 道路的竖向结构组成。

(3) 道路各部分的宽度、厚度。

(4) 道路的横向坡度及排水方向。

2.1.4 城市道路详图的识读

城市道路中某些在平面图、纵断面图、横断面图中不易表达清楚的内容，可以用详图表达。城市道路详图的识读主要是弄明白结构尺寸和施工做法等内容，不同的详图识读的内容也不尽相同，如图2-4所示详图主要表示胀缝的施工做法。

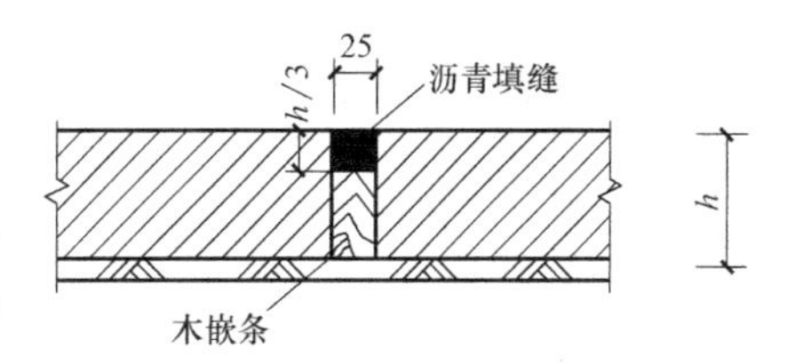

图 2-4 路面胀缝施工详图

2.2 城市桥梁工程施工图识读

2.2.1 桥梁总体布置图的识读

1. 平面图的识读

图 2-5 某桥梁平面图

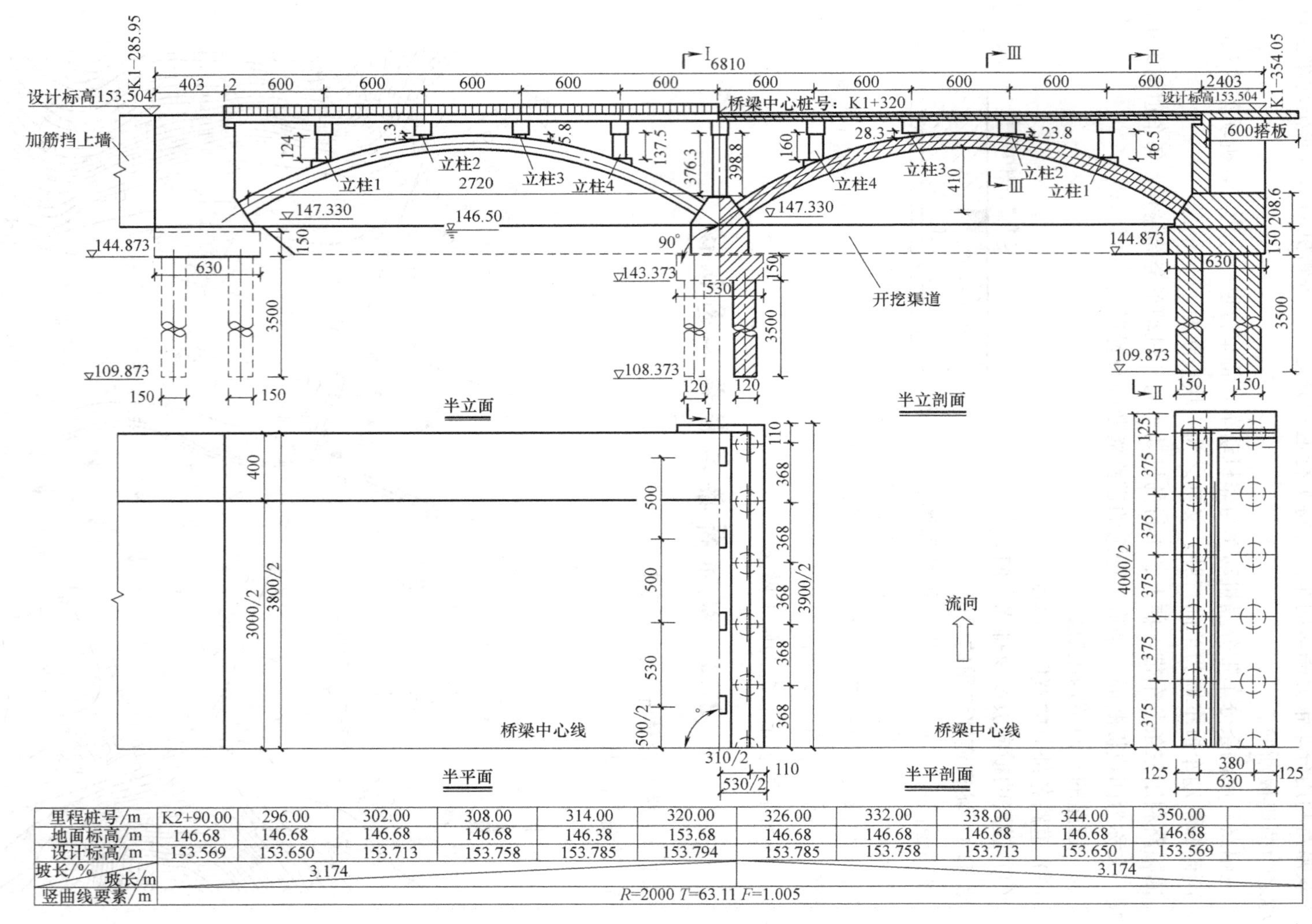

里程桩号/m	K2+90.00	296.00	302.00	308.00	314.00	320.00	326.00	332.00	338.00	344.00	350.00
地面标高/m	146.68	146.68	146.68	146.68	146.38	153.68	146.68	146.68	146.68	146.68	146.68
设计标高/m	153.569	153.650	153.713	153.758	153.785	153.794	153.785	153.758	153.713	153.650	153.569
坡长/% 坡长/m	3.174						3.174				
竖曲线要素/m	R=2000 T=63.11 F=1.005										

图 2-6　某桥梁立面图

平面图通常采用半平面图与半墩台桩柱平面图。当图示桥台及帽梁平面构造时，为未上主梁时的投影图样；当图示桥墩的承台平面时，为承台以上帽梁以下位置做剖切平面，向下正投影的图样；当图示桩位时，为承台以下做剖切面得到的图样，通常用虚线表示承台位置。

桥梁平面图主要识读桥梁的平面布置形式，反映桥梁的长度、宽度、各部位平面尺寸、与河流的相交形式，与路线的连接位置、桥台平面尺寸及桩的平面布置方式，车道布置、栏杆、道路边坡及锥形护坡、变形缝，帽梁的平面形状及梁上构造，承台的平面形状、尺寸及台上构造等，如图 2-5 所示。

2. 立面图识读

桥梁立面图一般采用半立面图和半纵剖面图综合表示，半立面图表示其外部形状，半纵剖面图表示其内部构造，两部分以桥梁中心线分界，如图 2-6 所示。通过立面图主要表达桥梁的形式、孔数、跨径、墩台形式及各部位尺寸。

半立面图中要识读桩的形式、桩顶标高、桩底标高，墩台的立面形式、标高以及尺寸，主梁的形式、梁底标高、梁的纵剖面形式以及起点桩号、终点桩号。

半纵剖面图要识读桩的形式、桩顶桩底标高，墩台、帽梁、承台的剖面形式以及各控制点的里程桩号。

3. 横断面图识读

横断面图主要表示桥梁横向布置情况，主要反映桥梁宽度、桥上路幅布置、梁板布置及梁板形式以及桩基的横向布置情况，如图 2-7 所示。

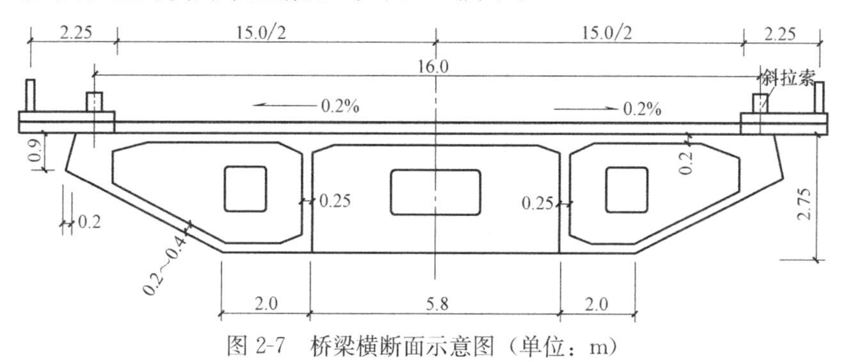

图 2-7 桥梁横断面示意图（单位：m）

2.2.2 桥位地质断面图的识读

桥位地质断面图表明桥位所在河床位置的地质断面情况，如地质情况不复杂可以绘制在立面图的左侧，否则应单独出图。为了显示地质及河床深度变化情况，标高方向的比例一般比水平方向的比例大，如图 2-8 所示。通过地质断面图，要搞清土层的土质和厚度、钻孔位置、钻孔深度、孔口标高、孔位间距，河流的常水位标高、洪水位标高、枯水位标高等内容。

2.2.3 构件结构图的识读

构件结构图是详细反映桥梁构件的形状、大小以及细部构造的图样，也称为构件详图。通常分为桥台结构图、桥墩结构图、桩结构图、钢筋混凝土梁板结构图等。构造结构图要识读具体的细部构造，钢筋混凝土构件要识读钢筋的类别及数量等内容。某桥墩构造如图 2-9 所示。

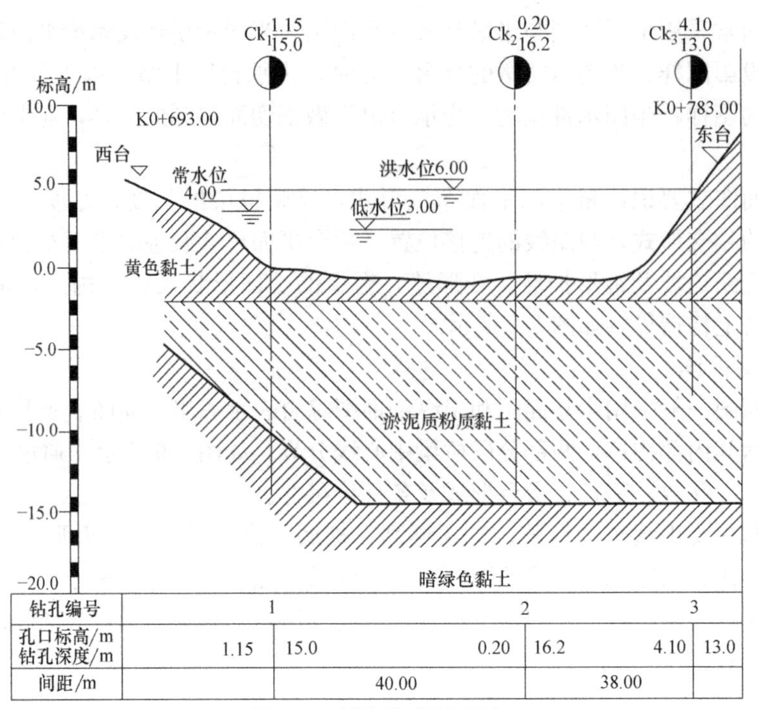

钻孔编号	1		2		3
孔口标高/m 钻孔深度/m	1.15	15.0	0.20	16.2	4.10	13.0
间距/m		40.00		38.00	

图 2-8　桥位地质断面图

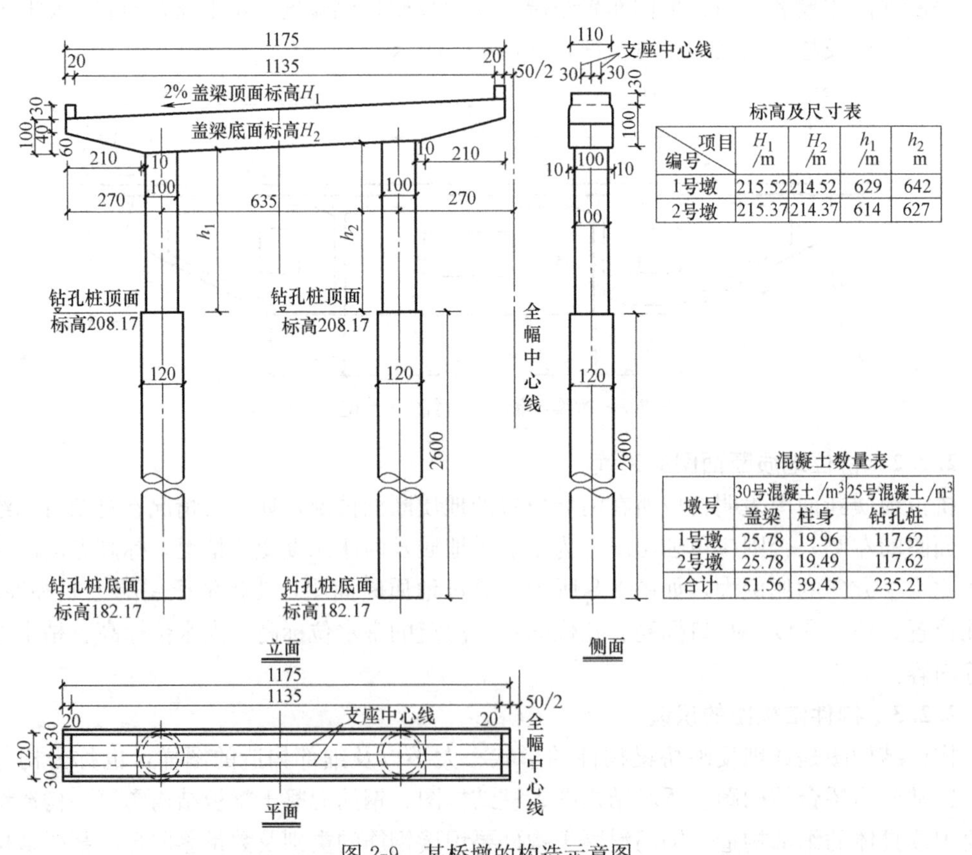

标高及尺寸表

编号＼项目	H_1/m	H_2/m	h_1/m	h_2 m
1号墩	215.52	214.52	629	642
2号墩	215.37	214.37	614	627

混凝土数量表

墩号	30号混凝土/m^3		25号混凝土/m^3
	盖梁	柱身	钻孔桩
1号墩	25.78	19.96	117.62
2号墩	25.78	19.49	117.62
合计	51.56	39.45	235.21

图 2-9　某桥墩的构造示意图

注：1. 本图尺寸除标高以米计外，其余尺寸均以厘米计。
2. 盖梁中已包括楔形块及挡块工程量。

2.3 市政管道工程施工图识读

2.3.1 给水管道工程施工图的识读

给水管道施工图通常包括平面图、纵剖面图、大样图与节点详图四种。

1. 平面图识读

管道平面图主要体现管道在平面上的相对位置以及管道敷设地带一定范围内的地形、地物和地貌情况，如图 2-10 所示。识读时应主要弄清楚下列问题：

（1）图纸比例、说明和图例；

（2）管道施工地带道路的宽度、长度、中心线坐标、折点坐标以及路面上的障碍物情况；

（3）管道的管径、长度、节点号、桩号、转弯处坐标、中心线的方位角、管道与道路中心线或永久性地物间的相对距离及管道穿越障碍物的坐标等；

（4）与本管道相交、相近或是平行的其他管道的位置及相互关系；

（5）附属构筑物的平面位置；

（6）主要材料明细表。

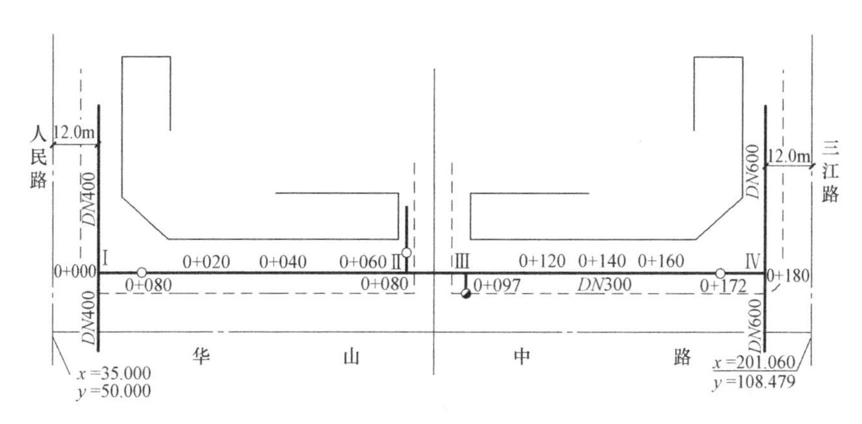

图 2-10　管道平面图

2. 纵剖面图识读

纵剖面图主要体现管道沿线的埋设情况，如图 2-11 所示。在识读时应主要弄清楚下列问题：

（1）图纸横向比例、纵向比例、说明及图例；

（2）管道沿线的原地面标高及设计地面标高；

（3）管道的管中心标高及埋设深度；

（4）管道的敷设坡度、水平距离及桩号；

（5）管径、管材及基础；

（6）附属构筑物的位置、其他管线的位置及交叉处的管底标高；

（7）施工地段名称。

3. 大样图识读

大样图主要是指阀门井、消火栓井、排气阀井、泄水井、支墩等的施工详图，通常由平面图和剖面图组成，如图 2-12 所示的泄水阀井。在识读时应主要弄清楚下列内容：

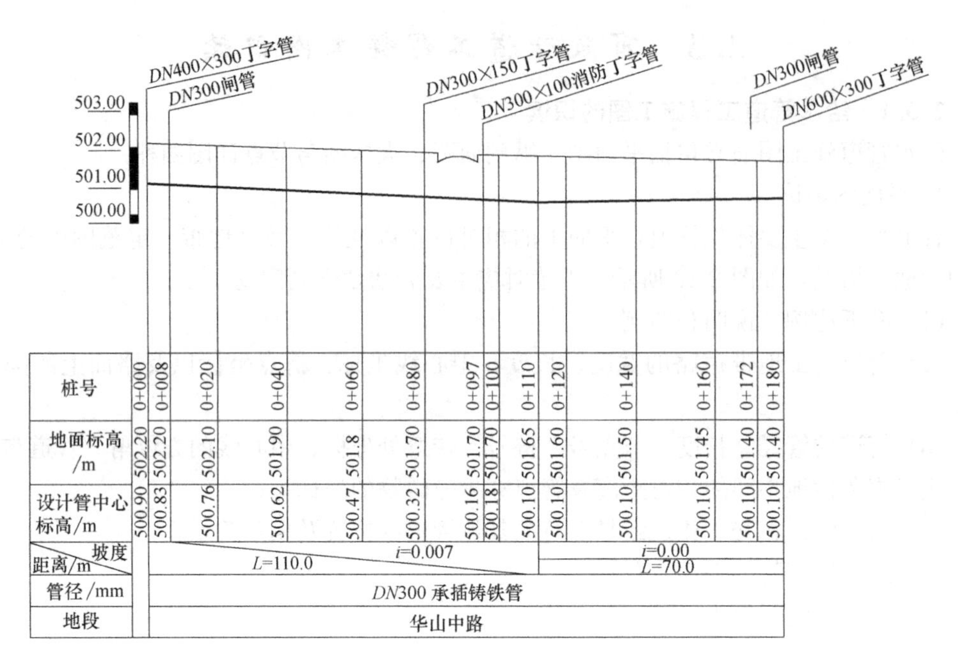

桩号	0+000	0+008	0+020	0+040	0+060	0+080	0+097	0+100	0+110	0+120	0+140	0+160	0+172	0+180
地面标高/m	502.20	502.20	502.10	501.90	501.8	501.70	501.70	501.70	501.65	501.60	501.50	501.45	501.40	501.40
设计管中心标高/m	500.90	500.83	500.76	500.62	500.47	500.32	500.16	500.18	500.10	500.10	500.10	500.10	500.10	500.10
坡度 / 距离/m	i=0.007 L=110.0									i=0.00 L=70.0				
管径/mm	DN300 承插铸铁管													
地段	华山中路													

图 2-11　纵剖面图

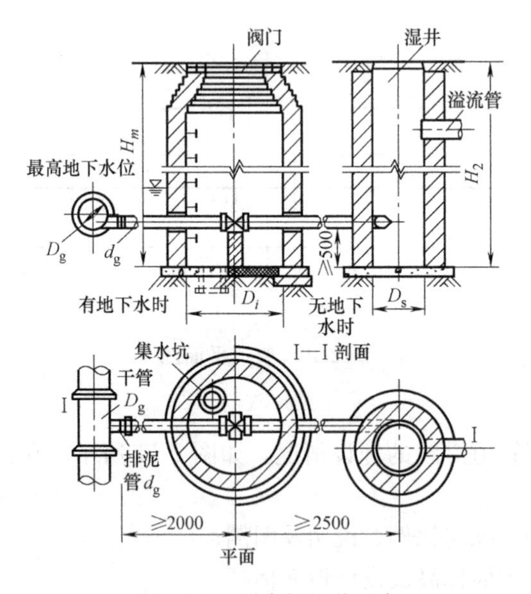

图 2-12　泄水阀门井示意

（1）图纸比例、说明及图例；

（2）井的平面尺寸、竖向尺寸及井壁厚度；

（3）井的组砌材料、强度等级、基础做法、井盖材料及大小；

（4）管件的名称、规格、数量及其连接方式；

（5）管道穿越井壁处的位置及穿越处的构造；

（6）支墩的大小、形状及组砌材料。

4. 节点详图

节点详图主要是体现管网节点处各管件间的组合、连接情况，以确保管件组合经济合理，水流通畅，如图 2-13 所示。在识读时，应主要弄明白下列内容：

(1) 管网节点处所需的各种管件的名称、规格、数量；

(2) 管件间的连接方式。

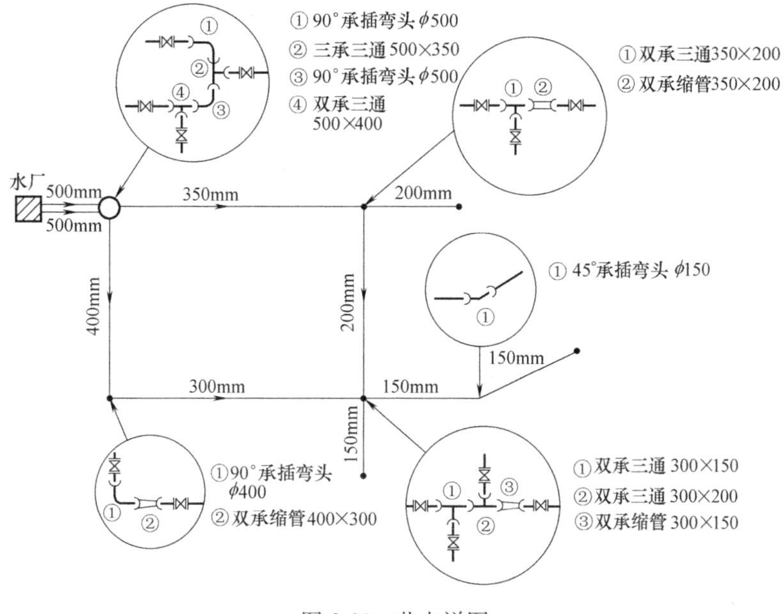

图 2-13 节点详图

2.3.2 排水管道工程施工图的识读

排水管道施工图通常包括平面图、纵剖面图及大样图三种。

1. 平面图的识读

管道平面图主要体现的是管道在平面上的相对位置及管道敷设地带一定范围内的地

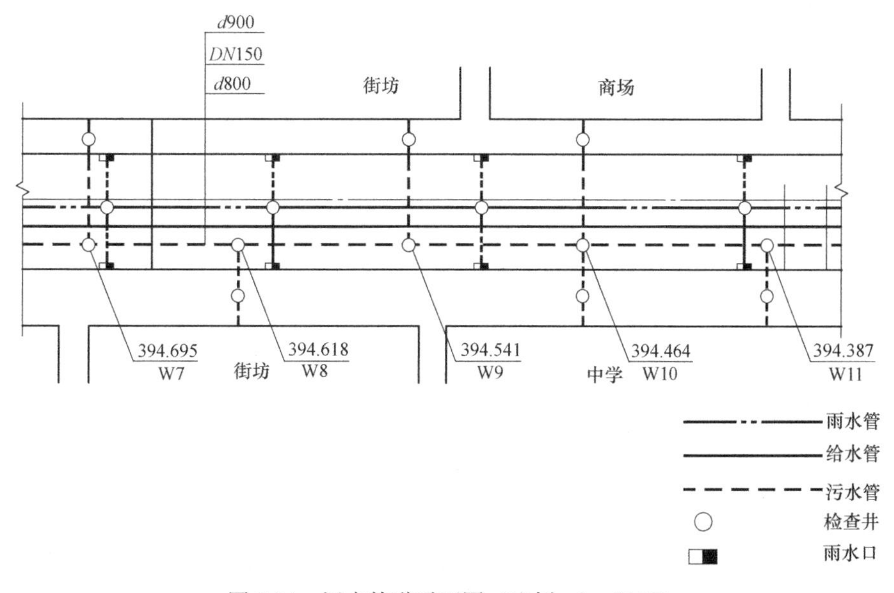

图 2-14 污水管道平面图（比例：1∶2000）

形、地物及地貌情况，如图 2-14 所示。在识读时，应主要弄清楚下列问题：

（1）图纸比例、说明和图例；

（2）管道施工地带道路的宽度、长度、中心线坐标、折点坐标以及路面上的障碍物情况；

（3）管道的管径、长度、坡度、桩号、转弯处坐标、管道中心线的方位角、管道与道路中心线或永久性地物间的相对距离及管道穿越障碍物的坐标等；

（4）与本管道相交、相近或平行的其他管道的位置以及相互关系；

（5）附属构筑物的平面位置；

（6）主要材料明细表。

2. 纵剖面图的识读

纵剖面图主要体现管道的埋设情况，如图 2-15 所示。在识读时，应主要弄清楚下列内容：

（1）图纸横向比例、纵向比例、说明及图例；

（2）管道沿线的原地面标高及设计地面标高；

（3）管道的管内底标高及埋设深度；

（4）管道的敷设坡度、水平距离和桩号；

（5）管径、管材和基础；

（6）附属构筑物的位置、其他管线的位置及交叉处的管内底标高；

（7）施工地段名称。

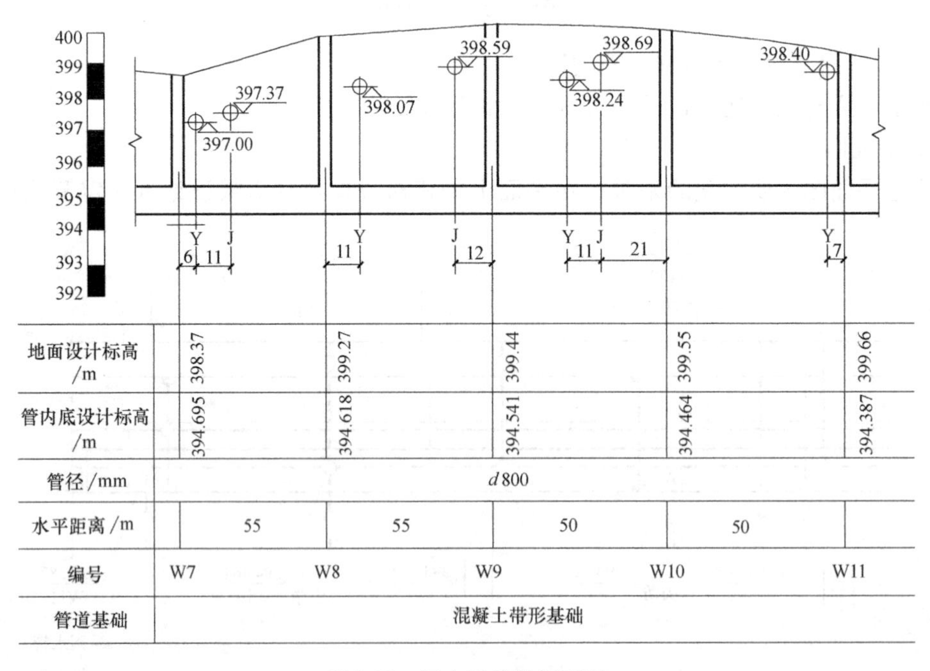

图 2-15　污水干管纵剖面图

3. 大样图

大样图主要是指检查井、雨水口及倒虹管等的施工详图，通常由平面图和剖面图组成，图 2-16 所示为某砖砌矩形检查井的剖面图（平面图略）。在识读时，应主要弄清楚下

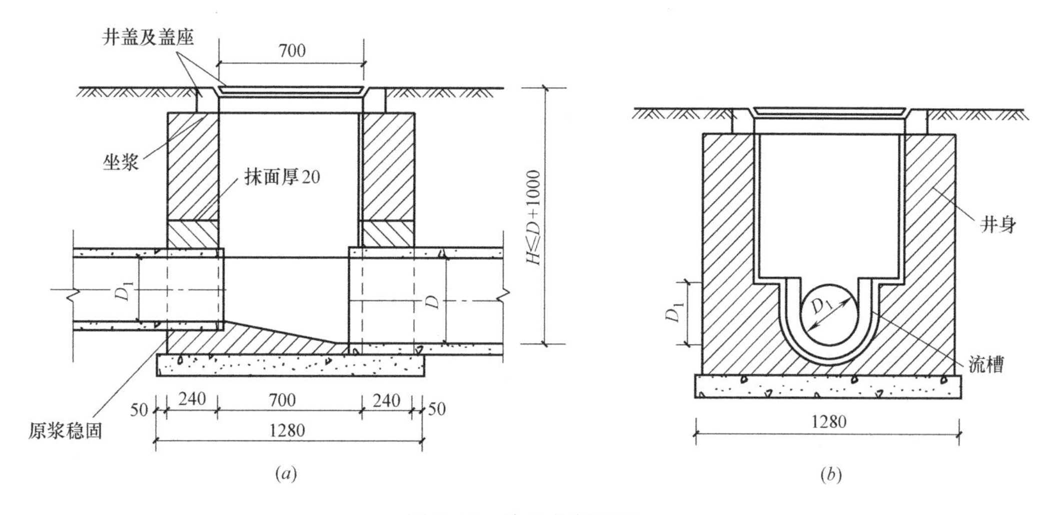

图 2-16 检查井剖面图

（a）Ⅰ—Ⅰ剖面；（b）Ⅱ—Ⅱ剖面

列内容：

（1）图纸比例、说明和图例；

（2）井的平面尺寸、竖向尺寸、井壁厚度；

（3）井的组砌材料、强度等级、基础做法、井盖材料及大小；

（4）管道穿越井壁的位置及穿越处的构造；

（5）流槽的形状、尺寸及组砌材料；

（6）基础的尺寸及材料等。

2.3.3 燃气管道与热力管道工程施工图的识读

燃气管道与热力管道工程施工图一般包括平面图、纵断面图、横断面图与节点大样图四种。

1. 平面图

在管道平面图中主要弄清楚管道的长度、根数及其定位尺寸；补偿器、排水器等附件的名称、规格及数量；阀门井的定位尺寸及数量等。

2. 管线纵断面图

在管道纵断面图中主要弄清楚地面标高、管线中心标高、管径、坡度坡向、排水器等管件的中心标高。

3. 管线横断面图

在管线横断面图中主要弄清楚各管线的相对位置以及安装尺寸。

4. 节点大样图

在节点大样图中主要弄清楚各连接管件、阀门、补偿器、排水器的安装尺寸及规格。

3 市政工程预算基本知识

3.1 市政工程预算概述

3.1.1 市政工程预算的类别

市政工程预算是确定和控制市政工程造价的文件，编制合理的工程预算对正确确定工程造价、有效控制工程投资、提高工程投资效益等，均具有重要的意义。

市政工程预算一般通过货币指标或实物指标反映工程投资的效果，用货币指标反映投资效果一般叫造价预算；用实物指标反映投资效果一般叫实物预算。实物预算主要反映人工、材料和机械台班的消耗量。在实际工程中，以造价预算居多。

市政工程预算是伴随基本建设而产生的，基本建设的不同阶段，预算的编制依据和作用也不同。根据基本建设的不同阶段，通常将工程预算分为投资估算、设计概算、修正设计概算、施工图预算、施工预算、工程结算与竣工结算、竣工决算等种类。

1. 投资估算

在基本建设项目建议书阶段，建设单位须向上级主管部门提交项目建议书，而项目建议书中包括一个非常关键的内容即项目投资估算，它是决定项目是否能够立项的重要因素之一。

投资估算是建设单位依据工程建设规模、结构形式等工程特点及投资估算指标（有时也采用概算指标），由建设单位的技术人员编制的建设项目工程造价文件，其主要作用是便于项目主管部门控制工程投资。

2. 设计概算

项目立项后，基本建设就进入勘察设计阶段。在此阶段，设计单位要依据勘察单位提供的勘察资料及建设单位提交的设计任务书进行初步设计。初步设计是对建设项目进行的方案性、原则性设计，设计的内容不是很详细、具体。建设项目的初步设计完成后，由设计人员依据初步设计的图纸、概算定额和建设工程费用定额编制的建设项目工程造价文件即为设计概算。设计概算金额原则上不能超过投资估算的金额，如果超过投资估算金额就必须要有充分的理由，并请原来的立项审批部门重新审批。

设计概算的作用主要包括两各方面：

（1）便于设计部门对初步设计方案进行比较，以确定最优的设计方案；

（2）便于建设项目管理部门对初步设计进行技术经济论证，依此决定建设项目是否能够继续进行。如初步设计论证结论认为在技术或经济方面存在一些问题，此项目就不能继续实施。只有初步设计论证结论为项目可行，才是真正意义上的立项。

可见，设计概算在整个基本建设阶段有着非常重要的作用，是国家制定和控制基本建设投资的主要依据。

3. 修正设计概算

初步设计通过论证后，就应进行技术设计。技术设计是初步设计的具体化，是将初步设计的原则性方案付诸到技术的角度实施。可见，技术设计要比初步设计详细得多。技术设计完成后，由设计人员依据技术设计的图纸、概算定额及建设工程费用定额编制的建设项目工程造价文件即为修正设计概算。修正设计概算金额不能超过设计概算的金额，如果超过设计概算金额就必须要有充分的理由，并请原来的立项审批部门重新审批。

因为技术设计比初步设计详细、具体，修正设计概算比设计概算就更加贴近工程实际，对工程的指导意义就更为明确。

修正设计概算的作用主要是便于设计部门对技术设计方案进行比较，以便找到最好的设计方案。

4. 施工图预算

技术设计完成后，为了达到使工人能够按图施工的要求，就需要进行施工图设计。施工图设计是技术设计的详细化和具体化，其设计的深度和广度是满足工人按照图施工的要求，施工图图纸是工程师的语言。所以，施工图设计要详细和具体到每一个细节。

施工图预算一般设计单位和施工单位均要编制。

施工图设计完成后，由设计单位依据施工图设计的图纸、预算定额和建设工程费用定额编制的建设项目工程造价文件，即为施工图预算。施工图预算金额不能超过修正设计概算的金额。如果超过修正设计概算金额，就必须要有充分的理由，并请原来的立项审批部门重新审批。

设计单位编制的施工图预算是设计阶段控制工程造价的重要环节，是控制施工图设计不突破修正设计概算的重要措施。对于实行施工招标的工程项目，如果其不属于《建设工程工程量清单计价规范》GB 50500—2013 规定必须采用工程量清单计价的执行范围，可以用其作为建设单位编制标底的依据。对于不宜实行招标而采用施工图预算加调整价结算的工程，可以用其作为确定合同价款的基础或作为审查施工企业提出的施工图预算的依据。

施工单位依据设计单位提供的施工图图纸，参照预算定额、施工定额、建设工程费用定额及施工方案编制的建设项目工程造价文件，也称为施工图预算。对于实行施工招标的工程项目，它是确定投标报价的基础；对于不宜实行招标而采用施工图预算加调整价结算的工程，它是确定合同价款的基础；此外，它也是施工单位组织材料、机具、设备及劳动力供应计划的依据，是施工单位进行经济核算的依据，是施工单位拟定降低成本措施的依据，是建设单位拨付工程款办理工程结算的依据。

5. 施工预算

施工单位和建设单位签订工程承包合同后、工程开工前，施工单位依据设计单位提供的施工图图纸、施工定额、施工方案及建设工程费用定额编制的建设项目工程造价文件，称为施工预算。

施工预算是施工单位内部编制的预算，其预算金额低于施工图预算金额，确定的是工程的计划成本。施工预算的金额越高，工程的成本就越高，其利润便越低。

施工预算是施工单位确定利润、编制施工作业计划、签发施工任务单的依据，也是施工单位实行按劳分配、考核工人劳动成果、进行经济活动分析的基础。

6. 工程结算与竣工结算

工程建设周期均较长，耗用的资金数量较大，为了使施工企业在施工中耗用的资金及时得到补偿，就需要对工程价款进行中间结算、跨年度的工程要进行年终结算，全部工程竣工验收之后应进行竣工结算，他们均属于工程结算。

工程结算是指施工单位按照承包合同和已完工程量向建设单位（业主）办理工程价款清算的经济文件。施工单位在工程开工后、施工过程中，为了及时得到资金补偿，必须依据与建设单位签订的施工合同，对已完工程向建设单位索要工程费用，此种情况下编制的工程结算为中间结算。当工程跨年度施工时，需要对本年度已完成工程量向建设单位清算工程费用时编制的工程结算为年终结算。当工程施工完毕经过竣工验收合格之后，对建设单位尚未付清的工程款进行结算为竣工结算。

工程结算是工程项目承包中的一项非常重要的工作。

对于不实行清单计价的工程项目，工程结算依据已完工程量、预算定额及建设工程费用定额编制；对于实行清单计价的工程项目，工程结算依据已完工程量及投标文件中标明的综合单价以及建设工程费用定额编制。

7. 竣工决算

建设单位或施工单位均可以编制竣工决算，但其编制的目的截然不同。

建设单位编制的竣工决算是指在工程竣工验收交付使用阶段，建设单位从建设项目开始筹建到竣工验收、交付使用的全过程中实际支付的全部建设费用。其目的是确定建设项目的最终价格，以作为建设单位财务部门汇总固定资产的依据。

施工单位编制的竣工决算是指在工程竣工验收交付使用阶段，施工单位从开始准备投标到竣工验收、交付使用的全过程中实际支付的全部费用。其目的是确定建设项目的实际成本，以作为确定盈亏的依据，进而找出经验和教训，以不断提高企业的经营管理水平。

3.1.2 市政工程预算费用的构成

市政工程预算的计价方式不同，其费用构成也不同。目前，我国市政工程预算包括工料单价法和综合单价法两种计价方式。对于不采用工程量清单计价的工程项目，通常采用工料单价法计价；对于采用工程量清单计价的工程项目，通常采用综合单价法计价。

1. 工料单价法计价时的费用构成

工料单价法计价是指依据市政工程概算定额、预算定额或是施工定额编制预算的过程，其工程造价由直接费、间接费、利润及税金四部分费用组成，如图 3-1 所示。

（1）直接费。直接费又称为工程的直接成本，是指构成工程实体的费用，由定额直接费和其他直接费组成。

1）定额直接费。定额直接费是指在施工过程中耗费的直接构成工程实体的各项费用，包括人工费、材料费、施工机具使用费。

① 人工费。人工费是指支付给从事市政工程施工的生产工人和附属生产单位工人的各项费用，其中包括计时工资或计件工资、奖金、津贴补贴、加班加点工资、特殊情况下支付的工资。

② 材料费。材料费是指在施工过程中耗用的原材料、辅助材料、构配件、零件、半成品或成品、工程设备的费用，其中包括材料原价、运杂费、运输损耗费、采购及保管费等。

③ 施工机具使用费。简称机械费，是指施工作业所发生的施工机械、仪器仪表使用

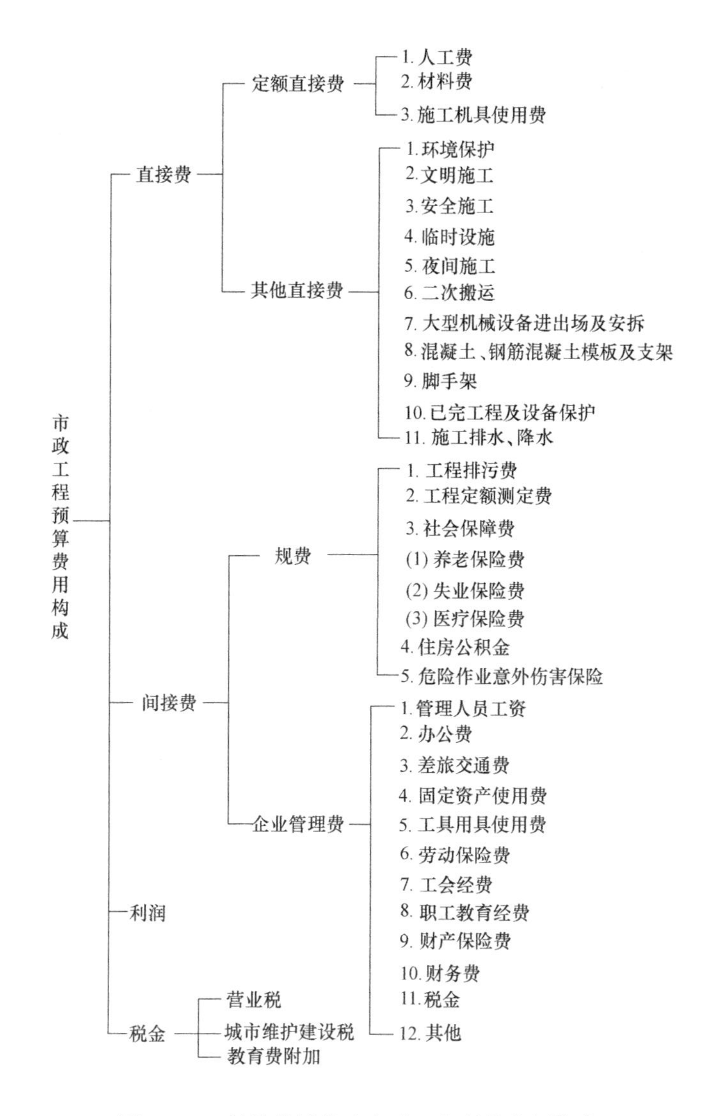

图 3-1　工料单价计价法市政工程预算费用构成

费或其租赁费，其中施工机械使用费包括折旧费、经常修理费、大修理费、安拆费及场外运输费、人工费、燃料动力费、税费。

2）其他直接费。其他直接费是指为完成建设工程施工，发生于该工程施工前及施工过程中的技术、生活、安全、环境保护等方面的费用。通常包括环境保护费、文明施工措施费、安全施工措施费、临时设施费、夜间施工增加费、冬雨季施工增加费、二次搬运费、工程定位复测费、特殊地区施工增加费、大型机械设备进出场及安拆费、脚手架工程费、完工程及设备保护费等费用。

① 环境保护费，是指施工现场达到环保部门要求所需要支出的各项费用。

② 文明施工费，是指施工现场满足文明施工要求所需要支出的各项费用。

③ 安全施工费，是指施工现场满足安全施工要求所需要支出的各项费用。

④ 临时设施费，是指施工企业为进行工程施工所必须搭设的生活和生产用的临时建筑物、构筑物及其他临时设施费用。临时设施费用包括临时设施的搭设、维修、拆除、清

理费或摊销费。

⑤ 夜间施工增加费，是指因夜间施工所发生的夜班补助费、夜间施工降效、夜间施工照明设备摊销及照明用电等费用。

⑥ 冬雨季施工增加费，是指在冬季或雨季施工需增加的临时设施、防滑、排除雨雪，人工及施工机械效率降低等费用。

⑦ 二次搬运费，是指由于施工场地条件限制而发生的材料、构配件、半成品等一次运输不能到达堆放地点，必须进行二次或多次搬运所发生的费用。

⑧ 大型机械设备进出场及安拆费，是指机械整体或分体自停放场地运至施工现场或由一个施工地点运至另一个施工地点，所发生的机械进出场运输及转移费用及机械在施工现场进行安装、拆卸所需要的人工费、材料费、机械费、试运转费及安装所需的辅助设施的费用。

⑨ 脚手架工程费，是指施工所需要的各种脚手架搭、拆、运输费用及脚手架购置费的摊销（或租赁）费用。

⑩ 已完工程及设备保护费，是指在竣工验收前，对已完工程及设备进行保护措施所需的费用。

⑪ 工程定位复测费，是指工程施工过程中进行全部施工测量放线和复测工作的费用。

⑫ 特殊地区施工增加费，是指工程在沙漠或其边缘地区、高海拔、高寒、原始森林等特殊地区施工增加的费用。

(2) 间接费。间接费又称工程间接成本，是指间接用在工程上的费用，由规费、企业管理费组成。

1) 规费。规费是指按照国家法律、法规规定，由省级政府和省级有关权力部门规定必须缴纳或计取的费用。包括社会保险费、住房公积金和工程排污费。

2) 企业管理费。企业管理费是指施工企业组织施工生产和经营管理所需要的各种费用，包括管理人员的工资、办公费、差旅交通费、固定资产使用费、工具用具使用费、劳动保险和职工福利费、劳动保护费、检验试验费、工会经费、职工教育经费、财产保险费、财务费、税金及其他费用。

① 管理人员工资，是指按规定支付给管理人员的计时工资、奖金、津贴补贴、加班加点工资及特殊情况下支付的工资等。

② 办公费，是指企业办公用的文具、纸张、账表、印刷、邮电、书报、办公软件、现场监控、会议、水电、烧水及集体取暖（包括现场临时宿舍取暖）用煤等费用。

③ 差旅交通费，是指职工因公出差、调动工作的差旅费、住勤补助费，市内交通费及误餐补助费，职工探亲路费，劳动力招募费，职工退休、退职一次性路费，工伤人员就医路费，工地转移费及管理部门使用的交通工具的油料、燃料等费用。

④ 固定资产使用费，是指管理和试验部门及附属生产单位使用的属于固定资产的房屋、设备、仪器等的折旧、大修、维修或者租赁费。

⑤ 工具用具使用费，是指企业施工生产和管理使用的不属于固定资产的工具、器具、家具、交通工具和检验、试验、测绘、消防用具等的购置、维修及摊销费。

⑥ 劳动保险和职工福利费，是指由企业支付的职工退职金、按规定支付给离休干部的经费、集体福利费、夏季防暑降温、冬季取暖补贴、上下班交通补贴等。

⑦ 劳动保护费，是企业按规定发放的劳动用品的支出。

⑧ 检验试验费，是指施工企业按有关标准规定，对建筑以及材料、构件和建筑安装物进行一般鉴定、检查所发生的费用，包括自设试验室进行试验所耗用的材料等费用。

⑨ 工会经费，是指企业按照《工会法》规定的全部职工工资总额计提的工会经费。

⑩ 职工教育经费，是指按职工工资总额的规定比例计提，企业为职工进行专业技术和职业技能培训，专业技术人员继续教育、职工职业技能鉴定、职业资格认定以及根据需要对职工进行各类文化教育所发生的费用。

⑪ 财产保险费，是指施工管理用财产、车辆等的保险费用。

⑫ 财务费，是指企业为筹集资金或提供预付款担保、履约担保、职工工资支付担保等所发生的各种费用。

⑬ 税金，是指企业按照规定缴纳的房产税、车船使用税、土地使用税、印花税等。

⑭ 其他费用，包括技术转让费、技术开发费、投标费、业务招待费、广告费、绿化费、公证费、法律顾问费、审计费、咨询费保险费等。

(3) 利润。是指施工企业完成所承包工程应获得的盈利。

(4) 税金。是指国家税法规定的应计入市政工程造价内的营业税、城市维护建设税及教育费附加等。

营业税是对在我国境内提供应税劳务、转让无形资产或是销售不动产的单位及个人，就其所取得的营业额征收的一种税。

城市维护建设税是国家为了加强城市的维护建设，稳定和扩大城市维护建设资金的来源，对缴纳增值税，消费税、营业税的单位及个人征收的一种税，其作用是确保城市建设的费用。

教育费附加是对缴纳增值税、消费税、营业税的单位和个人征收的一种附加费，其作用是发展地方性教育事业，扩大地方教育经费的资金来源。

2. 综合单价法计价时的费用构成

综合单价法计价是指依据《建设工程工程量清单计价规范》GB 50500—2013 编制预算的过程，其工程预算费用由分部分项工程费、措施项目费、其他项目费、规费及税金五部分组成，如图 3-2 所示。

(1) 分部分项工程费。分部分项工程费是指在施工过程中耗费的构成工程实体性项目的各项费用，由人工费、材料费、施工机具使用费、企业管理费及利润构成。

1) 人工费。人工费是指支付给从事建筑安装工程施工的生产工人和附属生产单位工人的各项费用，其中包括计时工资或计件工资、奖金、津贴补贴、加班加点工资、特殊情况下支付的工资。

2) 材料费。材料费是指在施工过程中耗费的原材料、辅助材料、构配件、零件、半成品或成品、工程设备的费用。其中包括材料原价、运杂费、运输损耗费、采购及保管费。

3) 施工机具使用费。施工机具使用费是指施工作业所发生的施工机械、仪器仪表使用费或其租赁费。其中施工机械使用费包括折旧费、大修理费、经常修理费、安拆费及场外运费、人工费、燃料动力费、税费。

4) 企业管理费。企业管理费是指建筑安装企业组织施工生产和经营管理所需的费用。

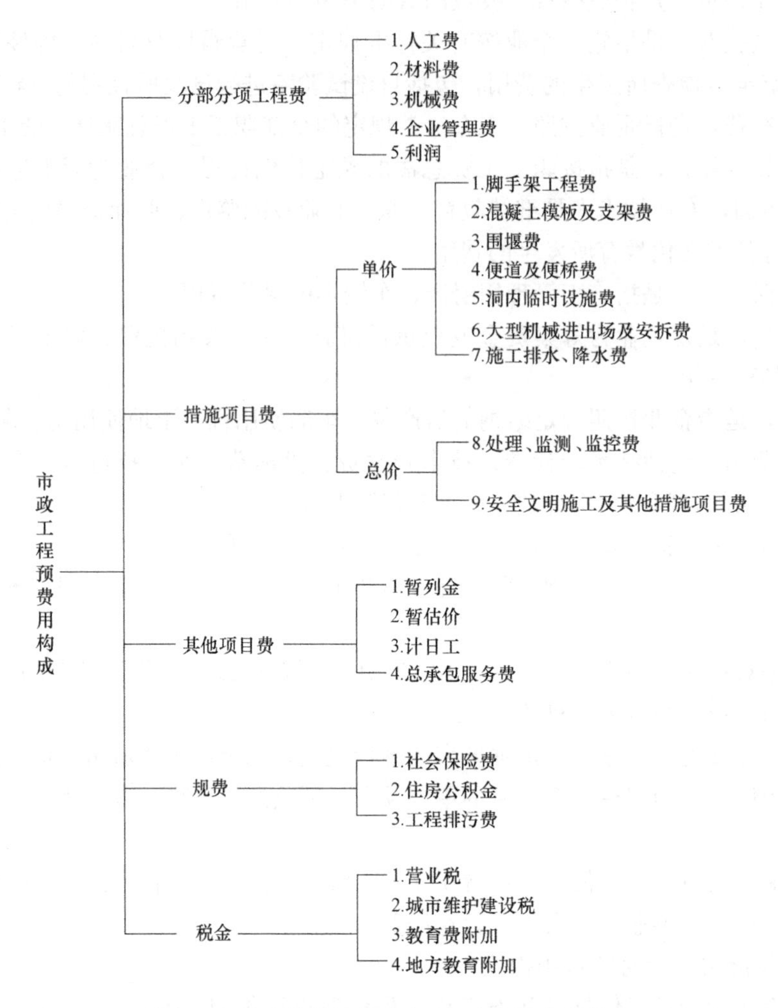

图 3-2　综合单价计价法市政工程预算费用构成

其中包括：管理人员工资、差旅交通费、办公费、固定资产使用费、工具用具使用费、劳动保险和职工福利费、劳动保护费、检验试验费、工会经费、职工教育经费、财务费、税金。

其他包括技术转让费、技术开发费、投标费、业务招待费、绿化费、广告费、公证费、法律顾问费、审计费、咨询费、保险费等。

5）利润。是指施工企业完成所承包工程应获得的盈利。

（2）措施项目费。措施项目费是指为完成工程项目施工所必须发生的施工准备及在施工过程中技术、生活、安全、环境保护等方面的非工程实体项目费用，分为单价措施项目费及总价措施项目费。

1）单价措施项目费。单价措施项目是指根据合同工程图纸和《市政工程工程量计算规范》GB 50857—2013 中规定的工程量计算规则可以进行计量，按照其相应综合单价进行价款计算的措施项目。其中，主要包括：脚手架工程费、混凝土模板及支架费、围堰费、便道及便桥费、洞内临时设施费、大型机械设备进出场及安拆费、施工排水降水费。

① 脚手架工程费，是指脚手架搭设、加固、拆除、周转材料摊销等费用。其中，包括墙面脚手架、柱面脚手架、仓面脚手架、沉井脚手架、井字架费用。

② 混凝土模板及支架费，是指混凝土施工过程中所需要的各种模板、支架等的制作、安装、拆除、维护、运输、周转材料摊销等费用。其中，包括垫层模板、基础模板、承台模板、墩（台）帽模板、墩（台）身模板、支撑梁及横梁模板、墩（台）盖梁模板、拱桥拱座模板、拱桥拱肋模板、拱上构件模板、箱梁模板、梁模板、柱模板、板模板、板梁模板、板拱模板、挡墙模板、压顶模板、防撞护栏模板、楼梯模板、小型构件模板、箱涵滑（底）板模板、箱涵侧墙模板、箱涵顶板模板、拱部衬砌模板、边墙衬砌模板、竖井衬砌模板、沉井顶板模板、沉井井壁（隔墙）模板、沉井底板模板、管（渠）道平基模板、管（渠）道管座模板、井顶（盖）板模板、池底模板、池壁（隔墙）模板、池盖模板、其他现浇构件模板、设备螺栓套、水上桩基础支架平台、桥涵支架费用。

③ 围堰费。围护水工建筑物的施工场地，使其免受水流或是波浪影响的临时挡水建筑物的修建、维护和拆除的费用，其中包括围堰和筑岛两项费用。

④ 便道和便桥费。只为方便施工和现场交通的需要，对于便道、便桥的搭设、维护和拆除等的费用。

⑤ 洞内临时设施费，是指洞内施工的通风、供水、供气、供电、照明、通信设施及洞内外轨道铺设的费用。

⑥ 大型机械设备进出场及安拆费，是指机械整体或分体自停放场地运至施工现场，或由一个施工地点运往另一个施工地点所发生的机械进出场运输转移、机械安装、拆卸等费用。

⑦ 施工排水降水费，是指为了确保工程在正常条件下施工，采取各种排水、降水措施所发生的各种费用。其中包括成井费、排水费、降水费。

2）总价措施项目费。总价措施项目是指《市政工程工程量计算规范》GB 50857—2013 中无相应的工程量计算规则，以总价作为计算基础乘以费率进行价款计算的措施项目。其中主要包括处理、监测、监控费和安全文明施工及其他措施项目费。

① 处理、监控、检测费，是指对地下管线交叉处理和对市政基础设施进行施工监测、监控的费用。其中包括地下管线交叉处理费和施工监测、监控费。

② 安全文明施工及其他措施项目费，其中包括安全文明施工费，夜间施工费，二次搬运费，冬雨季施工费，行车、行人干扰费，地上、地下设施、建筑物的临时保护设施费，已完工程及设备的保护费。

a. 安全文明施工措施费是指为了满足施工现场安全、文明施工以及职工健康生活所需要的各项费用。其中包括环境保护费、文明施工费、安全施工费、临时设施费。

环境保护费是指施工现场为了达到环保部门要求所需要的各项费用。包括施工企业按照国家及地方有关规定保护施工现场周围环境，防止和减轻工程施工对周围环境的污染和危害，建筑垃圾外弃，以及竣工后修整和恢复在工程施工当中受到破坏的环境等所需的费用。

文明施工措施包括施工现场围挡（围墙）及大门，出入口清洗设施，施工标牌、标志，施工场地硬化处理，排水设施，温暖季节施工的绿化布置，防粉尘、防噪声、防干扰措施，保安费，保健急救措施及卫生保洁。

安全施工措施包括建立安全生产的各类制度，安全检查，安全教育，安全生产培训，安全标牌、标志，“三宝”“四口”“五临边”防护的费用，建筑四周垂直封闭，消防设施，防止临近建筑危险沉降，基坑施工人员上下专用通道、基坑支护变形监测、垂直作业上下隔离防护，施工用电防护，在建建筑四周垂直封闭网，起重吊装专设人员上下爬梯及作业平台临边支护，其他安全施工所需的防护措施。

临时设施费是指施工企业为进行建筑工程施工所必须搭设的生活和生产用的临时建筑物、构筑物和其他临时设施等费用。临时设施费的内容包括：临时设施的搭设、维修、拆除、摊销等费用。临时设施包括临时宿舍、文化福利及公用事业房屋与构筑物、仓库、办公室、加工厂及规定范围内（建筑物沿边起向外 50m 内，多幢建筑两幢间隔 50m 内）围墙、道路、水电、管线等临时设施及小型临时设施。建设单位同意在施工就近地点临时修建混凝土构件预制场所发生的费用，应向建设单位结算。

安全文明施工措施费由基本费、现场考评费和奖励费三部分费用组成。

基本费是施工企业在施工过程当中必须发生的安全文明措施的基本保障费。

现场考评费是施工企业执行有关安全文明施工规定，经考评组织现场核查打分及动态评价获取的安全文明措施增加费。

奖励费是指施工企业根据与建设方的约定，加大投入，加强管理，创建省、市级文明工地的奖励费用。

b. 夜间施工费是指规范、规程要求正常作业而发生的夜班补助、夜间施工降效、照明设施摊销及照明用电等费用。

c. 二次搬运费是指由于施工场地狭小等特殊情况而发生的二次搬运费用。

d. 冬雨季施工增加费是指在冬雨季施工期间所增加的费用，其中包括冬季作业、临时取暖、建筑物门窗洞口封闭及防雨措施、排水、工效降低等费用。

e. 行车、行人干扰费是指由于行车、行人的干扰导致施工增加的费用，其中包括因干扰造成的人工和机械降效以及为了保证行车、行人的安全，现场增设维护交通与疏导人员而增加的费用。

f. 地上、地下设施、建筑物的临时保护设施费是指在施工的过程中，对已建成的地上、地下设施及建筑物进行的遮盖、封闭、隔离等必要保护措施所发生的人工及材料费用。

g. 已完工程及设备保护费是指对已完工程和设备采取的覆盖、包裹、封闭、隔离等必要保护措施所发生的人工及材料费用。

（3）其他项目费。其他项目费包括暂列金额、暂估价、计日工和总承包服务费四部分费用。

1）暂列金额。招标人在工程量清单中暂定并包括在合同价款中的一笔款项。用于施工合同签订时尚未确定或不可预见的所需材料、设备、服务的采购，在施工过程中可能发生的工程变更、合同约定调整因素出现时的工程价款调整以及发生的索赔、现场签证确认等的费用。

2）暂估价。招标人在工程量清单中提供的用于支付必然发生但暂时无法确定价格的材料的单价以及专业工程的金额。

3）计日工。在施工的过程中，完成发包人提出的施工图纸以外的零星项目或工作所发生的费用，按照合同中约定的综合单价计价。

4）总承包服务费。总承包服务费是总承包人为配合协调发包人进行的工程分包自行采购的设备、材料等进行管理、服务以及施工现场管理、竣工资料汇总整理等服务所需要的费用。

（4）规费。规费是指按国家法律、法规规定，由省级政府及省级有关权力部门规定必须缴纳或计取的费用。通常包括社会保险费、住房公积金和工程排污费。

1）社会保险费。社会保险费是指企业按照规定标准为职工缴纳的基本养老保险费、基本失业保险费、基本医疗保险费、基本工伤保险费和基本生育保险费。

2）住房公积金。住房公积金是指企业按照规定标准为职工缴纳的住房公积金。

3）工程排污费。工程排污费指施工现场按照各市规定缴纳的工程排污费。通常包括污水排污费、废气排污费、固体废物及危险废物排污费、噪声超标排污费。这些费用应按照有权收费部门征收的实际金额计算。施工单位违反环境保护的有关规定进行施工，而受到有关行政主管部门的罚款，不属于工程排污费，应由施工单位自己承担。

（5）税金。税金是指国家税法规定的应计入市政工程造价内的营业税、城市维护建设税、教育费附加以及地方教育附加。

3.1.3　市政工程预算费用的计算

1. 工料单价法计价时工程费用计算

根据工料单价法计价时工程预算费用的构成，可以得知：

$$工程造价=直接费+间接费+利润+税金 \tag{3-1}$$

（1）直接费的计算。根据直接费的费用构成，可以得知：

$$直接费=定额直接费+其他直接费 \tag{3-2}$$

定额直接费是根据定额直接算出的费用，其中包括人工费、材料费和机械费。在进行设计概算或修正设计概算时采用概算定额，在进行施工图预算时采用预算定额，在进行施工预算时采用施工定额。在计算时依据定额项目表中的基价和工程量进行，即：

$$定额直接费=\sum(各项目基价\times该项目的工程量) \tag{3-3}$$

在计算定额直接费时，每个项目的基价要依据工程所在地现行的定额查取，它包括人工费、材料费和机械费。如果实际发生的情况与定额中的规定不一致需换算，依据换算后的综合基价计算定额直接费。每个项目的工程量要依据定额计量单位进行换算，即要将实际物理计量单位的工程量转化为定额计量单位的工程量。

其他直接费以定额直接费为计算基础进行计算，因为其他直接费所含项目较多，一一计算较繁杂，多数省市都根据当地的实际情况，测算一个其他直接费费率，以定额直接费为计算基础综合进行计算，即：

$$其他直接费=定额直接费\times其他直接费费率 \tag{3-4}$$

（2）间接费的计算。间接费是由规费和企业管理费组成的，其所含项目也很多，为简化计算多数省市都根据当地的实际情况，测算一个间接费费率，以直接费为计算基础综合进行计算，即：

$$间接费=直接费\times间接费费率 \tag{3-5}$$

（3）利润。利润是施工单位完成所承包工程的施工任务后，按照规定应获得的盈利。计划经济条件下，施工单位的资质不同，完成同样的施工任务所获得的利润也应不同。为了让施工单位获得合理的利润，各地造价管理部门都根据当地的实际情况，规定了不同资质等级施工单位的利润率，以直接费和间接费的和作为计算基础进行计算，即：

$$利润=(直接费+间接费)\times利润率 \tag{3-6}$$

（4）税金。税金包括营业税、城市维护建设税和教育费附加。为了简化计算，各地均综合取定了一个税率，以直接费、间接费、利润之和作为计算基础进行计算，即：

$$税金=(直接费+间接费+利润)\times税率 \tag{3-7}$$

2. 综合单价法计价时工程费用计算

根据《建设工程工程量清单计价规范》GB 50500—2013 的规定，综合单价法计价时工程预算费用的构成如下：

$$工程造价=分部分项工程费+措施项目费+其他项目费+规费+税金 \tag{3-8}$$

（1）分部分项工程费的计算。分部分项工程费包括人工费、材料费、机械费、企业管理费和利润。在计算时，要根据《市政工程工程量计算规范》GB 50857—2013 的要求，先确定工程项目包括的分部分项工程及其工程量，然后再按照《建设工程工程量清单计价规范》GB 50500—2013 的规定，对每一个分部分项工程分别进行综合单价的分析计算，依据每一个分部分项工程的工程量及其综合单价，试计算相应分部分项工程费用和总费用。即：

$$分部分项工程费=\sum(分部分项工程量\times综合单价) \tag{3-9}$$

（2）措施项目费的计算。措施项目费包括单价措施项目费及总价措施项目费。

对于单价措施项目费，要根据《市政工程工程量计算规范》GB 50857—2013 和《建设工程工程量清单计价规范》GB 50500—2013 的规定，对每一个单价措施项目先确定其工程量，再进行综合单价的分析计算，最后根据确定的综合单价和工程量进行计算相应费用和总费用。即：

$$单价措施项目费=\sum(措施项目工程量\times该措施项目的综合单价) \tag{3-10}$$

对于总价措施项目费，通常以分部分项工程费作为计算基础，根据当地权威部门规定的费率进行计算。即：

$$总价措施项目费=\sum(分部分项工程费\times措施项目费费率) \tag{3-11}$$

不同的措施项目其措施费率也不同，在计算时应依据当地颁布实施的《建设工程费用定额》进行确定。

进行单价措施项目的综合单价组价计算时要考虑周全，不能漏掉某些费用。如采用轻型井点降水时，要将井点安装、井点使用和井点拆除三部分费用考虑进去；否则，就会导致预算费用比实际费用少，给施工单位带来损失。

（3）其他项目费的计算。其他项目费包括暂列金额、暂估价、计日工和总承包服务费四部分费用。

1）暂列金额的确定。暂列金额是招标人在工程量清单中暂定并包括在合同价款中的一笔款项。用于施工合同签订时尚未确定或不可预见的所需材料、设备、服务的采购，在施工中可能发生的工程变更、合同约定调整因素出现时的工程价款调整以及发生的索赔、现场签证确认等的费用。此项费用虽然计入工程造价内，但不归投标人所有，竣工结算时建设单位与施工单位据实结算，如果实际发生的费用未超出暂列金额，剩余部分仍归建设单位所有，反之建设单位就要补足亏损。

所以，暂列金额通常根据工程的复杂程度、设计深度、工程环境等条件估算确定，其估算值一般不超过分部分项工程费的10%。

2）暂估价的确定。暂估价是指发包人在工程量清单中给定的用于支付必然发生但暂时无法确定价格的材料、设备以及专业工程的金额，包括材料暂估单价和专业工程暂估价。

暂估单价的材料指招标人自行采购的材料，即甲供材料。该材料的材质、规格、价格等在计价过程中容易出现较大的偏差，在招标阶段无法准确定价，为了避免出现不必要的争议及纠纷，建设单位将其先以暂估价的形式确定下来，在实际履行合同过程中要及时根据合同中所约定的程序和方式再确定其实际价格。投标人在投标报价时，应将暂估的材料单价计入到综合单价中，以便计取相关费用。

对于暂估材料，通常在签订施工合同时应明确实际施工时由建设单位认质认价（即甲控），并按照实际发生调整。

暂估价的专业工程通常是指需要或拟分包的专业工程，它在施工图图纸上没有详细设计而工程总包验收时又肯定包括的部分。此专业工程的暂估价应按照工程造价的计算方法确定。

3）计日工费用的确定。在施工的过程中，承包人完成发包人提出的施工图纸以外的零星项目或工作，所需要的用工称为计日工，俗称“点工”。

计日工的费用应按照计日工的用工量与合同中约定的综合单价的乘积进行计算。计日工的用工量应从工人到达施工现场，并开始从事指定的工作算起，到返回原出发地点为止，扣去用餐及休息的时间。只有直接从事指定的工作，且能够胜任该工作的工人才能够计工，随同工人一起做工的班长应计算在内，但不包括领工（工长）和其他质检管理人员。

在编制招标控制价时，计日工的综合单价由招标人按照有关计价规定确定；在投标时，计日工的综合单价由投标人自主报价。此综合单价应包括计日工的基本单价及承包人附加费。

计日工的基本单价包括：承包人劳务的全部直接费用，例如：工资、加班费、津贴、福利费及劳动保护费等。

承包人的附加费包括管理费、利润、质检费、保险费、税费和易耗品的使用、水电及照明费、工作台、脚手架、临时设施费、手动机具与工具的使用及维修费，及由其伴随而来的其他各项费用。

在计日工的工作过程中，如伴随使用了材料与机械，则应计取相应的材料费和机械费。

计日工材料费为材料用量与其单价的乘积。

材料的单价应包括基本单价及承包人的管理费、税费、利润等所有附加费。材料基本单价按照供货价加运杂费（到达承包人现场仓库）、保险费、仓库管理费及运输损耗等计算。

计日工施工机械费为机械台班用量与其台班单价的乘积。

该台班单价应包括施工机械的折旧、利息、维修、保养、零配件、油燃料、保险及其他消耗品的费用以及全部有关使用这些机械的管理费、税费、利润和司机与助手的劳务费等费用。

4）总承包服务费的计算。总承包服务费是在工程建设施工阶段实行施工总承包时，当招标人在法律、法规允许的范围内对工程进行分包及自行采购供应部分设备、材料时，要求总承包人提供相关的服务（如分包人使用总包人脚手架）和施工现场管理及竣工资料汇总整理等所需的费用。

在编制招标控制价（标底）时，总承包服务费应根据招标文件列出的服务内容和要求按照下列规定进行计算：

① 招标人仅要求对分包的专业工程进行总承包管理和协调时，按照分包的专业工程估算造价的1.5%计算；

② 招标人要求对分包的专业工程进行总承包管理和协调，并同时要求提供配合服务时，根据招标文件列出的配合服务内容和提出的要求，按照分包的专业工程估算造价的3%～5%计算；

③ 招标人自行供应材料的，按照招标人供应材料价值的1%计算。

在编制投标报价时，总承包服务费应依据招标人在招标文件中列出的分包专业工程内容和供应材料设备情况，按照招标人提出的协调、配合与服务要求和施工现场管理需要由投标人自主确定。

编制竣工结算时，总承包服务费应依据合同约定的金额计算，发、承包双方依据合同约定对总承包服务费进行了调整的，应按照调整后的金额计算。

当分包工程不与总承包工程同时施工时，总承包单位不提供相应服务，不得收取总承包服务费；虽在同一现场同时施工，总承包单位未向分包单位提供服务的或由总承包单位分包给其他施工单位的，不应收取总承包服务费。

在实际工程中，如各省市根据当地的实际情况有具体的规定，则以当地规定为准，有时还应依据当地规定通过与建设单位协商确定。

（4）规费的计算。规费是政府和有关权力部门规定必须缴纳的费用，一般包括社会保险费、住房公积金及工程排污费三部分费用。其各项费用的计算方法按照当地的规定进行。如某省有如下规定。

工程排污费按照工程所在地的《排污费征收标准及计算方法》计算。

社会保险费＝(分部分项工程费＋措施项目费＋其他项目费)×社会保险费费率 (3-12)

住房公积金＝(分部分项工程费＋措施项目费＋其他项目费)×住房公积金率 (3-13)

（5）税金的计算。税金一般按照不含税的工程造价与当地规定的税率的乘积计算，即：

税金＝(分部分项工程费＋措施项目费＋其他项目费＋规费)×税率 (3-14)

3.2 市政工程预算方法

3.2.1 实物法

实物法是将市政工程中的每一单位工程划分为若干个分部分项工程，以每一个分部分项工程作为研究对象，确定其所需要的人工、材料及机械台班的消耗量，再根据现行的人工、材料及机械台班单价计算定额直接费，进而依据费用定额确定工程造价的方法。

实物法适用于不采用工程量清单计价的工程建设项目，其基本步骤如下。

（1）划分工程项目。计算每一个工程项目的工程量。根据不同阶段的设计图纸和定额，将每一单位工程划分为若干个分部分项工程，根据定额中相应的工程量计算规则，试计算每一个分部分项工程的工程量。

（2）查套定额。计算每一分部分项工程的人工、材料及机械台班的消耗量。依据所采用的定额及计算的工程量，试计算每一分部分项工程的人工、材料、机械台班的消耗量。方法是先查套定额，确定完成定额规定单位的工程量所需要的人工、材料、机械台班的消耗量，然后将实际计量单位的工程量转化为定额计量单位的工程量，两者相乘进而得到每一分部分项工程实际的人工、材料、机械台班的消耗量。

（3）汇总得出单位工程所需人工、材料、机械台班的消耗量。将每一分部分项工程所需要的人工、材料、机械台班进行分类汇总，得出人工和每种规格型号的材料、机械台班的消耗量。

（4）根据现行的单价计算定额直接费。依据当地现行的人工单价、材料预算价格及机械台班单价，试计算定额直接费，即：

$$\text{定额直接费}=\text{总用工量}\times\text{人工单价}+\sum(\text{每种材料总消耗量}\times\text{该材料预算价格})+\sum(\text{每种机械台班总消耗量}\times\text{该种机械台班单价}) \tag{3-15}$$

（5）计算其他直接费。依据工程所在地的规定，试计算其他直接费。

（6）汇总得出直接费。

（7）计算间接费、利润及税金。依据工程所在地的规定，试计算间接费、利润及税金。

（8）汇总得出工程造价。

可见，实物法编制预算所采用的工、料、机单价均为当地的实际价格，无需进行单价的换算，容易适应市场经济的变化，但其工、料、机的消耗统计比较繁琐，不便于进行分项经济分析与核算工作。

3.2.2　单价法

单价法是将市政工程中的每一单位工程划分为若干个分部分项工程，以每一个分部分项工程为研究对象，利用单位估价表或计价表确定其所需费用，再依据费用定额确定工程造价的方法。

单价法包括工料单价法和综合单价法两种方法。

1. 工料单价法

工料单价法适用于不采用工程量清单计价的工程建设项目，采用单位估价表进行定额直接费的计算，其基本步骤如下。

（1）划分工程项目。计算每一个工程项目的工程量。依据不同阶段的设计图纸及定额，将每一单位工程划分为若干个分部分项工程，依据定额中相应的工程量计算规则，试计算每一个分部分项工程的工程量。

（2）查套定额。计算每一分部分项工程的定额直接费。先查套定额，并将实际计量单位的工程量转化为定额计量单位的工程量，将定额中的综合基价与转化后的工程量相乘，得出每一分部分项工程的定额直接费。即：

$$分部分项工程定额直接费=\sum\left(\frac{分部分项工程量}{定额计量单位}\times 基价\right) \tag{3-16}$$

在查套定额的过程当中，如果实际发生的情况与定额中规定的情况不一致，就需要对定额进行换算，利用换算后的基价再进行计算。

(3) 汇总得出单位工程的定额直接费。

$$单位工程定额直接费=\sum 分部分项工程直接费 \tag{3-17}$$

(4) 计算其他直接费。依据工程所在地的规定，试计算其他的直接费。

(5) 汇总得出直接费。

(6) 计算间接费、利润及税金。依据工程所在地的规定，试计算间接费、利润及税金。

(7) 汇总得出工程造价。

可见，工料单价法计算简单、工作量小、编制速度快，便于造价部门集中统一管理。但在市场经济价格波动的情况下，需对定额进行换算或调差计算。

2. 综合单价法

《建设工程工程量清单计价规范》GB 50500—2013 规定：使用国有资金投资的建设工程发承包，必须采用工程量清单计价；非国有资金投资的建设工程，宜采用工程量清单计价。

采用工程量清单计价时，应用综合单价法进行工程造价的计算，该综合单价是完成一个规定计量单位的分部分项工程量清单项目或单价措施清单项目所需要的人工费、材料费、施工机械使用费和企业管理费与利润，以及一定范围内的风险费用。通常采用计价表进行分部分项工程费和单价措施项目费的计算，其基本步骤如下。

(1) 划分工程项目，试计算每一个工程项目的工程量。根据不同阶段的设计图纸及《市政工程工程量计算规范》GB 50857—2013，将每一单位工程划分为若干个分部分项工程，依据计价表中相应的工程量计算规则，试计算每一个分部分项工程的工程量。

(2) 综合单价的分析计算。根据《市政工程工程量计算规范》GB 50857—2013 对分部分项工程量清单中的每一个分部分项工程所包含的工作内容的规定和工程的实际情况，及工程的风险情况，按照《建设工程工程量清单计价规范》GB 50500—2013 中规定的方法和内容进行综合单价的分析计算。分部分项工程量清单和单价措施项目清单中的每一个项目，均应对应有一个确定的综合单价。

(3) 计算分部分项工程费用。

(4) 计算措施项目费用。

(5) 计算其他项目费用。

(6) 计算规费与税金。

(7) 汇总得出工程造价。

用综合单价法编制工程预算，因为综合单价中已经包括了企业管理费和利润，使工程造价的计算简单，且易于进行工程的结算。所以，在市场经济条件下对采用招投标的工程项目，用综合单价法进行工程造价的计算，有利于建设管理部门对工程投资进行管理与控制。

3.3 市政工程预算的编制

3.3.1 编制依据

1. 设计概算的编制依据

设计概算编制的依据主要包括：

(1) 工程项目的初步设计文件；

(2) 工程项目的初步施工组织设计；

(3) 工程所在地的《市政工程概算定额》；

(4) 工程所在地的《建设工程费用定额》；

(5) 工程所在地的《工程造价信息》；

(6) 工程所在地的其他有关文件、规定。

2. 修正设计概算的编制依据

修正设计概算的编制依据主要包括：

(1) 工程项目的技术设计文件；

(2) 工程项目修正后的初步施工组织设计；

(3) 工程所在地的《市政工程概算定额》；

(4) 工程所在地的《建设工程费用定额》；

(5) 工程所在地的《工程造价信息》；

(6) 工程所在地的其他有关文件、规定。

3. 施工图预算的编制依据

施工图预算的编制依据主要包括：

(1) 工程项目的施工图设计文件；

(2) 工程项目的指导性施工组织设计；

(3) 工程所在地的《市政工程预算定额》；

(4) 工程所在地的《建设工程费用定额》；

(5) 工程所在地的《工程造价信息》；

(6) 工程所在地的其他有关文件、规定。

4. 施工预算的编制依据

施工预算的编制依据主要包括：

(1) 工程项目的施工图设计文件；

(2) 工程项目的实施性施工组织设计；

(3) 合同文件，主要是签订的合同价与工期；

(4) 本单位的《市政工程施工定额》；

(5) 工程所在地的《市政工程预算定额》；

(6) 工程所在地的《建设工程费用定额》；

(7) 工程所在地的《工程造价信息》；

(8) 工程所在地的其他有关文件、规定。

5. 工程结算的编制依据

工程结算的编制依据主要包括：

(1) 合同文件，主要是合同中约定的结算方式；

(2) 已完工程量；

(3) 中标报价或合同中约定的分部分项工程的综合单价；

(4) 工程所在地的《建设工程费用定额》；

(5) 工程所在地的《工程造价信息》；

(6) 工程所在地的其他有关文件、规定。

在以上预算的编制过程中，如采用工程量清单计价，还必须依据现行《建设工程工程量清单计价规范》GB 50500—2013 和《市政工程工程量计算规范》GB 50857—2013。

3.3.2 编制程序

无论进行哪种工程造价的计算，其编制程序基本相同，通常包括以下几部分。

(1) 熟悉定额及其他有关文件和资料预算人员。在编制预算前，首先要收集与工程项目相适应的定额及与造价计算有关的文件、资料；然后，研究这些资料并对重点内容进行熟记或备忘，以便在造价计算时利用这些资料。特别是对定额中需要进行换算的地方要引起注意，以免出现差错。另外，要认真仔细地研究工程量计算规则，弄清楚其真正含义，做到工程量计算准确无误，以确保造价计算的质量。

(2) 熟读施工图纸、工程量清单及有关标准图集。读懂施工图纸是正确计算工程量的基础，在读图时要认真仔细，从设计说明、平面图、立面图、剖面图、横断面图、详图等图件一一读起，由粗到细、由大到小、由全面到局部进行识读。通过识读要弄清楚结构构造、尺寸及施工工艺做法，达到可以正确计算工程量的要求。工程量清单是投标阶段投标人编制经济标的依据，投标人必须熟知。

(3) 熟悉施工组织设计或施工方案。施工组织设计是指导工程施工的技术文件，通过熟读施工组织设计，要明确施工现场的条件以及施工工艺、施工方法，为进行工程项目的划分奠定基础。

(4) 划分工程项目。依据定额的规定和工程的施工方案，将单位工程划分为若干个分部分项工程，按照施工的先后顺序将其填入工程量计算表中。如果采用工程量清单计价，就要按照《市政工程工程量计算规范》GB 50857—2013 的规定划分分部分项工程。

(5) 计算分部分项工程量。对于分部分项工程量清单，其工程量按照《市政工程工程量计算规范》GB 50857—2013 规定的工程量计算规则进行计算；其余则依照单位估价表或计价表规定的工程量计算规则进行计算。工程量的计算要填入工程量计算表，并列出计算式。

(6) 计算直接费或分部分项工程费。对于不采用清单计价的工程项目，套估价表计算定额直接费，然后再计算其他直接费，进而计算直接费。对于采用清单计价的工程项目，套计价表进行综合单价的分析计算，然后依据综合单价计算分部分项工程费。

(7) 计算间接费或措施项目费。对于不采用清单计价的工程项目，按照工程所在地建设工程费用定额的规定，试计算间接费。对于采用清单计价的工程项目，总价措施项目费按工程所在地建设工程费用定额的规定计算，单价措施项目费按照综合单价进行计算。

(8) 计算其他项目费用。对于采用清单计价的工程项目，按照工程所在地建设工程费用定额、招标文件的规定、合同约定等条件，依据《建设工程工程量清单计价规范》GB 50500—2013 计算。

（9）计算利润或规费。对于不采用清单计价的工程项目，按照工程所在地建设工程费用定额的规定，试计算利润；或根据施工单位的具体情况计算利润。对于采用清单计价的工程项目，按照工程所在地建设工程费用定额的规定计算规费。

（10）计算税金。不管是否采用工程量清单计价，均按照工程所在地建设工程费用定额或当地有关文件的规定，试计算税金。

（11）汇总计算工程造价。

（12）复核工程。造价编制完成后，由本单位有关人员检查核对，以避免漏项、重复或出现其他错误。

（13）编写编制说明。编制说明是对预算表格中表达不清但又必须说明的问题进行的文字介绍，以便于审核人员对预算进行审计。

编制说明通常位于封面的下一页，其主要内容是工程概况、编制依据以及对定额的换算、借用或补充的说明。

（14）填写封面、扉页、装订、签章。对于不采用工程量清单计价的预算书，通常按照封面、编制说明、预算表（造价计算表、工料分析表、工程量计算表）等内容按顺序编排装订成册。对于采用工程量清单计价的预算书，通常按照封面、扉页、编制说明、建设项目造价汇总表、单项工程造价汇总表、单位工程造价汇总表、分部分项工程量清单计价表、工程量清单综合单价分析表、措施项目清单计价表、其他项目清单计价汇总表、暂列金额明细表、材料暂估单价及调整表、计日工计价表、总承包服务费计价表、规费税金计算表、发包人提供材料和工程设备一览表、承包人提供材料和工程设备一览表的顺序编排装订成册。

装订成册后，编制人员应签字并盖有资格证号的章，由有关负责人审阅后签字或盖章，最后加盖单位公章。

4 市政工程定额计量与计价

4.1 市政工程定额

4.1.1 市政工程定额概述

1. 定额的概念

定额是在正常的施工生产条件下，完成单位合格产品所必需的人工、材料、施工机械设备及其资金消耗的数量标准。不同的产品有不同的质量要求，所以不能将定额看成是单纯的数量关系，而应看成是质和量的统一体。考察个别生产过程中的因素不能形成定额，只有从考察总体生产过程中的各生产因素，归结出社会平均必需数量标准，才能够形成定额。同时，定额反映一定时期的社会生产力水平。

定额就是进行生产经营活动时，在人力、物力、财力消耗方面应遵守或达到的数量标准。在市政工程生产中，为了完成市政工程产品，必须消耗一定数量的劳动力、材料和机械台班以及相应的资金，在一定的生产条件下，用科学方法制定出生产质量合格的单位建筑产品所需的劳动力、材料和机械台班等的数量标准，称为市政工程定额。

2. 定额的特点

市政工程定额具有科学性、系统性、统一性、指导性、群众性、稳定性和时效性等特点。

(1) 科学性。定额是在认真研究客观规律的基础上，遵循客观规律的要求，实事求是地运用科学的方法制定的，是在总结广大工人生产经验的基础上，根据技术测定和统计分析等资料，并经过综合分析研究后制定的。定额还考虑了已经成熟推广的先进技术和先进的操作方法，正确反映当前生产力水平的单位产品所必需的生产消耗量。

(2) 系统性。市政工程定额是相对独立的系统。它是由多种定额结合而成的有机的整体，其结构复杂，有鲜明的层次和明确的目标。

市政工程是一个庞大的实体系统，定额是为这个实体系统服务的。市政工程本身的多种类、多层次，决定了以它为服务对象的定额的多种类、多层次。市政工程都有严格的项目划分，如建设项目、单项工程、单位工程、分部分项工程。在计划和实施过程中有严密的逻辑阶段，如可行性研究、设计、施工、竣工交付使用和投入使用后的维修。与此相适应，必然形成定额的多种类、多层次。

(3) 统一性。定额的统一性主要由国家对经济发展有计划的宏观调控职能所决定。为了使国民经济按照既定的目标发展，就需要借助于某些标准、定额、规范等，对市政工程进行规划、组织、调节、控制。而这些标准、定额、规范必须在一定范围内作为一种统一的尺度，才能实现上述职能，才能利用它对项目的决策、设计方案、投标报价、成本控制进行比较、选择和评价。为了建立全国统一建设市场和规范计价行为，《建设工程工程量清单计价规范》统一了分部分项工程项目名称，统一了计量单位，统一了工程量计算规则，统一了项目编码。

(4) 指导性。定额的指导性表现在企业定额还不完善的情况下，为了有利于市场公平竞争，优化企业管理，确保工程质量和施工安全的工程计价标准，规范市政工程计价行为，指导企业自主报价，为实行市场竞争形成价格奠定了坚实的基础。企业可在消耗量定额的基础上自行编制企业内部定额，逐步走向市场化，与国际计价方法接轨。

(5) 群众性。定额的群众性是指定额来自群众，又贯彻于群众。定额的制定和执行具有广泛的群众基础。定额的编制采用工人、技术人员和定额专职人员相结合的方式，使得定额既能从实际水平出发，并且保持一定先进性，又能把群众的长远利益和当前利益、广大职工的劳动效率和工作质量结合起来，把国家、企业和劳动者个人三者的物质利益结合起来，充分调动广大职工的积极性，完成和超额完成工程任务。

(6) 稳定性。市政工程定额中的任何一种定额都是一定时期技术发展和管理水平的反映，因而在一段时间内表现为稳定的状态。根据具体情况不同，稳定的时间有长有短，一般在5～10年。保持定额的稳定性是有效贯彻定额所必需的。如果某种定额处于经常修改变动之中，那么必然造成执行中的困难和混乱，使人们感到没有必要去认真对待它。定额的不稳定也会给定额的编制工作带来极大的困难，而定额的稳定性是相对的。

(7) 时效性。市政工程定额中的任何一种定额只能反映一定时期的生产力水平，当生产力向前发展了，定额就会变得不适应。当定额不再起到它应有的作用时，定额就要重新编制和进行修订，因此，定额具有显著的时效性。新定额一旦诞生，旧定额就停止使用。

3. 定额的分类

市政工程定额的种类很多，按其内容、形式、用途等的不同可以作如下分类：

(1) 按生产要素分类。按生产要素分为劳动定额、材料消耗定额、机械台班使用定额。

(2) 按定额用途分类。按定额用途分为施工定额、预算定额（或综合预算定额）、概算定额、概算指标和估算指标。

(3) 按定额单位和执行范围分类。按定额单位和执行范围分为全国统一定额、专业专用和专业通用定额、地方统一定额、企业补充定额、临时定额。

(4) 按专业和费用分类。按专业和费用分为建筑工程定额、安装工程定额、其他工程和费用定额、间接费用定额。

定额的形式、内容和种类是根据生产建设的需要而制定的，不同的定额在使用中的作用也不完全一样，但它们之间是相互联系的，在实际工作中有时需要相互配合使用。

4. 定额在现代管理中的作用

定额是对工程进行科学管理的基础，是现代管理科学的重要内容和基本环节，是国家控制基本建设规模，利用经济杠杆对施工企业进行宏观管理，促进企业提高自身素质，加快技术进步，提高经济效益的立法性文件。我国建设工程定额经历了由无到有、由不完善到基本完善的发展过程。在社会主义市场的经济条件下，仍然需要对工程进行计划、调节、预测及控制，这一系列的管理活动均要以定额为工作依据。随着工程量清单计价方式的不断推行，工程定额的指令性逐渐降低，但指导性却明显增加，其具体作用主要表现在下述几个方面。

(1) 定额是计划管理的重要基础。施工企业在计划管理当中，为了组织和管理施工生产活动，必须编制各种计划，而每种计划的编制均需依据定额来计算人力、物力、财力等的需用量，所以定额是计划管理的重要基础。

（2）定额是节约社会劳动、提高劳动生产率的重要手段。施工企业要提高劳动生产率，除了加强政治思想工作，提高劳动者的工作积极性之外，还要贯彻执行定额，将企业提高劳动生产率的任务具体落实到每个工人身上，促使他们采用新技术和新工艺，改进操作方法，改善劳动组织，减小劳动强度，使用更少的劳动量创造更多的产品，进而提高劳动生产率。

（3）定额是衡量设计方案的尺度。工程项目的投资额，是根据定额对不同的设计方案进行技术经济分析与比较后确定的。所以，定额是衡量设计方案经济合理性的尺度。

（4）定额是确定工程造价的依据。工程造价是根据设计规定的工程建设标准和工程量，依据定额规定的劳动力、材料、机械台班的消耗量、单位价值及各种费用取费标准经计算确定的，所以定额是确定工程造价的依据。

（5）定额是实行经济责任制的重要手段。在实行投资包干和以招标承包为核心的经济责任制过程当中，签订投资包干协议，试计算招标控制价和投标标价，签订总包和分包合同协议，以及施工企业内部实行适合各自特点的各种形式的承包责任制等，均必须以定额为尺度和依据，所以定额是推行经济责任制的重要手段。

（6）定额是科学组织和管理施工的有效工具。工程施工是由多工种、多部门组成的一个有机整体而进行的施工活动，在安排各部门、各工种的活动计划当中，要计算平衡资源需用量，组织材料供应。要合理配备劳动组织，调配劳动力，签发工程施工任务单和限额领料单，组织劳动竞赛，考核工料消耗，试计算和分配工人劳动报酬等都要以定额为依据，所以定额是科学组织和管理施工的有效工具。

（7）定额是企业实行经济核算制的重要基础。施工企业实行经济核算制的主要内容是分析比较施工过程中的各种消耗，通过经济活动分析，肯定成绩，找出薄弱环节，提出改进措施，以不断降低施工成本，提高经济效益。在此过程当中，必须以定额为核算依据。所以，定额是实行经济核算制的重要基础。

4.1.2 市政工程施工定额

1. 劳动定额

（1）劳动定额的概念。劳动定额（即人工定额），是建筑安装工人在正常的施工（生产）条件下、在一定的生产技术和生产组织条件下、在平均先进水平的基础上制定的。它表明每个建筑安装工人生产单位合格产品所必须消耗的劳动时间，或在单位时间所生产的合格产品的数量。

劳动定额根据其表现形式不同，可分为时间定额和产量定额。

1）时间定额。时间定额是指在一定的生产技术和生产组织条件下，某工种、某种技术等级的工人班组或个人，完成单位合格产品所必须消耗的工作时间。定额时间包括工人的有效工作时间（准备与结束时间、基本工作时间、辅助工作时间）、不可避免的中断时间和休息时间。

时间定额以工日为单位，每个工日工作时间按现行制度规定为8h，其计算方法如下：

$$\text{单位产品时间定额(工日)}=\frac{1}{\text{每工日产量}} \tag{4-1}$$

或

$$单位产品时间定额(工日)=\frac{小组成员工日数总和}{小组的台班产量} \tag{4-2}$$

2）产量定额。产量定额是指在一定的生产技术和生产组织条件下，某一种、某种技术等级的工人班组或个人，在单位时间内（工日）应完成合格产品的数量。其计算方法如下：

$$每日产量=\frac{1}{单位产品时间定额(工日)} \tag{4-3}$$

或

$$台班产量=\frac{小组成员工日数总和}{单位产品时间定额(工日)} \tag{4-4}$$

时间定额与产量定额互为倒数，即：

$$时间定额\times产量定额=1 \tag{4-5}$$

$$时间定额=\frac{1}{产量定额} \tag{4-6}$$

$$产量定额=\frac{1}{时间定额} \tag{4-7}$$

劳动定额又分为综合定额和单项定额。综合定额是指完成同一产品中的各单项（工序）定额的综合。综合定额的时间定额由各单项时间定额相加而成。综合定额的产量定额为综合时间定额的倒数。其计算方法如下：

$$综合产量定额=\frac{1}{综合时间定额(日)} \tag{4-8}$$

（2）劳动定额的作用。劳动定额的作用主要表现在组织生产和按劳分配两个方面。在一般情况下，两者是相辅相成的，即生产决定分配，分配促进生产。当前对企业基层推行的各种形式的经济责任制的分配形式，都是以劳动定额作为核算基础的。

（3）劳动定额的编制

1）分析基础资料，拟定编制方案

① 影响工时消耗因素的确定。

a. 组织因素。组织因素包括操作方法和施工的管理与组织；人员组成和分工；工作地点的组织；工资与奖励制度；原材料和构配件的质量及供应的组织；气候条件等。

b. 技术因素。技术因素包括完成产品的类别；机械和机具的种类、型号和尺寸；材料、构配件的种类和型号等级；产品质量等。

② 计时观察资料的整理。对每次计时观察的资料进行整理后，要对整个施工过程的观察资料进行系统的分析、研究和整理。整理观察资料的方法大多采用平均修正法。它是一种在对测时数列进行修正的基础上，求出平均值的方法。修正测时数列，即剔除或修正那些偏高、偏低的可疑数值。目的是保证不受那些偶然性因素的影响。

当测时数列受到产品数量的影响时，采用加权平均值则是比较适当的。采用加权平均值可在计算单位产品工时消耗时，考虑到每次观察中产品数量变化的影响，进而使我们也能获得可靠的值。

③ 日常积累资料的整理和分析。日常积累的资料主要有四类：

a. 现行定额的执行情况以及存在问题的资料。

b. 企业和现场补充定额资料，例如因现行定额漏项而编制的补充定额资料，由于解决采用新技术、新结构、新材料和新机械而产生的定额缺项所编制的补充定额资料。

c. 已采用的新工艺和新的操作方法的资料。

d. 现行的施工技术规范、操作规程、安全规程和质量标准等。

④ 拟定定额的编制方案。拟定定额编制方案的内容包括：

a. 拟定定额分章、分节、分项的目录；

b. 提出对拟编定额的定额水平总的设想；

c. 选择产品和人工、材料、机械的计量单位；

d. 设计定额表格的形式和内容。

2）确定正常的施工条件

① 拟定工作地点的组织。拟定工作地点组织时，应特别注意使人在操作时不受妨碍，所使用的工具和材料应按使用顺序放置于工人最便于取用的地方，以减少疲劳和提高工作效率，工作地点应保持清洁和秩序井然。

② 拟定工作组成。拟定工作组成是将工作过程按照劳动分工的可能划分为若干工序，以达到合理使用技术工人。可采用两种基本方法。

a. 一种是把工作过程中简单的工序，划分给技术熟练程度较低的工人去完成；

b. 一种是分出若干个技术程度较低的工人，去帮助技术程度较高的工人工作。

采用后一种方法就把个人完成的工作过程，变成小组完成的工作过程。

③ 拟定施工人员编制。拟定施工人员编制即确定小组人数、技术工人的配备，以及劳动的分工和协作。原则是使每个工人都能充分发挥作用，均衡地担负工作。

3）确定劳动定额消耗量的方法。时间定额是在拟定基本工作时间、辅助工作时间、不可避免中断时间、准备与结束的工作时间以及休息时间的基础上制定的。

① 拟定基本工作时间。基本工作时间在必需消耗的工作时间中占的比重最大。在确定基本工作时间时，必须细致、精确。基本工作时间消耗一般应根据计时观察资料来确定。其做法是首先确定工作过程每一组成部分的工时消耗，然后再综合出工作过程的工时消耗。如果组成部分的产品计量单位和工作过程的产品计量单位不符，就需先求出不同计量单位的换算系数，进行产品计量单位的换算，然后再相加，求得工作过程的工时消耗。

② 拟定辅助工作时间和准备与结束工作时间。辅助工作和准备与结束工作时间的确定方法与基本工作时间相同。但若这两项工作时间在整个工作班工作时间消耗中所占比重不超过5%～6%，则可归纳为一项，以工作过程的计量单位表示，确定出工作过程的工时消耗。

如果在计时观察时不能取得足够的资料，也可采用工时规范或经验数据来确定。如果具有现行的工时规范，可以直接利用工时规范中规定的辅助和准备与结束工作时间的百分比来计算。

③ 拟定不可避免的中断时间。在确定不可避免中断时间的定额时，必须注意由工艺特点所引起的不可避免中断才可列入工作过程的时间定额。不可避免中断时间也需要根据测时资料通过整理分析获得，也可以根据经验数据或工时规范，以占工作日的百分比表示此项工时消耗的时间定额。

④ 拟定休息时间。休息时间应根据工作班作息制度、经验资料、计时观察资料，以及对工作的疲劳程度作全面分析进而确定。同时，应考虑尽可能利用不可避免中断时间作为休息时间。

从事不同工作的工人，疲劳程度有很大差别。为了合理确定休息时间，往往要对从事各种工作的工人进行观察、测定，进行生理和心理方面的测试，以便确定其疲劳程度。国内外往往按工作轻重和工作条件好坏，将各种工作划分为不同的级别。例如，我国某地区工时规范将体力劳动分为六类，见表 4-1。

休息时间占工作日的比重　　表 4-1

疲劳程度	轻便	较轻	中等	较重	沉重	最沉重
等级	1	2	3	4	5	6
占工作日比重/%	4.16	6.25	8.33	11.45	16.7	22.9

划分出疲劳程度的等级，就可以合理规定休息需要的时间。

⑤ 拟定定额时间。确定的基本工作时间、辅助工作时间、准备与结束工作时间、不可避免中断时间和休息时间之和，就是劳动定额的时间定额。根据时间定额可计算出产量定额，时间定额和产量定额互成倒数。利用工时规范，可以计算劳动定额的时间定额。计算公式是：

$$\text{作业时间}=\text{基本工作时间}+\text{辅助工作时间} \tag{4-9}$$

$$\text{规范时间}=\text{准备与结束工作时间}+\text{不可避免的中断时间}+\text{休息时间} \tag{4-10}$$

$$\text{工序作业时间}=\text{基本工作时间}+\text{辅助工作时间}=\text{基本工作时间}]/[1-\text{辅助时间}(\%)] \tag{4-11}$$

$$\text{定额时间}=\frac{\text{作业时间}}{1-\text{规范时间}(\%)} \tag{4-12}$$

2. 材料消耗定额

材料消耗定额是在正常的施工（生产）条件下，在节约和合理使用材料的前提下，生产单位合格产品所必须消耗的一定品种、半成品、规格的材料、配件等的数量标准。

材料消耗定额是编制材料需要量计划、供应计划、运输计划、计算仓库面积、签发限额领料单和经济核算的根据。制定合理的材料消耗定额，是组织材料的正常供应，保证生产顺利进行，以及合理利用资源，减少积压、避免浪费的必要前提。

（1）施工中材料消耗的组成。施工过程中材料的消耗，可分为必须的材料消耗和损失的材料两类性质。

必须消耗的材料属于施工正常消耗，是确定材料消耗定额的基本数据。其中包括：直接用于建筑和安装工程的材料，编制材料净用量定额；不可避免的施工废料和材料损耗，编制材料损耗定额。

材料各种类型的损耗量之和称之为材料损耗量，除去损耗量之后净用于工程实体上的数量称之为材料净用量，材料净用量与材料损耗量之和称之为材料总消耗量，损耗量与总消耗量之比称之为材料损耗率，总消耗量亦可用下式计算。

$$\text{总消耗量}=\frac{\text{净用量}}{1-\text{损耗率}} \tag{4-13}$$

为简便计，通常将损耗量与净用量之比，作为损耗率。即：

$$损耗率=\frac{损耗量}{净用量}\times 100\% \quad (4\text{-}14)$$

$$总消耗量=净用量\times(1+损耗率) \quad (4\text{-}15)$$

（2）材料消耗定额的编制

1）主要材料消耗定额的制定方法。材料消耗定额的制定方法包括观测法、试验法、统计法和理论计算法。

① 观测法。观测法（即现场测定法），是在合理使用材料的条件下，在施工现场按一定程序对完成合格产品的材料耗用量进行测定，通过分析、整理，最后得出一定的施工过程单位产品的材料消耗定额。

观测法的首要任务是选择典型的工程项目，其施工技术、组织及产品质量均应符合技术规范的要求；材料的品种、型号、质量也应符合设计要求；产品检验合格，操作工人能合理使用材料和保证产品质量。

利用现场测定法主要是编制材料损耗定额，也可以提供编制材料净用量定额的数据。其优点是能通过现场观察、测定，取得产品产量和材料消耗的情况，为编制材料定额提供技术根据。

观测法是在现场实际施工中进行的。在观测前应充分做好准备工作，例如选用标准的运输工具和衡量工具，采取减少材料损耗措施等。观测的结果，要取得材料消耗的数量和产品数量的数据资料。

观测法的优点是真实、可靠，可以发现一些问题，也可以消除一部分消耗材料不合理的浪费因素。但是，用这种方法制定材料消耗定额，由于受到一定的生产技术条件和观测人员的水平等限制，仍然无法将所消耗材料不合理的因素全部揭露出来。同时，也有可能把生产和管理工作中的某些与消耗材料有关的缺点保存下来。因此，对观测取得的数据资料应进行分析研究，区分哪些是合理的、哪些是不合理的，哪些是可避免的、哪些是不可避免的，以制定出在一般情况下均可以达到的材料消耗定额。

② 试验法。试验法是在材料试验室中进行试验和测定数据。例如，以各种原材料为变量因素，求得不同强度等级混凝土的配合比，进而计算出每立方米混凝土的各种材料耗用量。

利用试验法，主要是编制材料净用量定额。通过试验可以对材料的结构、化学成分和物理性能以及按强度等级控制的混凝土、砂浆配比做出科学的结论，为编制材料消耗定额提供有技术根据、比较精确的计算数据。但是，试验法不能取得在施工现场实际条件下，由于各种客观因素对材料耗用量影响的实际数据。

试验室试验必须符合国家有关标准规范，计量要使用标准容器和称量设备，质量要符合施工与验收规范的要求，以保证获得可靠的定额编制依据。

③ 统计法。统计法是通过对现场进料、用料的大量统计资料进行分析计算，获得材料消耗的数据。该方法由于无法分清材料消耗的性质，因此不可以作为确定材料净用量定额和材料损耗定额的精确依据。

对积累的各分部分项工程结算的产品所耗用材料的统计分析，是根据各分部分项工程拨付材料数量、剩余材料数量及总共完成产品数量来进行计算的。采用统计法，必须要保证统计和测算的耗用材料和相应产品一致。在施工现场中的某些材料，往往难以区分用在各个不同部位上的准确数量。因此，要有意识地加以区分，才能得到有效的统计数据。

用统计法制定材料消耗定额一般采取以下两种方法。

a. 统计法。统计法是对某一确定的单位工程拨付一定的材料，待工程完工后，根据已完产品数量和领退材料的数量，进行统计和计算的一种方法。该方法的优点是无需专门人员测定和试验。由统计所得到的定额有一定的参考价值，但其准确程度较差，应对其分析研究后才能采用。

此方法的统计资料所反映的是劳动者过去已经达到的水平，资料中不能剔除施工中的不合理因素，其水平偏于保守。为了克服此缺点，一般采用二次平均法，其方法步骤包含如下几步。

ⅰ. 剔除统计资料中明显偏高、偏低的不合理因素。

ⅱ. 计算剩余统计资料的平均值。

ⅲ. 计算平均先进值。平均先进值为统计资料中高于平均值水平的所有资料的平均值。

ⅳ. 计算二次平均值。二次平均值为平均值与平均先进值的平均值。

【例 4-1】 某人工铺设管道的产量资料为 25、40、60、70、70、70、60、40、50、60、60、103（m/工日），试计算其劳动消耗量。

【解】

（1）剔除明显的偏高、偏低值，即 25、103m/工日。

（2）计算剩余资料的平均值

$$a_1=\frac{40+60+70+70+70+60+40+50+60+60}{10}=58\text{m/工日}$$

（3）计算平均先进值

高于平均值水平的统计资料有 60、70、70、70、60、60、60m/工日，共 7 个，故平均先进值为：

$$a_2=\frac{60+70+70+70+60+60+60}{7}\approx 64.29\text{m/工日}$$

（4）计算二次平均值

$$a_0=\frac{58+64.29}{2}=61.15\text{m/工日}$$

该管道铺设的产量定额为 61.65m/工日，时间定额为

$$\frac{1}{61.15}\approx 0.016\text{m/工日}$$

b. 经验估算法。经验估算法是指以有关人员的经验或以往同类产品的材料实耗统计资料为依据，通过研究分析并考虑有关影响因素的基础上制定材料消耗定额的方法。

④ 理论计算法。理论计算法是材料消耗定额制定方法中比较较为先进的方法。它是根据施工图，运用一定的数学公式，直接计算材料耗用量。计算法只能计算出单位产品的材料净用量，材料的损耗量仍要在现场通过实测取得。采用此种方法必须对工程结构、图纸要求、施工质量及验收规范、材料特性和规格、施工方法等先进行了解和研究。计算法适宜于不易产生损耗，且容易确定废料的材料，例如木材、砖瓦、钢材、预制构件等材料。因为这些材料根据施工图纸和技术资料从理论上都可以计算出来，因此也有一定的规

律可找。用该方法制定材料消耗定额，要求掌握一定的技术资料和各方面的知识，以及有较丰富的现场施工经验。

2）周转性材料消耗量的确定。周转性材料消耗量的确定在编制材料消耗定额时，某些工序定额、单项定额和综合定额中涉及周转材料的确定和计算。例如，劳动定额中的架子工程、模板工程等。

周转性材料在施工过程中不属于通常的一次性消耗材料，而是可多次周转使用，经过修理、补充才逐渐消耗尽的材料。例如，模板、钢板桩及脚手架等，实际上它也是作为一种施工工具和措施。在编制材料消耗定额时，应按多次使用、分次摊销的方式确定，方法如下：

① 确定一次使用量。一次使用量指的是第一次制作时的材料消耗量，通常根据图纸计算。

② 确定周转使用次数。周转使用次数通常根据统计法、观测法或查有关手册确定。

③ 确定补损量。补损量指的是每周转一次后为了修补难以避免的损耗所需的材料用量。它主要取决于材料的拆除、运输和堆放的方法与条件，同时也随周转次数的增多而加大。所以，应采用平均补损率进行计算。平均补损率按式（4-16）计算。

$$\text{平均补损率}=\frac{\text{平均损耗量}}{\text{一次使用}}\times 100\% \tag{4-16}$$

④ 确定材料周转使用量。材料周转使用量指在周转使用和补损条件下，每周转使用一次平均所需要材料数量，通常按式（4-17）计算。

$$\text{周转使用量}=\frac{\text{一次使用}+\text{一次使用量}\times(\text{周转次数}-1)\times\text{平均补损率}}{\text{周转次数}} \tag{4-17}$$

⑤ 确定回收量。回收量是指在一定的周转次数下，平均每周转一次可回收的材料数量，通常按式（4-18）计算。

$$\text{回收量}=\frac{\text{一次使用量}-\text{一次使用量}\times\text{补损率}}{\text{周转次数}} \tag{4-18}$$

⑥ 确定材料摊销量。材料摊销量是指周转使用一次，应分摊的材料消耗量，它等于材料周转使用量与回收量的差。

【例 4-2】 某桥梁工程需预制钢筋混凝土大梁，根据设计图纸计算得出每 10m³ 构件模板接触面积为 85m²，采用木模板。已知每 10m² 模板需用板材 1.06m³，枋材 0.15m³，制作损耗率为 5%，周转次数为 30 次，平均补损率为 1%。试计算其模板摊销量。

【解】

（1）确定一次使用量

板材一次使用量＝净用量＋损耗量＝1.06×8.5×(1＋0.05)＝9.461m³

枋材一次使用量＝净用量＋损耗量＝0.15×8.5×(1＋0.05)＝1.339m³

（2）材料周转使用量

$$\text{板材周转使用量}=\frac{9.461+9.461\times(30-1)\times 1\%}{30}=0.407\text{m}^3$$

$$\text{枋材周转使用量}=\frac{1.339+1.339\times(30-1)\times 1\%}{30}=0.058\text{m}^3$$

（3）材料回收量计算

$$板材回收量=9.461\times\frac{1-1\%}{30}=0.312\mathrm{m}^3$$

$$枋材回收量=1.339\times\frac{1-1\%}{30}=0.044\mathrm{m}^3$$

（4）确定摊销量

$$板材摊销量=0.407-0.312=0.095\mathrm{m}^3$$

$$枋材回收量=0.058-0.044=0.014\mathrm{m}^3$$

3. 机械台班使用定额

机械台班使用定额是基于正常施工条件下，合理的劳动组合和使用机械，完成单位合格产品或某项工作所必须的机械工作时间，包括准备与结束时间、基本工作时间、辅助工作时间、不可避免的中断时间以及使用机械的工人生理需要与休息时间。

（1）机械台班使用定额的表现形式。机械台班使用定额的形式按其表现形式不同，可分为以下两种：

1）机械时间定额。机械时间定额是指在合理劳动组织与合理使用机械条件下，完成单位合格产品所必需的工作时间，包括有效的工作时间（正常负荷下的工作时间和降低负荷下的工作时间）、不可避免的中断时间、不可避免的无负荷工作时间。机械时间定额以“台班”表示，即一台机械工作一个作业班时间。一个作业班时间为8h。

$$单位产品机械时间定额(台班)=\frac{1}{台班产量} \tag{4-19}$$

由于机械必须由工人小组配合，所以完成单位合格产品的时间定额，同时列出人工时间定额。即：

$$单位产品人工时间定额(工日)=\frac{小组成员总人数}{台班产量} \tag{4-20}$$

2）机械产量定额。机械产量定额是指在合理劳动组织与合理使用机械条件下，机械在每个台班时间内应完成合格产品的数量。机械时间定额和机械产量定额互为倒数关系。

复式表示法：

$$\frac{人工时间定额}{机械台班产量}或\frac{人工时间定额}{机械台班产量}\Bigg|台班车次 \tag{4-21}$$

（2）机械台班使用定额的编制

1）确定正常的施工条件。拟定机械工作正常条件，主要是拟定工作地点的合理组织和合理的工人编制。

① 工作地点的合理组织。工作地点的合理组织是对施工地点机械和材料的放置位置、工人从事操作的场所，做出科学、合理的平面布置和空间安排。它要求施工机械和操纵机械的工人在最小范围内移动，但是又不阻碍机械运转和工人操作；应使机械的开关和操纵装置尽可能集中地装置在操纵工人的近旁，以节省工作时间和减轻劳动强度；应最大限度发挥机械的效能，减少工人的手工操作。

② 拟定合理的工人编制。拟定合理的工人编制是根据施工机械的性能和设计能力，工人的专业分工和劳动工效，合理确定操纵机械的工人和直接参加机械化施工过程的工人的编制人数。它应要求保持机械的正常生产率和工人正常的劳动工效。

2）确定机械1h纯工作正常生产率。在确定机械正常生产率时，必须首先确定出机械纯工作 1h 的正常生产率。

机械纯工作时间是机械的必需消耗时间。机械 1h 纯工作正常生产率，是在正常施工组织条件下，具有必需的知识和技能的技术工人操纵机械 1h 的生产率。

根据机械工作特点的不同，机械 1h 纯工作正常生产率的确定方法也有所不同。对于循环动作机械，确定机械纯工作 1h 正常生产率的计算公式如下：

$$\begin{matrix}\text{机械一次循环的}\\ \text{正常延续时间}\end{matrix}=\sum\begin{pmatrix}\text{循环各组成部分}\\ \text{正常延续时间}\end{pmatrix}-\text{交叠时间} \tag{4-22}$$

$$\begin{matrix}\text{机械纯工作1h}\\ \text{循环次数}\end{matrix}=\frac{60\times60(\text{s})}{\text{一次循环的正常延续时间}} \tag{4-23}$$

$$\begin{matrix}\text{机械纯工作1h}\\ \text{正常生产率}\end{matrix}=\begin{matrix}\text{机械纯工作1h}\\ \text{正常循环次数}\end{matrix}\times\begin{matrix}\text{一次循环生产}\\ \text{的产品数量}\end{matrix} \tag{4-24}$$

对于连续动作机械，确定机械纯工作 1h 正常生产率要根据机械的类型和结构特征，以及工作过程的特点进行。计算公式如下：

$$\text{连续动作机械纯工作1h 正常生产率}=\frac{\text{工作时间内生产的产品数量}}{\text{工作时间(h)}} \tag{4-25}$$

工作时间内的产品数量和工作时间的消耗，要通过多次现场观察和机械说明书来获取数据。

对同一机械进行作业属于不同的工作过程，例如碎石机所破碎的石块硬度和粒径不同，挖掘机所挖土壤的类别不同，均需要分别确定其纯工作 1h 的正常生产率。

3）确定施工机械的正常利用系数。确定施工机械的正常利用系数是机械在工作班内对工作时间的利用率。机械的利用系数和机械在工作班内的工作状况存在密切的关系。因此，要确定机械的正常利用系数。首先，应拟定机械工作班的正常工作状况，保证合理利用工时。

确定机械正常利用系数，要计算工作班正常状况下准备与结束工作，机械启动、机械维护等工作所必须消耗的时间，以及机械有效工作的开始与结束时间。从而进一步计算出机械在工作班内的纯工作时间和机械正常利用系数。机械正常利用系数的计算公式如下：

$$\text{机械正常利用系数}=\frac{\text{机械在一个工作班内纯工作时间}}{\text{一个工作班延续时间(8h)}} \tag{4-26}$$

4）计算施工机械台班定额。计算施工机械台班定额是编制机械定额工作的最后一步。在确定了机械工作正常条件、机械 1 小时纯工作正常生产率和机械正常利用系数之后，采用下列公式计算施工机械的产量定额：

$$\text{施工机械台班产量定额}=\text{机械1h 纯工作正常生产率}\times\text{工作班纯工作时间} \tag{4-27}$$

或：

$$\begin{aligned}\text{施工机械台班产量定额}=&\text{机械1h 纯工作正常生产率}\times\\ &\text{工作班延续时间}\times\text{机械正常利用系数}\end{aligned} \tag{4-28}$$

$$\text{施工机械时间定额}=\frac{1}{\text{机械台班产量定额指标}} \tag{4-29}$$

4.1.3 市政工程预算定额

1. 预算定额的编制方法

（1）划分定额项目，确定工作内容及施工方法。预算定额项目应在施工定额的基础上进一步综合。通常应根据建筑的不同部位、不同构件，将庞大的建筑物分解为较为简单、各种不同、可以用适当计量单位计算工程量的基本构造要素。做到项目齐全、粗细适度、简明实用。同时，根据项目的划分，确定预算定额的名称、工作内容及施工方法，并使施工和预算定额协调一致，以便于相互比较。

(2) 选择计量单位。为了准确计算每个定额项目中的消耗指标，并有利于简化市政工程工程量的计算，必须根据结构构件或分项工程的特征及变化规律来确定定额项目的计量单位。如果物体有一定厚度，而长度和宽度不定时，采用面积单位，如层面、地面等；如果物体断面形状、大小固定，则采用长度单位，如管道、钢筋等；如果物体的长、宽、高均不一定时，则采用体积单位，如土方、砌体、混凝土工程等。

(3) 计算工程量。选择有代表性的图纸和已确定的定额项目计量单位，试计算分项工程的工程量。

(4) 确定人工、材料、机械台班的消耗指标。预算定额中的人工、材料、机械台班消耗指标，是以施工定额中的人工、材料、机械台班消耗指标为基础，并考虑预算定额中所包括的其他因素，采用理论计算与现场测试相结合、编制定额人员与现场工作人员相结合的方法确定的。

2. 预算定额中各种消耗量的确定

(1) 劳动消耗量的确定。预算定额中的劳动消耗指标，包括完成该结构构件或分项工程所需要的各种用工的数量。其指标量根据多个典型工程中综合取定的工程量数据及劳动定额经计算求得。

预算定额中的人工消耗量指标包括基本用工及其他用工。

基本用工是完成单位合格产品所必须消耗的技术工种用工，按照技术工种相应施工定额的工时定额计算，以不同工种列出定额工日。

其他用工包括辅助用工、超运距用工和人工幅度差。

辅助用工指施工定额内不包括而在预算定额内必须考虑的用工，例如砌筑工程中的砂浆调制、混凝土工程中的模板整理等用工。

$$辅助用工=\sum(取定工程量\times相应的时间定额)$$

超运距用工指预算定额当中取定的材料场内水平运距超过了施工定额规定的水平运距，超出部分所增加的用工。

$$超运距=预算定额取定运距-施工定额取定运距$$

$$超运距用工=\sum(超运距运输材料数量\times相应超运距的时间定额)$$

人工幅度差指施工定额中不考虑，而预算定额中必须考虑的各种工时损失。如工序交叉作业互相配合所发生的停歇用工、隐蔽工程质检对工人的操作影响、场内操作地点的转移造成的停歇时间等。

$$人工幅度差=(基本用工+辅助用工+超运距用工)\times人工幅度差系数$$

人工幅度差系数通常为10%～15%。

所以预算定额中的人工消耗量为上述各种用工之和，即：

$$预算定额人工消耗量=基本用工+辅助用工+超运距用工+人工幅度差 \quad (4\ 30)$$

因为预算定额的主要作用是计算工程的预算价格，没有必要将各种用工的消耗量逐一列出。所以，预算定额中人工的消耗量不分工种、技术等级，一律以综合工日表示，其内容包括基本用工、辅助用工、超运距用工和人工幅度差。

（2）机械台班消耗量的确定。预算定额中机械台班消耗量，是在施工定额机械台班消耗量的基础上，考虑机械幅度差计算确定的。

机械幅度差是指在施工定额中不考虑，而在预算定额中必须考虑的各种机械工作时间的损失。通常包括机械转移工作面损失的时间、配套机械相互影响所损失的时间、在施工中不可避免的间歇时间、检查工程质量影响机械操作的时间、机械小修引起的停歇时间等。机械幅度差用机械幅度差系数与施工定额机械台班消耗量的乘积表示。所以，预算定额中机械台班消耗量为：

$$\text{预算定额机械台班消耗量}=\text{施工定额机械台班消耗量}\times(1+\text{机械幅度差系数}) \tag{4-31}$$

一般常用机械的机械幅度差系数包括：土方机械 0.25、打桩机械 0.33、吊装机械 0.3、其他专用机械（如钢筋加工、木材加工、水磨石加工、打夯等）0.1。

对于塔式起重机、卷扬机、混凝土搅拌机、砂浆搅拌机等由工人小组配合作业的施工机械，不再增加机械幅度差，而按照小组产量计算机械台班消耗量，按式（4-32）计算。

$$\text{机械台班消耗量}=\frac{\text{定额规定计量单位值}}{\text{小组产量}} \tag{4-32}$$

（3）材料消耗量的确定。预算定额中的材料消耗量包括净用量和损耗量两部分，其确定方法与施工定额相同。

在预算定额中，根据材料在构成工程实体中所发挥的作用及用量大小的不同，将材料分为下列四类。

1）主要材料，是指直接构成工程实体的材料，如砖、管道、检查井井盖、砂、石、水泥等。

2）辅助材料，是指直接构成工程实体，但用量较小的材料。如焊条、钢丝、麻丝、垫木、钉子等。

3）周转材料，是指多次使用，但不构成工程实体的材料，又称为工具性材料。如脚手架、模板等。

4）其他材料，是指用量少、价值小、难以计量的零星材料。如砂纸、标记用油漆、棉纱头等。

3. 预算定额单位估价表

预算定额一般规定完成一定计量单位的结构构件或分项工程，所需要的人工、材料及机械台班的数量标准，这不便于进行工程造价的计算。为了满足工程造价计算的要求，一般将预算定额中量的消耗转化成货币指标，即将人工的消耗量转化为人工费、材料的消耗量转化为材料费、机械台班的消耗量转化为机械费，并将其以表格的形式编制汇总在一起，构成单位估价表。

（1）单位估价表中人工费的确定。单位估价表中的人工费按式（4-33）计算。

$$\text{人工费}=\text{预算定额人工消耗量}\times\text{相应等级的人工日工资单价} \tag{4-33}$$

人工日工资单价指的是一个建筑工人一个工作日在预算中应计入的全部人工费用，包括基本工资、工资性津贴、辅助工资、职工福利费和劳动保护费，按式（4-34）计算。

$$\text{人工日工资单价}=\frac{\text{人工月工资单价}}{\text{月平均法定工作日}} \tag{4-34}$$

人工月工资单价也称为人工月工资标准，它与工人的工资等级及企业所处的工资区类别有关。

工资等级是按照国家或企业有关规定，按照劳动者的技术水平、熟练程度和工作责任大小等因素划分的工资级别。我国建筑行业现行工资制度规定，建筑工人工资分为七级，安装工人工资分为八级。各工资等级之间的关系用工资等级系数表示，建筑安装工人各级工的工资等级系数见表 4-2。

各级建筑安装工人工资等级系数　　表 4-2

工资等级	一级	二级	三级	四级	五级	六级	七级	八级
建筑工工资等级系数	1.000	1.187	1.409	1.672	1.985	2.358	2.800	—
安装工工资等级系数	1.000	1.178	1.388	1.635	1.926	2.269	2.673	3.150

工资等级系数是表示建筑安装企业各级工人工资标准的比例关系，一般用各级工人工资标准与一级工人工资标准的比例关系来表示。可见，某级工人的月工资标准为一级工的月工资标准与该级工的工资等级系数的乘积。

我国建筑安装工人的月工资标准与其所处的工资区类别有关。全国共划分十一类工资区类别。每类工资区通常只规定一级工的月工资标准，不同类别的工资区其一级工的月工资标准也不同。

某类工资区某级工人的月工资标准为该类工资区一级工的月工资标准与该级工的工资等级系数的乘积。如六类工资区建筑工人（三级工）的月工资标准，为六类工资区一级工的月工资标准与三级工工资等级系数的乘积。

月平均法定工作日又称月平均有效工作天数，一般按式（3-35）计算。

$$月平均法定工作日=\frac{全年天数-星期六-星期日-法定节假日天数}{全年月数} \tag{4-35}$$

全年按 365 天计，星期六、星期日共休息 104 天；法定节假日为全民共享的节日，共 11 天（元旦 1 天、春节 3 天、清明节 1 天、端午节 1 天、劳动节 1 天、国庆节 3 天、中秋节 1 天）；一年的法定实际工作日为 250 天。故月平均法定工作日为：$\frac{250}{12}=20.83$(天)。

因此，人工日工资单价为：人工日工资单价$=\frac{人工月工资单价}{20.83}$(元/工日)。

一般各地区建筑安装工人的人工日工资单价，由当地物价部门和建设管理部门共同确定。如上述某省单位估价表中，该省规定人工单价是 26 元/工日，静力压预制钢筋混凝土方桩，桩长在 12m 之内，每完成 $1m^3$ 的预制混凝土方桩的静压工作预算定额规定人工的消耗量是 0.43 工日，将其转化为货币指标即人工费是 0.43×26=11.18 元。

（2）单位估价表中机械费的确定。单位估价表中的机械费按照式（4-36）计算。

$$机械费=\sum(预算定额每种机械台班消耗量\times机械台班单价) \tag{4-36}$$

施工机械台班单价是指在一个台班中，为使机械正常运转所支出和分摊的各项费用之和，包括不变费用和可变费用两大类。不变费用为比较固定的经常性费用，称为第一类费；可变费用是不固定的费用，称为第二类费用。两类费用均以货币形式，直接计入机械台班单价中。

第一类费用包括机械折旧费；大修理费；经常维修费；替换设备及工具附具费；润滑

及擦拭材料费；安装、拆卸及辅助设施费；机械进出场费；机械保管费。这些费用的特点是不论施工地点、施工条件如何，也不论机械是否开动均需要支付。支付方式是将全年的费用分摊到全年的每一个台班中。

1）台班折旧费。台班折旧费是指机械在使用期内收回机械原值而分摊到每一台班的费用，按式（4-37）计算。

$$台班折旧费=\frac{机械预算价格\times(1-残值率)}{年使用总台班} \tag{4-37}$$

机械预算价格是指机械由厂家到达使用单位的费用，包括出厂价、采购手续费和运杂费。通常国产机械的采购手续费率和运杂费率为5%，进口机械只有到岸价格者采购手续费率和运杂费率是11%。因此：机械预算价格=机械出厂价格×1.05（或1.11）。

机械残值率指机械到使用期限后残余价值占机械预算价格的百分比。通常大型机械的残值率是5%、中小型机械的残值率是4%、运输机械的残值率是6%。

2）台班大修理费。台班大修理费是指为了确保机械完好和正常运转达到大修理间隔期需要进行大修而支出各项费用的台班分摊额。包括必须更换的配件费、消耗的材料费、油料费及工时费等，按式（4-38）计算。

$$台班大修理费=\frac{一次大修理费\times修理次数}{使用总台班} \tag{4-38}$$

3）台班经常维修费。台班经常维修费是指大修理间隔期分摊到每一台班的中修理费和定期的各级保养费。包括配件费、消耗的材料费、工时费以及检修费等，按式（4-39）计算。

$$台班经常修理费=\frac{中修费+\sum(各级保养一次费\times各级保养次数)}{大修理间隔台班} \tag{4-39}$$

为简化计算，台班经常维修费可以按照台班大修费与台班经常维修费系数的乘积计算确定。机械台班经常维修费系数可根据经验确定，如载重汽车为1.46、自卸汽车为1.52、塔式起重机为1.69。

4）台班替换设备及工具附具费。台班替换设备及工具附具费是指为了确保机械正常运转所需的蓄电池、变压器、车轮胎、传动皮带、钢丝绳等消耗性设备及随机使用的工具和附具所消耗的费用，按式（4-40）计算。

$$设备及工具附具费=\sum\frac{替换设备、工具、附具一次使用量\times相应单价\times(1-残值率)}{替换设备、工具、附具使用总台班} \tag{4-40}$$

5）台班润滑及擦拭材料费。润滑及擦拭材料费是指为了确保机械正常运转及日常保养所需的润滑油脂及擦拭用布、棉纱的台班摊销费，按式（4-41）计算。

$$台班润滑及擦拭材料费=\sum(某种润滑及擦拭材料台班使用量\times相应单价) \tag{4-41}$$

6）台班安装、拆卸及辅助设施费。台班安装、拆卸及辅助设施费是指施工机械在施工现场进行安装、拆卸所需要的人工费、材料费、机械费、试运转费及所需的辅助设施的费用，通常塔式起重机、打桩机械需计算该项费用。安装拆卸费按式（4-42）计算，辅助设施费按式（4-43）计算。

$$台班安装拆卸费=\frac{一次安拆费\times年安拆次数}{摊销台班数} \tag{4-42}$$

$$台班辅助设施费=\sum\frac{一次使用量\times预算单价\times(1-残值率)}{摊销台班数} \quad (4\text{-}43)$$

7）台班机械进出场费。台班机械进出场费指机械整体或分件从停置场地运至施工现场或由一个工地运至另一个工地，运距在 25km 内的机械进出场运输费用，包括机械的装、卸、运输及辅助材料费，按式（4-44）计算。

$$机械台班进出场费=\frac{(每次运费+每次装卸费)\times年平均次数}{年工作台数} \quad (4\text{-}44)$$

8）台班机械保管费。台班机械保管费指机械管理部门为了保管机械所发生的各项费用的台班摊销额，包括停车库、停车棚的折旧、维修等费用，通常按式（4-45）计算。

$$\begin{aligned}台班机械保管费=&(台班折旧费+台班大修理费+\\&台班经常维修费+台班替换设备及工具附具费+台班润滑及擦拭材料费\\&+台班安装、拆卸及辅助设施费+台班机械进出场费)\times2.5\%\end{aligned} \quad (4\text{-}45)$$

第二类费用包括机上人工费、动力燃料费、养路费及牌照税，其特点是随当地经济条件的变化而变化。

1）机上人工费机上人工费指机械操作人员的工资，包括司机、司炉及其他随机人工的工资。随机操作人员的个数取决于机械性能和操作要求。

2）动力燃料费。动力燃料费指机械在运转时所消耗的电力、燃料等费用。

3）养路费及牌照税养路费及牌照税是按照交通部门规定应缴纳的公路养路费及牌照税。

一般各地区施工机械的台班单价，由当地物价部门和建设管理部门共同确定。如上述某省单位估价表中，该省规定静力压桩机（液压压力 120t）单价为 1527.00 元/台班，履带起重机（起重量 10t）单价为 364.00 元/台班，静力压预制钢筋混凝土方桩，桩长在 12m 内，每完成 $1m^3$ 的预制混凝土方桩的静压工作预算定额规定静力压桩机（液压压力 120t）的消耗量为 0.062 台班，履带起重机（起重量 10t）的消耗量是 0.025 台班，将其转化为货币指标，即机械费为 0.062×1527.00+0.025×364.00=94.67+9.10=103.77（元）。

（3）单位估价表中材料费的确定。单位估价表中的材料费按式（4-46）计算。

$$材料费=\sum(预算定额中每种材料的消耗量\times该种材料的预算价格) \quad (4\text{-}46)$$

对于计价表中的“其他材料”，由于其消耗量很少，因此直接以“其他材料费”的形式体现，计入总的材料费中。其他材料费一般以材料费的一定百分比估算。

材料预算价格指建筑材料由其来源地到达工地仓库后再出库的价格。

来源地指生产厂家或交货地点，来自厂家的材料要考虑出厂价，来自交货地点的材料要考虑交货地价格，为方便计，统称它们为原价。材料由来源地到达工地仓库必然会发生运输、包装、采购保管、装卸等费用。所以，材料预算价格应由原价、供销部门手续费、包装费、运杂费、采购保管费五部分组成。

1）材料原价。材料原价指出厂价、交货地价格、市场批发价、国营商业部门的批发价及进口材料的调拨价。确定时，同一种材料由于产地或供货单位的不同而有几种原价时，应根据不同来源地的来源数量及不同的原价，试计算加权平均原价。

2）供销部门手续费。供销部门手续费指通过当地物资供销部门供应的材料，供销部门所收取的附加手续费。

市政工程施工中所需的材料，通常有厂家直接供应和供销部门采购供应两种供货方式。不通过物资供销部门供应，而直接从厂家采购的材料，不计取供销部门手续费。

供销部门手续费，根据各地现行的供销部门手续费率按式（4-47）计算。

$$供销部门手续费=原价\times供销部门手续费率 \tag{4-47}$$

各种材料的供销部门手续费率按照国家有关部门的规定计取，目前国家经委规定的部分材料的供销部门手续费率为：金属材料 2.5%；木材及制品 3%；机电材料为 1.8%；化工材料（含液体材料、塑料、橡胶材料及制品）2%；轻工材料 3%；建筑材料 3%。

3）包装费。材料包装费指为了便于材料的运输，减少损耗或为了保护材料而进行包装所需要支付的费用。如木材运输需要的木立柱、钢丝，水泥运输需要的篷布等。

凡由生产厂家负责包装的材料（如油漆、水泥等），包装费均已计入原价中，不再单独计算包装费。但应从原价中扣除包装材料的回收价值。包装材料的回收价值按式（4-48）计算。

$$包装材料回收价值=\frac{包装材料原价\times回收量\times回收折价率}{包装器材标准容量} \tag{4-48}$$

包装材料的回收量根据回收率计算。包装材料的回收率及回收折价率按照当地主管部门规定计取，如果无规定可参照表 4-3 计取。

包装材料回收率及回收折价率 **表 4-3**

材料名称	回收率/%	回收折价率/%
木材、木桶、木箱	70	20
铁桶	95	50
铁皮	50	50
铁丝	20	50
纸袋、纤维品	60	50
草绳、草袋	不计	不计

生产厂家不负责包装，需由采购单位自己包装的材料，按式（4-49）计算包装费。

$$包装费=\frac{包装品原价\times(1-回收率\times回收折价率)+使用期维修费}{周转次数\times包装容器标准容量} \tag{4-49}$$

使用期维修费按式（4-50）计算。

$$使用期维修费=包装品原价\times使用期维修费率 \tag{4-50}$$

使用期维修费率铁桶为 75%，其他材料不计。

周转使用次数铁桶为 15 次，纤维制品为 5 次，其他材料不计。

4）运杂费。运杂费指材料由来源地（或交货地）到达工地仓库过程当中，所支付的运输费、装卸费等费用，包括调车（驳船）费、装卸费、运输费、附加工作费及途中损耗。

调车费指的是机车到专用线或非公用地点装货时的费用；驳船费指的是船只到专用装货码头装货时的费用；装卸费指的是给机车或轮船装卸货物所发生的人工费及机械费；运输费指的是机车或轮船的运输材料费；附加工作费指的是材料从货源地运至工地仓库期间所发生的搬运、分类堆放及整理等费用；途中损耗指的是材料在装卸、运输过程中不可避免的合理损耗。

材料运费一般按外埠运费和市内运费两段分别计算。外埠运输费是指由来源地（或交货地）运至本市仓库的全部费用，市内运费是指由本市仓库运至工地仓库的全部费用。材料运费一般按照各地规定的运价与运量和运距的乘积计算。当同一种材料有多个来源地时，应按式（4-51）计算其加权平均运距。

$$加权平均运距=\frac{\sum 材料运距\times 每种来源材料占该材料总量的比重}{\sum 每种来源材料占该材料总量的比重} \tag{4-51}$$

途中损耗费按照式（4-52）计算。

$$途中损耗费=(原价+调车驳船费+装卸费+运费+附加工作费)\times 途中损耗率 \tag{4-52}$$

5）采购保管费。采购保管费指材料部门在组织采购、供应和保管材料过程中所发生的各种费用，通常按照式（4-53）计算。

$$采购保管费=(原价+供销部门手续费+包装费+运杂费)\times 采购保管费率 \tag{4-53}$$

采购保管费率按照国家有关部门的规定计取，目前国家经委规定的综合采购保管费率是2.5%，其中采购费率是1%，保管费率是1.5%。当建设单位供应材料到工地仓库时，施工企业只收取保管费。

可见，材料预算价格应按式（4-54）计算。

$$材料预算价格=(原价+供销部门手续费+包装费+运杂费)\times(1+采购保管费率) \tag{4-54}$$

材料预算价格通常由各地市造价管理部门根据市场行情测算，定期公布，预算编制人员遵照实施。如上述某省单位估价表中，该省规定预制钢筋混凝土方桩的预算价格是708.93元/m^3，普通成材的预算价格是1699.00元/m^3，场内运输所需要的材料费因其量很少直接以44.69元表示，将其转化为货币指标即材料费为：

$$0.01\times 708.93+0.009\times 1699.00+44.69=7.09+15.29+44.69=67.07元$$

【例4-3】 某市政工地需要用当地供应的某种材料。经调查甲厂可供30%，原价83.50元/t；乙厂可供25%，原价81.60元/t；丙厂可供20%，原价83.20元/t；余者由丁厂供应，原价80.80元/t。甲、乙两地为水路运输，运价为0.35元/（t·km），装卸费2.8元/t，驳船费1.30元/（t·km），途中损耗率为2.5%，甲厂运距60km，丙厂运距67km。乙、丁两厂为汽车运输，运距分别为50km和58km，运价为0.40元/（t·km），调车费1.35元/t，装卸费2.30元/t，途中损耗率为3%。材料包装费均为10元/t，采购保管费率为2.5%，不计附加工作费。试求该材料的预算价格。

【解】

（1）加权平均原价

$$加权平均原价=\frac{83.5\times 30\%+81.6\times 25\%+83.2\times 20\%+80.80\times 25\%}{100\%}=82.29元$$

（2）供销部门手续费。该材料直接从厂家采购，不需要供销部门介入，故不计取供销部门手续费。

（3）包装费。由题意知为10元/t。

（4）运杂费计算。

1）$加权平均运距=\frac{60\times 30\%+50\times 25\%+67\times 20\%+58\times 25\%}{100\%}=58.4km$

2）加权平均调车、驳船费$=\frac{1.3\times(30\%+20\%)+1.35\times(25\%+25\%)}{100\%}=1.3$元/t

3）加权平均装卸费$=\frac{2.8\times(30\%+20\%)+2.3\times(25\%+25\%)}{100\%}$

4）运输费

$$加权平均运价=\frac{0.35\times(30\%+20\%)+0.4\times(25\%+25\%)}{100\%}=2.75\%$$

$$运输费=加权平均运距\times加权平均运价=58.4\times0.375=21.9元/t$$

5）途中损耗费

$$加权平均途中损耗率=\frac{2.5\%\times(30\%+20\%)+3\%\times(25\%+25\%)}{100\%}=2.75\%$$

$$途中损耗费=(82.29+1.33+2.55+21.9)\times2.75\%=2.97元/t$$

$$故运杂费=1.33+2.55+21.9+2.97=28.75元/t$$

6）采购保管费

$$(82.29+10+28.75)\times2.5\%=3.03元/t$$

因此，该材料的预算价格为：82.29＋10＋28.75＋3.03＝124.07 元/t。

（4）单位估价表中基价的确定

基价是完成预算定额规定计量单位的单位工程量所需的一个基本的货币指标，它等于完成给单位工程量所需的人工费、材料费、机械费的和，即：

$$基价=人工费+材料费+机械费 \tag{4-55}$$

如上述某省单位估价表中，静力压预制钢筋混凝土方桩，桩长在 12m 以内，每完成规定计量单位 $1m^3$ 的预制混凝土方桩的静压工作，所需人工费为 11.19 元、材料费为 67.07 元、机械费为 103.77 元。则：

$$基价=11.19+67.07+103.77=182.03元$$

4.1.4 市政工程概算定额与投资估算指标

1. 概算定额

概算定额是规定一定计量单位的扩大分项工程或扩大结构构件所需人工、材料、机械台班消耗量和货币价值的数量标准。它是在相应预算定额的基础上，根据有代表性的设计图纸及标准图、通用图和有关资料，将预算定额中的若干项目合并、综合和扩大后编制而成的，以达到简化工程量计算和编制设计概算的目的。

在编制概算定额时，为了适应规划、设计、施工各阶段的要求，概算定额与预算定额的水平要基本相同，即反映社会平均水平。但由于概算定额是在预算定额的基础上综合扩大而成，因此两者之间必然产生并允许留有一定的幅度差，这种扩大的幅度差一般在 5% 以内，以便于根据概算定额编制的设计概算能对施工图预算起控制作用。目前为止，全国还没有编制概算定额的指导性统一规定，各省、市、自治区的有关部门是在总结各地区经验的基础上编制概算定额的。

（1）概算定额的内容。各地区概算定额的形式、内容各有特点，但一般包括以下内容。

1）总说明。总说明主要阐述概算定额的编制依据、编制原则、有关规定、适用范围、取费标准和概算造价计算方法等。

2）分章说明。分章说明主要阐明本章所包括的定额项目和工程内容，规定了工程量计算规则等。

3）定额项目表。定额项目表是概算定额的主要内容，由若干分节定额表组成。各节定额表表头注有工作内容，定额表中列有概算基价、计量单位、各种资源消耗量指标与所综合的预算定额的项目与工程量等。

（2）概算定额的编制

1）概算定额的编制依据

① 现行的人工工资标准、材料预算价格、机械台班预算价格及各项取费标准；

② 现行的设计标准、规范和施工技术规范、规程等法规；

③ 现行的市政工程预算定额和概算定额；

④ 有代表性的设计图纸和标准设计图集、通用图集；

⑤ 有关的施工图预算和工程结算等资料。

2）概算定额的编制方法

① 定额项目的划分。定额项目的划分应将简明和便于计算作为原则，在保证准确性的前提下，以主要结构分部工程为主，合并相关联的子项目。

② 定额的计量单位。定额的计量单位基本上按预算定额的规定执行，但是该单位中所包含的工程内容扩大。

③ 定额数据的综合取定。由于概算定额是在预算定额的基础上综合扩大而成，所以在市政工程的标准和施工方法确定、工程量计算和取值上都需要进行综合考虑，并结合概算、预算定额水平的幅度差而对其适当扩大，还要考虑到初步设计的深度条件来编制。例如，混凝土和砂浆的强度等级、钢筋用量等，可根据工程结构的不同部位，通过综合测算、统计选定出合理数据。

2. 投资估算指标

（1）投资估算指标的分类。投资估算指标用于编制投资估算，一般以独立的单项工程或完整的工程项目为计算对象，其主要作用是为项目决策和投资控制提供依据。投资估算指标比其他各种计价定额具有更大的综合性和概括性。依据投资估算指标的综合程度可分为：

1）建设项目投资指标。建设项目投资指标有两种：一是工程总投资或总造价指标；二是以生产能力或其他计量单位为计算单位的综合投资指标。

2）单项工程指标。单项工程指标一般以生产能力等为计算单位，包括建筑安装工程费、设备及工器具购置以及应计入单项工程投资的其他费用。

3）单位工程指标。单位工程指标一般以 m^2、m^3、座等为单位。

估算指标应列出工程内容、结构特征等资料，以便应用时依据实际情况进行必要的调整。

（2）投资估算指标的编制。投资估算指标的编制一般分为三个阶段进行：

1）收集整理资料阶段。收集整理已建成或正在建设的，符合现行技术政策和技术发展方向、有可能重复采用、有代表性的工程设计施工图、标准设计以及相应的竣工决算或施工图预算资料等，这些资料是编制工作的基础，资料收集得越广泛，反映出的问题就越多，编制工作考虑得越全面，就越有利于提高投资估算指标的实用性和覆盖面。同时，对调查收集到的资料要选择占投资比重大、相互关联多的项目进行认真的分析整理，由于已建成或正在建设的工程的设计意图、建设时间和地点、资料的基础等不同，相互之间的差异很大，需要去粗取精、去伪存真地加以整理，才能重复利用。将整理后的数据资料按照项目划分栏目加以归类，按照编制年度的现行定额、费用标准和价格，调整成编制年度的造价水平及相互比例。

2）平衡调整阶段。由于调查收集的资料来源不同，虽然经过一定的分析整理，但难免会由于设计方案、建设条件和建设时间上的差异带来某些影响，使数据失准或漏项等，必须对有关资料进行综合平衡调整。

3）测算审查阶段。测算是将新编的指标和选定工程的概预算，在同一价格条件下进行比较，检验其“量差”的偏离程度是否在允许偏差的范围之内，如果偏差过大，则要查找原因进行修正，以保证指标的确切、实用。测算同时也是对指标编制质量进行的一次系统检查，应由专人进行，以保持测算口径的统一，在此基础上组织有关专业人员予以全面审查定稿。

4.2 市政工程定额计量

4.2.1 市政工程定额计量一般规定

依据市政工程定额中规定的工程量计算规则计算分部分项工程量的方法称之为市政工程的定额计量。在计量的过程中要遵守下述规定：

（1）计算工程量的分部分项工程项目必须与定额中规定的项目相一致；

（2）工程量的计量单位必须与定额中规定的计量单位相一致；

（3）工程量计算规则必须依据定额中规定的计算规则；

（4）必须按照施工图纸进行计算。

工程量计算时为了避免漏项或重复，通常按照施工工艺的先后顺序进行；对于比较复杂的工程项目，可以按照先横后竖、先上后下、先左后右的顺序进行。

工程量的计算精度应符合下述规定：

（1）以“t”为单位，保留小数点后3位，第4位小数四舍五入；

（2）以“m^3”、“m^2”、“m”为单位，保留小数点后两位，第3位小数四舍五入；

（3）以“个”、“项”、“套”等为单位，取整数。

4.2.2 土石方工程定额使用与工程计量

1. 定额使用说明

（1）干、湿土的划分首先以地质勘察资料为准，含水率≥25％为湿土；或以地下常水位为准，常水位以上为干土，以下为湿土。挖湿土时，人工和机械乘以系数1.18，干、湿土工程量分别计算。采用井点降水的土方应按干土计算。

（2）人工夯实土堤、机械夯实土堤执行本章人工填土夯实平地、机械填土夯实平地子目。

（3）挖土机在垫板上作业，人工和机械乘以系数1.25，搭拆垫板的人工、材料和辅机摊销费另行计算。

（4）推土机推土或铲运机铲土的平均土层厚度小于30cm时，其推土机台班乘以系数1.25，铲运机台班乘以系数1.17。

(5) 在支撑下挖土，按实挖体积，人工乘以系数 1.43，机械乘以系数 1.20。先开挖后支撑的不属支撑下挖土。

(6) 挖密实的钢渣，按挖四类土人工乘以系数 2.50，机械乘以系数 1.50。

(7) 0.2m^3抓斗挖土机挖土、淤泥、流砂按 0.5m^3抓铲挖掘机挖土、淤泥、流砂定额消耗量乘以系数 2.50 计算。

(8) 自卸汽车运土，如是反铲挖掘机装车，则自卸汽车运土台班数量乘以系数 1.10；拉铲挖掘机装车，自卸汽车运土台班数量乘以系数 1.20。

(9) 石方爆破按炮眼法松动爆破和无地下渗水积水考虑，防水和覆盖材料未在定额内。采用火雷管可以换算，雷管数量不变，扣除胶质导线用量，增加导火索用量，导火索长度按每个雷管 2.12m 计算。抛掷和定向爆破另行处理。打眼爆破若要达到石料粒径要求，则增加的费用另计。

(10) 定额不包括现场障碍物清理，障碍物清理费用另行计算。弃土、石方的场地占用费按当地规定处理。

(11) 开挖冻土套拆除素混凝土障碍物子目乘以系数 0.8。

(12) 定额为满足环保要求而配备了洒水汽车在施工现场降尘，若实际施工中未采用洒水汽车降尘的，在结算中应扣除洒水汽车和水的费用。

2. 工程计量规则

(1) 定额的土、石方体积均以天然密实体积（自然方）计算，回填土按碾压后的体积（实方）计算。土方体积换算见表 4-4。

土方体积换算表 **表 4-4**

虚方体积	天然密实度体积	夯实后体积	松填体积
1.00	0.77	0.67	0.83
1.30	1.00	0.87	1.08
1.50	1.15	1.00	1.25
1.20	0.92	0.80	1.00

(2) 土方工程量按图纸尺寸计算，修建机械上下坡的便道土方量并入土方工程量内。石方工程量按图纸尺寸加允许超挖量。开挖坡面每侧允许超挖量：松、次坚石 20cm，普、特坚石 15cm。

(3) 人工挖土堤台阶工程量，按挖前的堤坡斜面积计算，运土应另行计算。

(4) 人工铺草皮工程量以实际铺设的面积计算，花格铺草皮中的空格部分不扣除。花格铺草皮，设计草皮面积与定额不符时可以调整草皮数量，人工按草皮增加比例增加，其余不调整。

(5) 挖土放坡和沟、槽底加宽应按图纸尺寸计算，如无明确规定，可按表 4-5 和表 4-6计算。

挖土交接处产生的重复工程量不扣除。如在同一断面内遇有数类土壤，其放坡系数可按各类土占全部深度的百分比加权计算。

管道结构宽：无管座按管道外径计算，有管座按管道基础外缘计算，构筑物按基础外缘计算，如设挡土板则每侧增加 10cm。

放坡系数表 **表 4-5**

土壤类别	放坡起点深度/m	机械挖土			人工挖土
		在沟槽、坑内作业	在沟槽侧、坑边上作业	顺沟槽方向坑上作业	
一、二类土	1.20	1∶0.33	1∶0.75	1∶0.50	1∶0.50
三类土	1.50	1∶0.25	1∶0.67	1∶0.33	1∶0.33
四类土	2.00	1∶0.10	1∶0.33	1∶0.25	1∶0.25

注：1. 沟槽、基坑中土类别不同时，分别按其放坡起点、放坡系数，依不同土类别厚度加权平均计算。
2. 计算放坡时，在交接处的重复工程量不予扣除，原槽、坑做基础垫层时，放坡自垫层上表面开始计算。
3. 本表按《全国统一市政工程预算定额》GYD－301—1999 整理，并增加机械挖土顺沟槽方向坑上作业的放坡系数。

管沟底部每侧工作面宽度（单位：mm） **表 4-6**

管道结构宽	混凝土管道基础 90°	混凝土管道基础＞90°	金属管道	构筑物	
				无防潮层	有防潮层
500 以内	400	400	300	400	600
1000 以内	500	500	400		
2500 以内	600	500	400		
2500 以上	700	600	500		

注：1. 管道结构宽：有管座按管道基础外缘，无管座按管道外径计算；构筑物按基础外缘计算。
2. 本表按《全国统一市政工程预算定额》GYD－301—1999 整理，并增加管道结构宽 2500mm 以上的工作面宽度值。

（6）夯实土堤按设计断面计算。清理土堤基础按设计规定以水平投影面积计算，清理厚度为 30cm 内，废土运距按 30m 计算。

（7）管道接口作业坑和沿线各种井室所需增加开挖的土石方工程量按有关规定如实计算。管沟回填土应扣除管径在 200mm 以上的管道、基础、垫层和各种构筑物所占的体积。

（8）土石方运距应以挖土重心至填土重心或弃土重心最近距离计算，挖土重心、填土重心、弃土重心按施工组织设计确定。如遇下列情况应增加运距。

1）人力及人力车运土、石方上坡坡度在 15％以上，推土机、铲运机重车上坡坡度大于 5％，斜道运距按斜道长度乘以表 4-7 中系数。

2）采用人力垂直运输土、石方，垂直深度每米折合水平运距 7m 计算。

3）拖式铲运机 $3m^3$ 加 27m 转向距离，其余型号铲运机加 45m 转向距离。

斜道运距系数 **表 4-7**

项目	推土机、铲运机				人力及人力车
坡度/％	5～10	15 以内	20 以内	25 以内	15 以上
系数	1.75	2	2.25	2.5	5

（9）沟槽、基坑、平整场地和一般土石方的划分：底宽 7m 以内，底长大于底宽 3 倍以上按沟槽计算；底长小于底宽 3 倍以内按基坑计算，其中基坑底面积在 $150m^2$ 以内执行基坑定额。厚度在 30cm 以内就地挖、填土按平整场地计算。超过上述范围的土、石方按挖土方和石方计算。

（10）机械挖土方中如需人工辅助开挖（包括切边、修整底边），机械挖土按实挖土方量计算，人工挖土土方量按实套相应定额乘以系数 1.5。

（11）人工装土汽车运土时，汽车运土定额乘以系数 1.1。

【例 4-4】 某路基工程已知挖方量为 $3200m^3$，其中可以利用的土方量为 $2000m^3$，填土需要 $4500m^3$，现场考虑挖、填平衡，试计算余土外运量及填土时的缺方内运量。

【解】

余土外运及缺方内运均按自然方计算，故：

$$余土外运量=3200-2000=1200m^3$$

填土时夯实后的体积为 4500m³，查表 4-4 得换算系数为 1.15，故

$$缺方内运量=4500\times1.15-2000=3175m^3$$

【例 4-5】 已知某沟槽挖土工程，其垫层为无筋混凝土，其断面图如图 4-1 所示，土质为三类土（放坡系数 $k=0.25$），槽长为 15m，试计算挖土工程量。

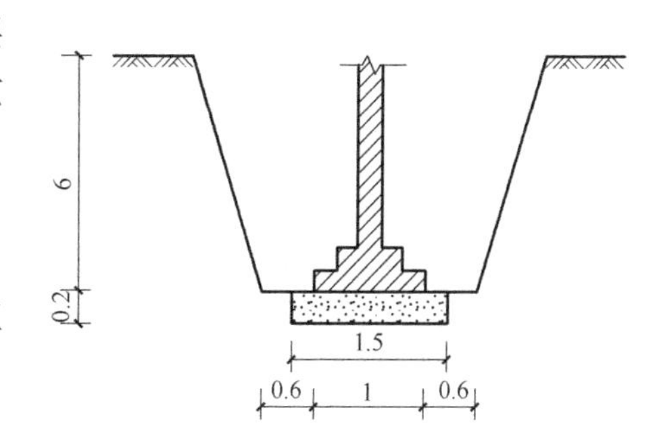

图 4-1 自垫层上表面放坡（单位：m）

【解】

根据定额工程量计算规则，已知人工挖三类土，坑深 5m，放坡系数 $k=0.25$。

$$V=[\frac{1}{2}\times(1.0+2\times0.6+2\times0.25\times6)\times6+1.5\times0.2]\times15=238.5m^3$$

4.2.3 道路工程定额使用与工程计量

1. 定额使用说明

（1）路床（槽）整形

1）路床（槽）整形包括路床（槽）整形、路基盲沟、基础弹软处理、铺筑垫层料等共计 39 个子目。

2）路床（槽）整形项目的内容，包括平均厚度 10cm 以内的人工挖高填低、整平路床，使之形成设计要求的纵横坡度，并应经压路机碾压密实。

3）边沟成型，综合考虑了边沟挖土的土类和边沟两侧边坡培整面积所需的挖土、培土、参整边坡及余土抛出沟外的全过程所需人工。边坡所出余土弃运路基 50m 以外。

4）混凝土滤管盲沟定额中不含滤管外滤层材料。

5）粉喷桩定额中，桩直径取定 50cm。

（2）道路基层

1）道路基层包括各种级配的多合土基层，共计 195 个子目。

2）石灰土基、多合土基、多层次铺筑时，其基础顶层需进行养护。养护期按 7d 考虑。其用水量已综合在顶层多合土养护定额内，使用时不得重复计算用水量。

3）各种材料的底基层材料消耗中不包括水的使用量，当作为面层封顶时如需加水碾压，加水量由各省、自治区、直辖市自行确定。

4）多合土基层中各种材料是按常用的配合比编制的，当设计配合比与定额不符时，有关的材料消耗量可由各省、自治区、直辖市另行调整，但人工和机械台班的消耗不得调整。

5）石灰土基层中的石灰均为生石灰的消耗量。土为松方用量。

6）道路基层中设有“每增减”的子目，适用于压实厚度 20cm 以内。压实厚度在 20cm 以上应按两层结构层铺筑。

（3）道路面层

1）道路面层包括简易路面、沥青表面处治、沥青混凝土路面及水泥混凝土路面等 71 个子目。

2）沥青混凝土路面、黑色碎石路面所需要的面层熟料实行定点搅拌时，其运至作业面所需的运费不包括在该项目中，需另行计算。

3）水泥混凝土路面，综合考虑了前台的运输工具不同所影响的工效及有筋、无筋等不同的工效。施工中无论有筋、无筋及出料机具如何均不换算。水泥混凝土路面中未包括钢筋用量。如设计有筋时，套用水泥混凝土路面钢筋制作项目。

4）水泥混凝土路面均按现场搅拌机搅拌。如实际施工与定额不符时，由各省、自治区、直辖市另行调整。

5）泥混凝土路面定额中，不含真空吸水和路面刻防滑槽。

6）喷洒沥青油料定额中，分别列有石油沥青和乳化沥青两种油料，应根据设计要求套用相应项目。

（4）人行道侧缘石及其他

1）人行道侧缘石及其他包括人行道板、侧石（立缘石）、花砖安砌等 45 个子目。

2）人行道侧缘石及其他所采用的人行道板、侧石（立缘石）、花砖等砌料及垫层如与设计不同时，材料量可按设计要求另计其用量，但人工不变。

2. 工程计量规则

（1）路床（槽）整形。道路工程路床（槽）碾压宽度计算应按设计车行道宽度另计两侧加宽值，加宽值的宽度由各省自治区、直辖市自行确定，以利路基的压实。

（2）道路基层

1）道路工程路基应按设计车行道宽度另计两侧加宽值，加宽值的宽度由各省、自治区、直辖市自行确定。

2）道路工程石灰土、多合土养护面积计算，按设计基层、顶层的面积计算。

3）道路基层计算不扣除各种井位所占的面积。

4）道路工程的侧缘（平）石、树池等项目以延米计算，包括各转弯处的弧形长度。

（3）道路面层

1）水泥混凝土路面以平口为准，如设计为企口时，其用工量按道路工程定额相应项目乘以系数 1.01。木材摊销量按本定额相应项目摊销量乘以系数 1.051。

2）道路工程沥青混凝土、水泥混凝土及其他类型路面工程量以设计长乘以设计宽计算（包括转弯面积），不扣除各类井所占面积。

3）缩缝以面积为计量单位。此面积为缝的断面积，即设计宽×设计厚。

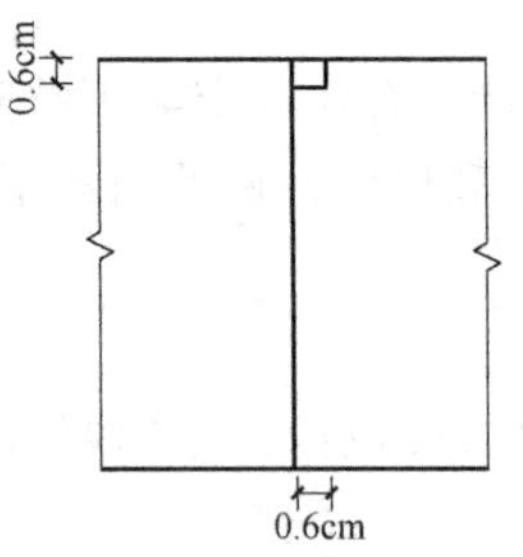

图 4-2　锯缝断面示意图

4）道路面层按设计图所示面积（带平石的面层应扣除平石面积）以 m^2 计算。

（4）人行道侧缘石及其他。人行道板、异形彩色花砖安砌面积计算按实铺面积计算。

【例 4-6】 某道路工程长 1500m，路面宽度为 12m，路基两侧均加宽 20cm，并设路缘石，以保证路基稳定性。在路面每隔 5cm 用切缝机切缝，如图 4-2 所示为锯缝断面示意图。试计算路缘石及锯缝长度。

【解】

(1) 路缘石长度

$$1500\times 2\text{m}=3000\text{m}$$

(2) 锯缝个数

$$1500\div 5-1=299\text{ 条}$$

(3) 锯缝总长度

$$299\times 12=3588\text{m}$$

(4) 锯缝面积

$$3588\times 0.006=21.53\text{m}^2$$

【例 4-7】 某路床整理工程如图 4-3 所示，车行道宽 18m，沥青路面长 120m，人行道宽 6m。试计算整理路床工程量。

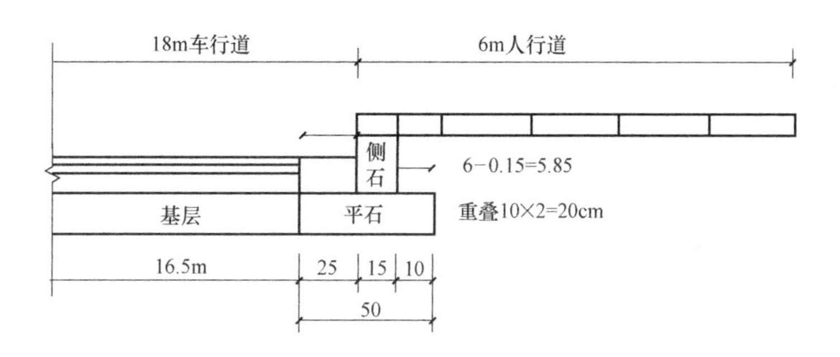

图 4-3 整理路床工程量

【解】

(1) 路床整形

$$[16.5+(0.5+0.25)\times 2]\times 120=2160\text{m}^2$$

(2) 路床人行道整形

$$(6+0.25)\times 2\times 120=1500\text{m}^2$$

【例 4-8】 某道路人行道宽 5m，长 220m，有 30 个树池，每个树池的尺寸为 1.2m×1.2m，如图 4-4 所示，试计算其人行道面积。

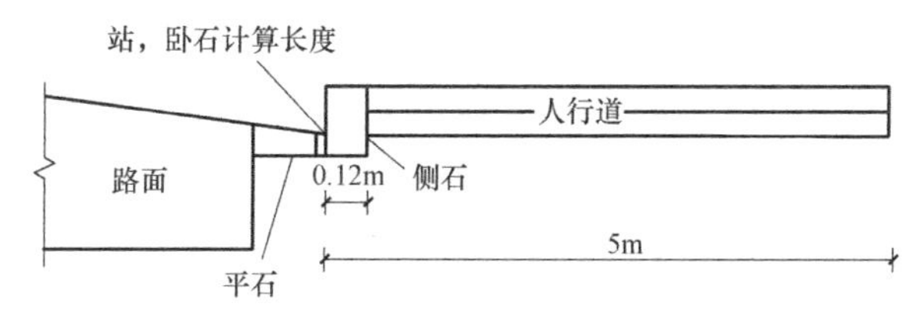

图 4-4 平、侧石人行道示意

【解】

人行道面积为：

$$(5-0.12)\times 220-30\times 1.2\times 1.2=1030.4\text{m}^2$$

4.2.4 桥涵工程定额使用与工程计量

1. 定额使用说明

（1）打桩工程

1）打桩工程定额内容包括打木制桩、打钢筋混凝土桩、打钢管桩、送桩、接桩等项目，共12节107个子目。

2）定额中土质类别均按甲级土考虑。各省、自治区、直辖市可按本地区土质类别调整。

3）打桩工程定额均为打直桩，如打斜桩（包括俯打、仰打）斜率在1∶6以内时，人工乘以1.33，机械乘以1.43。

4）打桩工程定额均考虑在已搭置的支架平台上操作，但不包括支架平台，其支架平台的搭设与拆除应按临时工程有关项目计算。

5）陆上打桩采用履带式柴油打桩机时，不计陆上工作平台费，可计20cm碎石垫层，面积按陆上工作平台面积计算。

6）船上打桩定额按两艘船只拼搭、捆绑考虑。

7）打板桩定额中，均已包括打、拔导向桩内容，不得重复计算。

8）陆上、支架上、船上打桩定额中均未包括运桩。

9）送桩定额按送4m为界，如实际超过4m时，按相应定额乘以下列调整系数。

① 送桩5m以内乘以系数1.2。

② 送桩6m以内乘以系数1.5。

③ 送桩7m以内乘以系数2.0。

④ 送桩7m以上，以调整后7m为基础，每超过1m递增系数0.75。

10）打桩机械的安装、拆除按临时工程有关项目计算。打桩机械场外运输费按机械台班费用定额计算。

（2）钻孔灌注桩工程

1）钻孔灌注桩工程定额包括埋设护筒、人工挖孔、卷扬机带冲抓锥、冲击钻机、回旋钻机四种成孔方式及灌注混凝土等项目共7节104个子目。

2）钻孔灌注桩工程定额适用于桥涵工程钻孔灌注桩基础工程。

3）定额钻孔土质分为8种：

① 砂土：粒径不大于2mm的砂类土，包括淤泥、轻亚黏土。

② 黏土：粉质黏土、黏土、黄土，包括土状风化。

③ 砂砾：粒径2～20mm的角砾、圆砾含量不大于50%，包括礓石黏土及粒状风化。

④ 砾石：粒径2～20mm的角砾、圆砾含量大于50%，有时还包括粒径为20～200mm的碎石、卵石，其含量在50%以内，包括块状风化。

⑤ 卵石：粒径20～200mm的碎石、卵石含量大于10%，有时还包括块石、漂石，其含量在10%以内，包括块状风化。

⑥ 软石：各种松软、胶结不紧、节理较多的岩石及较坚硬的块石土、漂石土。

⑦ 次坚石：硬的各类岩石，包括粒径大于500mm、含量大于10%的较坚硬的块石、漂石。

⑧ 坚石：坚硬的各类岩石，包括粒径大于1000mm、含量大于10%的坚硬的块石、漂石。

4）成孔定额按孔径、深度和土质划分项目，若超过定额使用范围时应另行计算。

5）设钢护筒定额中钢护筒按摊销量计算，若在深水作业时，钢护筒无法拔出时，经建设单位签证后，可按钢护筒实际用量（或参考表 4-8 重量）减去定额数量一次增列计算，但该部分不得计取除税金外的其他费用。

钢护筒摊销量计算参考值 **表 4-8**

桩径/mm	800	1000	1200	1500	2000
每米护筒重量/(kg/m)	155.06	184.87	285.93	345.09	554.6

6）灌注桩混凝土均考虑混凝土水下施工，按机械搅拌，在工作平台上导管倾注混凝土。定额中已包括设备（如导管等）摊销及扩孔增加的混凝土数量，不得另行计算。

7）定额中未包括：钻机场外运输、截除余桩、废泥浆处理及外运，其费用可另行计算。

8）额中不包括在钻孔中遇到障碍必须清除的工作，发生时另行计算。

9）泥浆制作定额按普通泥浆考虑，若需采用膨润土，各省、自治区、直辖市可作相应调整。

（3）砌筑工程

1）砌筑工程定额包括浆砌块石、料石、混凝土预制块和砖砌体等项目，共 5 节 21 个子目。

2）砌筑工程定额适用于砌筑高度在 8m 以内的桥涵砌筑工程，未列的砌筑项目，按第一册“通用项目”相应定额执行。

3）砌筑定额中未包括垫层、拱背和台背的填充项目，如发生上述项目，可套用有关定额。

4）拱圈底模定额中不包括拱盔和支架，可按临时工程相应定额执行。

5）定额中调制砂浆，均按砂浆拌合机拌合，如采用人工拌制时，定额不予调整。

（4）钢筋工程

1）钢筋工程定额包括桥涵工程各种钢筋、高强度钢丝、钢绞线、预埋铁件的制作安装等项目，共 4 节 27 个子目。

2）定额中钢筋按 ϕ10 以下及 ϕ10 以上两种分列，ϕ10 以下采用 HPB300 钢，ϕ10 以上采用 16 锰钢，钢板均按 HPB300 钢计列，预应力筋采用 HRB500 级钢、钢绞线和高强度钢丝。因设计要求采用钢材与定额不符时，可予调整。

3）因束道长度不等，故定额中未列锚具数量，但已包括锚具安装的人工费。

4）先张法预应力筋制作、安装定额，未包括张拉台座，该部分可由各省、自治区、直辖市视具体情况另行规定。

5）压浆管道定额中的铁皮管、波纹管均已包括套管及三通管安装费用，但未包括三通管费用，可另行计算。

6）定额中钢绞线按 ϕ5.24、束长在 40m 以内考虑，如规格不同或束长超过 40m 时，应另行计算。

（5）现浇混凝土工程

1）现浇混凝土工程定额包括基础、墩、台、柱、梁、桥面、接缝等项目共 14 节 76 个子目。

2）现浇混凝土工程定额适用于桥涵工程现浇各种混凝土构筑物。

3）现浇混凝土工程定额中嵌石混凝土的块石含量如与设计不同时，可以换算，但人工及机械不得调整。

4）钢筋工程中定额中均未包括预埋铁件，如设计要求预埋铁件时，可按设计用量套用有关项目。

5）承台分有底模和无底模两种，应按不同的施工方法套用定额相应项目。

6）定额中混凝土按常用强度等级列出，如设计要求不同时可以换算。

7）定额中模板以木模、工具式钢模为主（除防撞护栏采用定型钢模外）。若采用其他类型模板时，允许各省、自治区、直辖市进行调整。

8）现浇梁、板等模板定额中均已包括铺筑底模内容，但未包括支架部分。如发生时可套用临时工程有关项目。

（6）预制混凝土工程

1）预制混凝土工程定额包括预制桩、柱、板、梁及小型构件等项目共 8 节 44 个子目。

2）预制混凝土工程定额适用于桥涵工程现场制作的预制构件。

3）预制混凝土工程定额中均未包括预埋铁件，如设计要求预埋铁件时，可按设计用量套用钢筋工程中有关项目。

4）定额不包括地模、胎模费用，需要时可按临时工程中有关定额计算。胎、地模的占用面积可由各省、自治区、直辖市另行规定。

（7）立交箱涵工程

1）立交箱涵工程定额包括箱涵制作、顶进、箱涵内挖土等项目共 7 节 36 个子目。

2）立交箱涵工程定额适用于穿越城市道路及铁路的立交箱涵顶进工程及现浇箱涵工程。

3）定额顶进土质按Ⅰ、Ⅱ类土考虑，若实际土质与定额不同时，可由各省、自治区、直辖市进行调整。

4）定额中未包括箱涵顶进的后靠背设施等，其发生费用另行计算。

5）定额中未包括深基坑开挖、支撑及井点降水的工作内容，可套用有关定额计算。

6）立交桥引道的结构及路面铺筑工程，根据施工方法套用有关定额计算。

（8）安装工程

1）安装工程定额包括安装排架立柱、墩台管节、板、梁、小型构件、栏杆扶手、支座、伸缩缝等项目共 13 节 90 个子目。

2）安装工程定额适用于桥涵工程混凝土构件的安装等项目。

3）小型构件安装已包括 150m 场内运输，其他构件均未包括场内运输。

4）安装预制构件定额中，均未包括脚手架，如需要用脚手架时，可套用“通用项目”相应定额项目。

5）安装预制构件，应根据施工现场具体情况，采用合理的施工方法，套用相应定额。

6）除安装梁分陆上、水上安装外，其他构件安装均未考虑船上吊装，发生时可增计船只费用。

（9）临时工程

1）临时工程定额内容包括桩基础支架平台、木垛、支架的搭拆，打桩机械、船排、万能杆件的组拆，挂篮的安拆和推移，胎地模的筑拆及桩顶混凝土凿除等项目，共10节40个子目。

2）临时工程定额支架平台适用于陆上、支架上打桩及钻孔灌注桩。支架平台分陆上平台与水上平台两类，其划分范围由各省、自治区、直辖市根据当地的地形条件和特点确定。

3）桥涵拱盔、支架均不包括底模及地基加固在内。

4）组装、拆卸船排定额中未包括压舱费用。压舱材料取定为大石块，并按船排总吨位的30%计取（包括装、卸在内150m的二次运输费）。

5）打桩机械锤重的选择见表4-9。

打桩机械锤重的选择 **表4-9**

桩类别	桩长度/m	桩截面积 S/m^2 或管径 ϕ/mm	柴油桩机锤重/kg
钢筋混凝土方桩及板桩	$L\leqslant8.00$	$S\leqslant0.05$	600
	$L\leqslant8.00$	$0.05<S\leqslant0.105$	1200
	$8.00<L\leqslant16.00$	$0.105<S\leqslant0.125$	1800
	$16.00<L\leqslant24.00$	$0.125<S\leqslant0.160$	2500
	$24.00<L\leqslant28.00$	$0.160<S\leqslant0.225$	4000
	$28.00<L\leqslant32.00$	$0.225<S\leqslant0.250$	5000
	$32.00<L\leqslant40.00$	$0.250<S\leqslant0.300$	7000
钢筋混凝土管桩	$L\leqslant25.00$	$\phi400$	2500
	$L\leqslant25.00$	$\phi550$	4000
	$L\leqslant25.00$	$\phi600$	5000
	$L\leqslant50.00$	$\phi600$	7000
	$L\leqslant25.00$	$\phi800$	5000
	$L\leqslant50.00$	$\phi800$	7000
	$L\leqslant25.00$	$\phi1000$	7000
	$L\leqslant50.00$	$\phi1000$	8000

注：钻孔灌注桩工作平台按孔径 $\phi\leqslant1000$mm，套用锤重1800kg打桩工作平台；$\varphi>1000$mm，套用锤重2500kg打桩工作平台。

6）搭、拆水上工作平台定额中，已综合考虑了组装、拆卸船排及组装、拆卸打拔桩架工作内容，不得重复计算。

（10）装饰工程

1）装饰工程定额包括砂浆抹面、水刷石、剁斧石、拉毛、水磨石、镶贴面层、涂料、油漆等项目，共8节46个子目。

2）装饰工程定额适用于桥、涵构筑物的装饰项目。

3）镶贴面层定额中，贴面材料与定额不同时，可以调整换算，但人工与机械台班消耗量不变。

4）水质涂料不分面层类别，均按本定额计算，由于涂料种类繁多，如采用其他涂料时，可以调整换算。

5）水泥白石子浆抹灰定额，均未包括颜料费用，如设计需要颜料调制时，应增加颜料费用。

6）油漆定额按手工操作计取，如采用喷漆时应另行计算。定额中油漆种类与实际不同时，可以调整换算。

7）定额中均未包括施工脚手架，发生时可按“通用项目”相应定额执行。

2. 工程计量规则

（1）打桩工程

1）打桩。

① 钢筋混凝土方桩、板桩按桩长度（包括桩尖长度）乘以桩横断面面积计算。

② 钢筋混凝土管桩按桩长度（包括桩尖长度）乘以桩横断面面积，减去空心部分体积计算。

③ 钢管桩按成品桩考虑，以吨计算。

2）焊接桩型钢用量可按实调整。

3）送桩。

① 陆上打桩时，以原地面平均标高增加1m为界线，界线以下至设计桩顶标高之间的打桩实体积为送桩工程量。

② 支架上打桩时，以当地施工期间的最高潮水位增加0.5m为界线，界线以下至设计桩顶标高之间的打桩实体积为送桩工程量。

③ 船上打桩时，以当地施工期间的平均水位增加1m为界线，界线以下至设计桩顶标高之间的打桩实体积为送桩工程量。

（2）钻孔灌注桩工程

1）灌注桩成孔工程量按设计入土深度计算。定额中的孔深指护筒顶至桩底的深度。成孔定额中同一孔内的不同土质，不论其所在的深度如何，均执行总孔深定额。

2）人工挖桩孔土方工程量按护壁外缘包围的面积乘以深度计算。

3）灌注桩水下混凝土工程量按设计桩长增加1.0m乘以设计横断面面积计算。

4）灌注桩工作平台按照临时工程有关项目计算。

5）钻孔灌注桩钢筋笼按设计图纸计算，套用钢筋工程有关项目。

6）钻孔灌注桩需使用预埋铁件时，套用钢筋工程有关项目。

（3）砌筑工程

1）砌筑工程量按设计砌体尺寸以立方米体积计算，嵌入砌体中的钢管、沉降缝、伸缩缝以及单孔面积0.3m^3以内的预留孔所占体积不予扣除。

2）拱圈底模工程量按模板接触砌体的面积计算。

（4）钢筋工程

1）钢筋按设计数量套用相应定额计算（损耗已包括在定额中）。设计未包括施工用筋，经建设单位同意后可另计。

2）T形梁连接钢板项目按设计图纸，以吨为单位计算。

3）锚具工程量按设计用量乘以下列系数计算：锥形锚为1.05；OVM锚为1.05；墩头锚为1.00。

4）管道压浆不扣除钢筋体积。

（5）现浇混凝土工程

1）混凝土工程量按设计尺寸以实际体积计算（不包括空心板、梁的空心体积），不扣除钢筋、铁丝、铁件、预留压浆孔道和螺栓所占的体积。

2）模板工程量按模板接触混凝土的面积计算。

3）现浇混凝土墙、板上单孔面积在 0.3m^2 以内的孔洞体积不予扣除，洞侧壁模板面积亦不再计算；单孔面积在 0.3m^2 以上时，应予扣除，洞侧壁模板面积并入墙、板模板工程量内计算。

（6）预制混凝土工程

1）混凝土工程量计算

① 预制桩工程量按桩长度（包括桩尖长度）乘以桩横断面面积计算。

② 预制空心构件按设计图尺寸扣除空心体积，以实体积计算。空心板梁的堵头板体积不计入工程量内，其消耗量已在定额中考虑。

③ 预制空心板梁，凡采用橡胶囊做内模的，考虑其压缩变形因素，可增加混凝土数量。当梁长在 16m 以内时，可按设计计算体积增加 7%；若梁长大于 16m 时，则增加 9% 计算。如设计图已注明考虑橡胶囊变形时，不得再增加计算。

④ 预应力混凝土构件的封锚混凝土数量并入构件混凝土工程量计算。

2）模板工程量计算

① 预制构件中预应力混凝土构件及 T 形梁、I 形梁、双曲拱、桁架拱等构件均按模板接触混凝土的面积（包括侧模、底模）计算。

② 灯柱、端柱、栏杆等小型构件按平面投影面积计算。

③ 预制构件中非预应力构件按模板接触混凝土的面积计算，不包括胎、地模。

④ 空心板梁中空心部分，桥涵工程定额均采用橡胶囊抽拔，其摊销量已包括在定额中，不再计算空心部分模板工程量。

⑤ 空心板中空心部分，可按模板接触混凝土的面积计算工程量。

3）预制构件中的钢筋混凝土桩、梁及小型构件，可按混凝土定额基价的 2% 计算其运输、堆放、安装损耗，但该部分不计材料用量。

（7）立交箱涵工程

1）箱涵滑板下的肋楞，其工程量并入滑板内计算。

2）箱涵混凝土工程量，不扣除单孔面积 0.3m^2 以下的预留孔洞体积。

3）顶柱、中继间护套及挖土支架均属专用周转性金属构件，定额中已按摊销量计列，不得重复计算。

4）箱涵顶进定额分空项、无中继间实土顶和有中继间实土顶三类，其工程量计算如下：

① 空顶工程量按空顶的单节箱涵重量乘以箱涵位移距离计算。

② 实土顶工程量按被顶箱涵的重量乘以箱涵位移距离分段累计计算。

5）垫只考虑在预制箱涵底板上使用，按箱涵底面积计算。气垫的使用天数由施工组织设计确定，但采用气垫后在套用顶进定额时应乘以系数 0.7。

（8）安装工程

1）定额安装预制构件以 m^3 为计量单位的，均按构件混凝土实体积（不包括空心部分）计算。

2）驳船不包括进出场费，其吨位单价由各省、自治区、直辖市确定。

（9）临时工程

1）搭拆打桩工作平台面积计算。

① 桥梁打桩：

$$F=N_1F_1+N_2F_2 \tag{4-56}$$

每座桥台（桥墩）：

$$F_1=(5.5+A+2.5)\times(6.5+D) \tag{4-57}$$

每条通道：

$$F_2=6.5\times[L-(6.5+D)] \tag{4-58}$$

② 钻孔灌注桩：

$$F=N_1F_1+N_2F_2 \tag{4-59}$$

每座桥台（桥墩）：

$$F_1=(A+6.5)\times(6.5+D) \tag{4-60}$$

每条通道：

$$F_2=6.5\times[L-(6.5+D)] \tag{4-61}$$

式中 F——工作平台总面积，m^2；

F_1——每座桥台（桥墩）工作平台面积，m^2；

F_2——桥台至桥墩间或桥墩至桥墩间通道工作平台面积，m^2；

N_1——桥台和桥墩总数量；

N_2——通道总数量；

D——两排桩之间距离，m；

L——桥梁跨径或护岸的第一根桩中心至最后一根桩中心之间的距离，m；

A——桥台（桥墩）每排桩的第一根桩中心至最后一根桩中心之间的距离，m。

2）凡台与墩或墩与墩之间不能连续施工时（如不能断航、断交通或拆迁工作不能配合），每个墩、台可计一次组装、拆卸柴油打桩架及设备运输费。

3）桥涵拱盔、支架空间体积计算。

① 桥涵拱盔体积按起拱线以上弓形侧面积乘以（桥宽+2m）计算。

② 桥涵支架体积为结构底至原地面（水上支架为水上支架平台顶面）平均标高乘以纵向距离再乘以（桥宽+2m）计算。

（10）装饰工程。除金属面油漆以吨计算外，其余项目均按装饰面积计算。

【例 4-9】 某桥梁工程采用混凝土空心管桩，如图 4-5 所示，试计算用打桩打混凝土管桩的工程量。

【解】

（1）管柱体积

$$V_1=\frac{\pi\times0.4^2}{4}\times(25+0.5)=3.2m^3$$

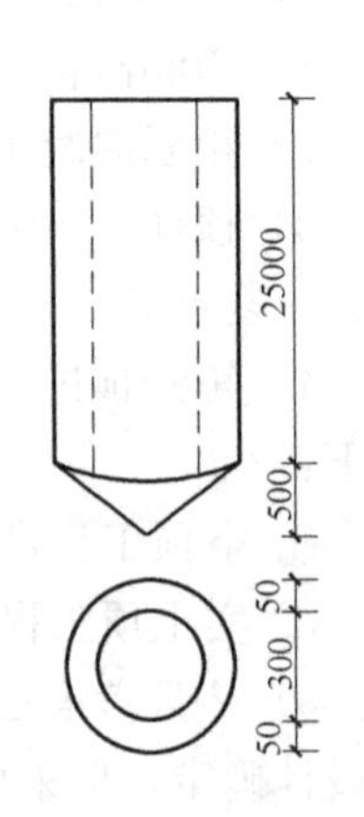

图 4-5 钢管桩

（2）空心部分体积

$$V_2=\frac{\pi\times0.3^2}{4}\times25=1.77\text{m}^3$$

（3）空心管桩总体积

$$V=V_1-V_2=3.2-1.77=1.43\text{m}^3$$

【例 4-10】 如图 4-7 所示，某桥台基础共有 30 根 C30 预制钢筋混凝土方桩，设计桩长 18m（包括桩尖），桩顶标高－0.30m，自然地面标高 0.5m，采用陆上打桩、送桩、焊接接桩，试计算打桩、送桩、接桩的工程量。

【解】

（1）打桩工程量

桩的横断面面积＝0.5×0.5＝0.25m²

打桩工程量＝0.25×18×30＝135m³

（2）送桩工程量

以原地面平均标高增加 1m 为界线，界限至桩顶间的深度为：

$$1+0.5+0.3=1.8\text{m}$$

则送桩工程量＝0.25×1.8×30＝13.5m³

（3）接桩工程量

根据题意，该 18m 长的钢筋混凝土方桩由一根 10m 和一根 8m 长的钢筋混凝土方桩焊接而成，每个桩需有一次接桩过程，故接桩工程量为 30 个。

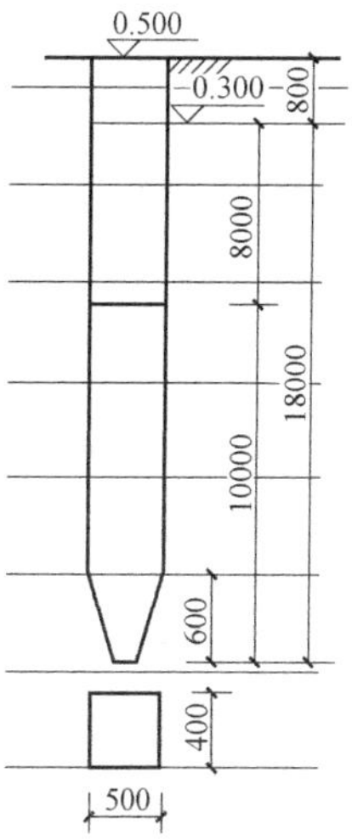

图 4-6 钢筋混凝土方桩示意
（单位：除标高以 m 计外，
其余均以 mm 计）

【例 4-11】 某桥采用 42 根挖孔灌注桩，挖孔灌注桩采用砖护壁，C25 混凝土桩芯，设计桩深 27m，如图 4-6 所示。试计算桩的总土方工程量和总砖护壁的工程量。

【解】

（1）总土方工程量

$$V=\frac{\pi\times0.82^2}{4}\times27\times42=598.56\text{m}^3$$

（2）C25 混凝土桩芯体积

$$V_1=\left\{\left[\frac{\pi\times5\times(0.31^2+0.35^2+0.31\times0.35)}{3}\right]\times4+\frac{\pi\times7\times(0.31^2+0.35^2+0.31\times0.35)}{3}\right\}\times42=388.08\text{m}^3$$

（3）砖护壁的总工程量

$$598.56-388.08=210.48\text{m}^3$$

【例 4-12】 已知某桥梁总长 60m，总宽 26m，采用的预制混凝土箱梁结构如图 4-7 所示，每根箱梁长 15m，两箱梁间用水泥砂浆勾缝，缝宽 0.25m，试计算箱梁混凝土工程量和模板工程量。

【解】

（1）箱梁根数的确定

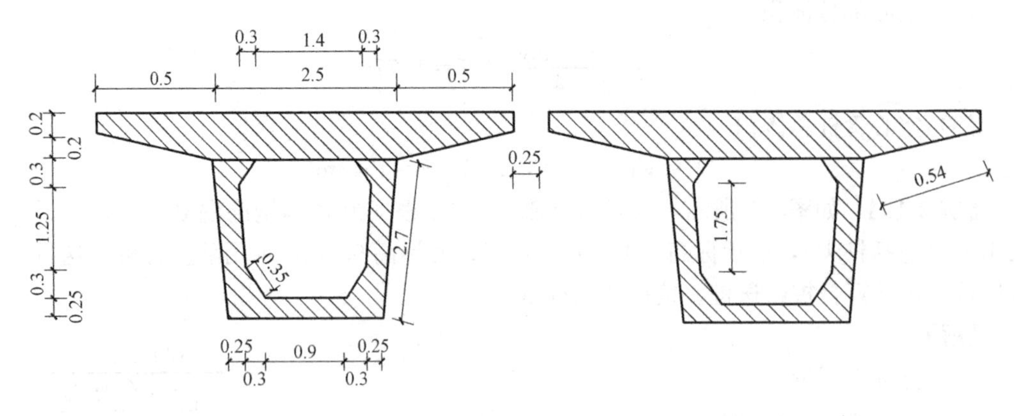

图 4-7 箱梁结构示意图（单位：m）

长度方向：$\frac{60}{15}=4$ 根。宽度方向：设有 x 根。则：

$$(2.5+2\times0.5)\times x+0.25\times(x-1)=26$$

解得 $x=7$，所以共有 $4\times7=28$ 根箱梁。

（2）箱梁混凝土工程量

$$\left[\frac{(2.5+3.5)\times0.4}{2}+\frac{(2.5+2.0)\times2.1}{2}-\frac{(1.5+2.0)\times1.85}{2}+4\times\frac{1}{2}\times0.3\times0.3\right]\times15\times28=1204.35\text{m}^3$$

（3）箱梁模板工程量

$$(3.5+2+2.7\times2+0.54\times2+0.2\times2+0.9+1.4+0.35\times4+1.75\times2)\times15\times28=8223.6\text{m}^2$$

4.2.5 隧道工程定额使用与工程计量

1. 定额使用说明

（1）隧道开挖与出渣

1）隧道开挖与出渣工程定额的岩石分类，见表 4-10。

岩石分类 **表 4-10**

定额岩石类别	岩石按 16 级分类	岩石按紧固系数(f)分类
次坚石	Ⅵ～Ⅷ	f=4～8
普坚石	Ⅸ～Ⅹ	f=8～12
特坚石	Ⅺ～Ⅻ	f=12～18

2）平硐全断面开挖 4m^{2}以内和斜井、竖井全断面开挖 5m^{2}以内的最小断面不得小于 2m^2；如果实际施工中，断面小于 2m^{2}和平硐全断面开挖的断面大于 100m^2，斜井全断面开挖的断面大于 20m^2，竖井全断面开挖断面大于 25m^{2}时，各省、自治区、直辖市可另编补充定额。

3）平硐全断面开挖的坡度在 5°以内；斜井全断面开挖的坡度在 15°～30°范围内。平硐开挖与出渣定额，适用于独头开挖和出渣长度在 500m 内的隧道。斜井和竖井开挖与出渣定额，适用于长度在 50m 内的隧道。硐内地沟开挖定额，只适用于硐内独立开挖的地沟，非独立开挖地沟不得执行本定额。

4）开挖定额均按光面爆破制定，如采用一般爆破开挖时，其开挖定额应乘以系数0.935。

5）平硐各断面开挖的施工方法，斜井的上行和下行开挖，竖井的正井和反井开挖，均已综合考虑，施工方法不同时不得换算。

6）爆破材料仓库的选址由公安部门确定，2km内爆破材料的领退运输用工已包括在定额内；超过2km时，其运输费用另行计算。

7）出渣定额中，岩石类别已综合取定，石质不同时不予调整。

8）平硐出渣"人力、机械装渣，轻轨斗车运输"子目中，重车上坡，坡度在2.5%以内的工效降低因素已综合在定额内，实际在2.5%以内的不同坡度，定额不得换算。

9）斜井出渣定额，是按向上出渣制定的；若采用向下出渣时，可执行本定额；若从斜井底通过平硐出渣时，其平硐段的运输应执行相应的平硐出渣定额。

10）斜井和竖井出渣定额，均包括硐口外50m内的人工推斗车运输；若出硐口后运距超过50m，运输方式也与本运输方式相同时，超过部分可执行平硐出渣、轻轨斗车运输，每增加50m运距的定额；若出硐后改变了运输方式，应执行相应的运输定额。

11）定额是按无地下水制定的（不含施工湿式作业积水），如果施工出现地下水时，积水的排水费和施工的防水措施费，另行计算。

12）隧道施工中出现塌方和溶洞时，由于塌方和溶洞造成的损失（含停工、窝工）及处理塌方和溶洞发生的费用，另行计算。

13）隧道工程硐口的明槽开挖执行"通用项目"土石方工程的相应开挖定额。

14）各开挖子目，是按电力起爆编制的。若采用火雷管导火索起爆时，可按如下规定换算：电雷管换为火雷管，数量不变，将子目中的两种胶质线扣除，换为导火索，导火索的长度按每个雷管2.12m计算。

（2）临时工程

1）临时工程定额适用于隧道硐内施工所用的通风、供水、压风、照明、动力管线以及轻便轨道线路的临时性工程。

2）定额按年摊销量计算，一年内不足一年按一年计算；超过一年按每增一季定额增加；不足一季（3个月）按一季计算（不分月）。

（3）隧道内衬

1）现浇混凝土及钢筋混凝土边墙，拱部均考虑了施工操作平台。竖井采用的脚手架，已综合考虑在定额内，不另计算。喷射混凝土定额中未考虑喷射操作平台费用，如施工中需搭设操作平台时，执行喷射平台定额。

2）混凝土及钢筋混凝土边墙、拱部衬砌，已综合了先拱后墙、先墙后拱的衬砌比例，因素不同时不另计算。墙如为弧形时，其弧形段每$10m^3$衬砌体积按相应定额增加人工1.3工日。

3）定额中的模板是以钢拱架、钢模板计算的，如实际施工的拱架及模板不同时，可按各地区规定执行。

4）定额中的钢筋是以机制手绑、机制电焊综合考虑的（包括钢筋除锈），实际施工不同时不做调整。

5）料石砌拱部，不分拱跨大小和拱体厚度均执行本定额。

6）隧道内衬施工中，凡处理地震、涌水、流砂、坍塌等特殊情况所采取的必要措施，必须做好签证和隐蔽验收手续，所增加的人工、材料、机械等费用，另行计算。

7）定额中，采用混凝土输送泵浇筑混凝土或商品混凝土时，按各地区的规定执行。

（4）隧道沉井

1）隧道沉井预算定额包括沉井制作、沉井下沉、封底、钢封门安拆等共 13 节 45 个子目。

2）隧道沉井预算定额适用于软土隧道工程中采用沉井方法施工的盾构工作井及暗埋段连续沉井。

3）沉井定额按矩形和圆形综合取定，无论采用何种形状的沉井，定额不做调整。

4）定额中列有几种沉井下沉方法，套用何种沉井下沉定额由批准的施工组织设计确定。挖土下沉不包括土方外运费，水力出土不包括砌筑集水坑及排泥水处理。

5）水力机械出土下沉及钻吸法吸泥下沉等子目均包括井内、外管路及附属设备的费用。

（5）盾构法掘进

1）盾构法掘进定额包括盾构掘进、衬砌拼装、压浆、管片制作、防水涂料、柔性接缝环、施工管线路拆除以及负环管片拆除等，共 33 节 139 个子目。

2）盾构法掘进定额适用于采用国产盾构掘进机，在地面沉降达到中等程度（盾构在砖砌建筑物下穿越时允许发生结构裂缝）的软土地区隧道施工。

3）盾构及车架安装是指现场吊装及试运行，适用于 ϕ7000 以内的隧道施工，拆除是指拆卸装车。ϕ7000 以上盾构及车架安拆按实计算。盾构及车架场外运输费按实另计。

4）盾构掘进机选型，应根据地质报告、隧道复土层厚度、地表沉降量要求及掘进机技术性能等条件，由批准的施工组织设计确定。

5）盾构掘进在穿越不同区域土层时，根据地质报告确定的盾构正掘面含砂性土的比例，按表 4-11 的系数调整该区域的人工、机械费（不含盾构的折旧及大修理费）。

盾构掘进在穿越不同区域土层时　　表 4-11

盾构正掘面土质	隧道横截面含砂性土比例	调整系数
一般软黏土	≤25%	1.0
黏土夹层砂	25%～50%	1.2
砂性土(干式出土盾构掘进)	＞50%	1.5
砂性土(水力出土盾构掘进)	＞50%	1.3

6）盾构掘进在穿越密集建筑群、古文物建筑或堤防、重要管线时，对地表升降有特殊要求者，按表 4-12 的系数调整该区域的掘进人工、机械费（不含盾构的折旧及大修理费）。

盾构掘进在穿越对地表升降有特殊要求时　　表 4-12

盾构直径/mm	允许地表升降量/mm			
	±250	±200	±150	±100
$\phi \geqslant 7000$	1.0	1.1	1.2	—
$\phi < 7000$	—	—	1.0	1.2

注：1. 允许地表升降量是指复土层厚度大于 1 倍盾构直径处的轴线上方地表升降量。

2. 如第 5）、6）条所列两种情况同时发生时，调整系数相加减 1 计算。

7）采用干式出土掘进，其土方以吊出井口装车止。采用水力出土掘进，其排放的泥浆水以送至沉淀池止，水力出土所需的地面部分取水、排水的土建及土方外运费用另计。水力出土掘进用水按取用自然水源考虑，不计水费，若采用其他水源需计算水费时可另计。

8）盾构掘进定额中已综合考虑了管片的宽度和成环块数等因素，执行定额时不得调整。

9）盾构掘进定额中含贯通测量费用，不包括设置平面控制网、高程控制网、过江水准及方向、高程传递等测量，如发生时费用另计。

10）预制混凝土管片采用高精度钢模和高强度等级混凝土，定额中已含钢模摊销费，管片预制场地费另计，管片场外运输费另计。

（6）垂直顶升

1）垂直顶升预算定额包括顶升管节、复合管片制作、垂直顶升设备安拆、管节垂直顶升、阴极保护安装及滩地揭顶盖等，共 6 节 21 个子目。

2）垂直顶升预算定额适用于管节外壁断面小于 $4m^2$、每座顶升高度小于 10m 的不出土垂直顶升。

3）预制管节制作混凝土已包括内模摊销费及管节制成后的外壁涂料。管节中的钢筋已归入顶升钢壳制作的子目中。

4）阴极保护安装不包括恒电位仪、阳极、参比电极的原值。

5）滩地揭顶盖只适用于滩地水深不超过 0.5m 的区域，本定额未包括进出水口的围护工程，发生时可套用相应定额计算。

（7）地下连续墙

1）地下连续墙预算定额包括导墙、挖土成槽、钢筋笼制作吊装、锁口管吊拔、浇捣连续墙混凝土、大型支撑基坑土方及大型支撑安装、拆除等，共 7 节 29 个子目。

2）地下连续墙预算定额适用于在黏土、砂土及冲填土等软土层地下连续墙工程，以及采用大型支撑围护的基坑土方工程。

3）地下连续墙成槽的护壁泥浆采用相对密度为 1.055 的普通泥浆。若需取用重晶石泥浆，可按不同相对密度泥浆的单价调整。护壁泥浆使用后的废浆处理另行计算。

4）钢筋笼制作包括台模摊销费，定额中预埋件用量与实际用量有差异时允许调整。

5）大型支撑基坑开挖定额适用于地下连续墙、混凝土板桩、钢板桩等作围护的跨度大于 8m 的深基坑开挖。定额中已包括湿土排水，若需采用井点降水或支撑安拆需打拔中心稳定桩等，其费用另行计算。

6）大型支撑基坑开挖由于场地狭小只能单面施工时，挖土机械按表 4-13 调整。

挖土机械单面施工　　　　表 4-13

宽度	两边停机施工	单边停机施工
基坑宽 15m 内	15t	25t
基坑宽 15m 外	15t	40t

（8）地下混凝土结构

1）地下混凝土结构预算定额包括护坡、地梁、底板、墙、柱、梁、平台、顶板、楼梯、电缆沟、侧石、弓形底板、支承墙、内衬侧墙及顶内衬、行车道槽形板以及隧道内车道等地下混凝土结构，共11节58个子目。

2）地下混凝土结构预算定额适用于地下铁道车站、隧道暗埋段、引道段沉井内部结构、隧道内路面及现浇内衬混凝土工程。

3）定额中混凝土浇捣未含脚手架费用。

4）圆形隧道路面以大型槽形板作底模，如采用其他形式时定额允许调整。

5）隧道内衬施工未包括各种滑模、台车及操作平台费用，可另行计算。

（9）地基加固、监测

1）地基加固、监测定额分为地基加固和监测两部分，共7节59个子目。地基加固包括分层注浆、压密注浆、双重管和三重管高压旋喷；监测包括地表和地下监测孔布置、监控测试等。

2）地基加固、监测定额按软土地层建筑地下构筑物时采用的地基加固方法和监测手段编制。地基加固是控制地表沉降、提高土体承载力、降低土体渗透系数的一个手段，适用于深基坑底部稳定、隧道暗挖法施工和其他建筑物基础加固等。监测是地下构筑物建造时，反映施工对周围建筑群影响程度的测试手段。定额适用于建设单位确认需要监测的工程项目，包括监测点布置和监测两部分。监测单位需及时向建设单位提供可靠的测试数据，工程结束后监测数据立案成册。

3）分层注浆加固的扩散半径为0.8m，压密注浆加固半径为0.75m，双重管、三重管高压旋喷的固结半径分别为0.4m、0.6m。浆体材料（水泥、粉煤灰、外加剂等）用量按设计含量计算，若设计未提供含量要求时，按批准的施工组织设计计算。检测手段只提供注浆前后N值的变化。

4）定额不包括泥浆处理和微型桩的钢筋费用，为配合土体快速排水需打砂井的费用另计。

（10）金属构件制作

1）金属构件制作定额包括顶升管片钢壳、钢管片、顶升止水框、连系梁、车架、走道板、钢跑板、盾构基座、钢围檩、钢闸墙、钢轨枕、钢支架、钢扶梯、钢栏杆、钢支撑、钢封门等金属构件的制作，共8节26个子目。

2）金属构件制作定额适用于软土层隧道施工中的钢管片、复合管片钢壳及盾构工作井布置、隧道内施工用的金属支架、安全通道、钢闸墙、垂直顶升的金属构件以及隧道明挖法施工中大型支撑等加工制作。

3）金属构件制作预算价格仅适用于施工单位加工制作，需外加工者则按实结算。

4）金属构件制作定额钢支撑按ϕ600考虑，采用12mm钢板卷管焊接而成，若采用成品钢管时，定额不做调整。

5）钢管片制作已包括台座摊销费，侧面环板燕尾槽加工不包括在内。

6）复合管片钢壳包括台模摊销费，钢筋在复合管片混凝土浇捣子目内。

7）垂直顶升管节钢骨架已包括法兰、钢筋和靠模摊销费。

8）构件制作均按焊接计算，不包括安装螺栓在内。

2. 工程计量规则

（1）隧道开挖与出渣

1）隧道的平硐、斜井和竖井开挖与出渣工程量，按设计图开挖断面尺寸，另加允许超挖量以 m^3 计算。本定额光面爆破允许超挖量：拱部为 15cm，边墙为 10cm。若采用一般爆破，其允许超挖量：拱部为 20cm，边墙为 15cm。

2）隧道内地沟的开挖和出渣工程量，按设计断面尺寸，以 m^3 计算，不得另行计算允许超挖量。

3）平硐出渣的运距，按装渣重心至卸渣重心的直线距离计算。若平硐的轴线为曲线时，硐内段的运距按相应的轴线长度计算。

4）斜井出渣的运距，按装渣重心至斜井口摘钩点的斜距离计算。

5）竖井的提升运距，按装渣重心至井口吊斗摘钩点的垂直距离计算。

（2）临时工程

1）粘胶布通风筒及铁风筒按每一硐口施工长度减 30m 计算。

2）风、水钢管按硐长加 100m 计算。

3）照明线路按硐长计算，如施工组织设计规定需要安双排照明时，应按实际双线部分增加。

4）动力线路按硐长加 50m 计算。

5）轻便轨道以施工组织设计所布置的起、止点为准，定额为单线，如实际为双线应加倍计算，对所设置的道岔，每处按相应轨道折合 30m 计算。

6）硐长＝主硐＋支硐（均以硐口断面为起止点，不含明槽）。

（3）隧道内衬

1）隧道内衬现浇混凝土和石料衬砌的工程量，按施工图所示尺寸加允许超挖量（拱部为 15cm，边墙为 10cm）以 m^3 计算，混凝土部分不扣除 $0.3m^3$ 以内孔洞所占体积。

2）隧道衬砌边墙与拱部连接时，以拱部起拱点的连线为分界线，以下为边墙，以上为拱部。边墙底部的扩大部分工程量（含附壁水沟），应并入相应厚度边墙体积内计算。拱部两端支座，先拱后墙的扩大部分工程量，应并入拱部体积内计算。

3）喷射混凝土数量及厚度按设计图计算，不另增加超挖、填平补齐的数量。

4）喷射混凝土定额配合比，按各地区规定的配合比执行。

5）混凝土初喷 5cm 为基本层，每增 5cm 按增加定额计算，不足 5cm 按 5cm 计算。若做临时支护，可按一个基本层计算。

6）喷射混凝土定额已包括混合料 200m 运输，超过 200m 时，材料运费另计。运输吨位按初喷 5cm 拱部 $26t/100m^2$，边墙 $23t/100m^2$；每增厚 5cm 拱部 $16t/100m^2$，边墙 $14t/100m^2$。

7）锚杆按 $\phi22$ 计算，若实际不同时，定额人工、机械应按表 4-14 中所列系数调整，锚杆按净重计算不加损耗。

人工机械系数调整　　　　**表 4-14**

锚杆直径	$\phi28$	$\phi25$	$\phi22$	$\phi20$	$\phi18$	$\phi26$
调整系数	0.62	0.78	1	1.21	1.49	1.89

8）钢筋工程量按图示尺寸以吨计算。现浇混凝土中固定钢筋位置的支撑钢筋、双层钢筋用的架立筋（铁马），伸出构件的锚固钢筋均按钢筋计算，并入钢筋工程量内。钢筋

的搭接用量：设计图纸已注明的钢筋接头，按图纸规定计算；设计图纸未注明的通长钢筋接头，ϕ25 以内的，每 8m 计算 1 个接头；ϕ25 以上的，每 6m 计算 1 个接头，搭接长度按《房屋建筑与装饰工程工程量清单计算规范》GB 50854—2013 计算。

9）模板工程量按模板与混凝土的接触面积以 m^2 计算。

（4）隧道沉井

1）沉井工程的井点布置及工程量，按批准的施工组织设计计算，执行“通用项目”相应定额。

2）基坑开挖的底部尺寸，按沉井外壁每侧加宽 2.0m 计算，执行“通用项目”中的基坑挖土定额。

3）沉井基坑砂垫层及刃脚基础垫层工程量按批准的施工组织设计计算。

4）刃脚的计算高度，从刃脚踏面至井壁外凸口计算，如沉井井壁没有外凸口时，则从刃脚踏面至底板顶面为准。底板下的地梁并入底板计算。框架梁的工程量包括切入井壁部分的体积。井壁、隔墙或底板混凝土中，不扣除单孔面积 0.3m^3 以内的孔洞所占体积。

5）沉井制作的脚手架安、拆，不论分几次下沉，其工程量均按井壁中心线周长与隔墙长度之和乘以井高计算。

6）沉井下沉的土方工程量，按沉井外壁所围的面积乘以下沉深度（预制时刃脚底面至下沉后设计刃脚底面的高度），并分别乘以土方回淤系数计算。回淤系数：排水下沉深度大于 10m 为 1.05；不排水下沉深度大于 15m 为 1.02。

7）沉井触变泥浆的工程量，按刃脚外凸口的水平面积乘以高度计算。

8）沉井砂石料填心、混凝土封底的工程量；按设计图纸或批准的施工组织设计计算。

9）钢封门安、拆工程量，按施工图用量计算。钢封门制作费另计，拆除后应回收 70％的主材原值。

（5）盾构法掘进

1）按掘进过程中的施工阶段划分。

① 负环段掘进：从拼装后靠管片起至盾尾离开出洞井内壁止。

② 出洞段掘进：从盾尾离开出洞井内壁至盾尾离开出洞井内壁 40m 止。

③ 正常段掘进：从出洞段掘进结束至进洞段掘进开始的全段掘进。

④ 进洞段掘进：按盾构切口距进洞进外壁 5 倍盾构直径的长度计算。

2）掘进定额中盾构机按摊销考虑，若遇下列情况时，可将定额中盾构掘进机台班内的折旧费和大修理费扣除，保留其他费用作为盾构使用费台班进入定额，盾构掘进机费用按不同情况另行计算。

① 顶端封闭采用垂直顶升方法施工的给水排水隧道。

② 单位工程掘进长度不大于 800m 的隧道。

③ 采用进口或其他类型盾构机掘进的隧道。

④ 由建设单位提供盾构机掘进的隧道。

3）衬砌压浆量根据盾尾间隙，由施工组织设计确定。

4）柔性接缝环适合于盾构工作井洞门与圆隧道接缝处理，长度按管片中心圆周长计算。

5）预制混凝土管片工程量按实体积加 1％损耗计算，管片试拼装以每 100 环管片拼装1组（3环）计算。

（6）垂直顶升

1）复合管片不分直径，管节不分大小，均执行本定额。

2）顶升车架及顶升设备的安拆，以每顶升一组出口为安拆一次计算。顶升车架制作费按顶升一组摊销50%计算。

3）顶升管节外壁如需压浆时，则套用分块压浆定额计算。

4）垂直顶升管节试拼装工程量按所需顶升的管节数计算。

（7）地下连续墙

1）地下连续墙成槽土方量按连续墙设计长度、宽度和槽深（加超深0.5m）计算。混凝土浇筑量同连续墙成槽土方量。

2）锁口管及清底置换以段为单位（段指槽壁单元槽段），锁口管吊拔按连续墙段数加1段计算，定额中已包括锁口管的摊销费用。

（8）地下混凝土结构

1）浇混凝土工程量按施工图计算，不扣除单孔面积0.3m^3以内的孔洞所占体积。

2）有梁板的柱高，自柱基础顶面至梁、板顶面计算，梁高以设计高度为准。梁与柱交接，梁长算至柱侧面（即柱间净长）。

3）结构定额中未列预埋件费用，可另行计算。

4）隧道路面沉降缝、变形缝按第二册“道路工程”相应定额执行，其人工、机械乘以系数1.1。

（9）地基加固、监测

1）地基注浆加固以孔为单位的子目，定额按全区域加固编制，若加固深度与定额不同时可内插计算；若采取局部区域加固，则人工和钻机台班不变，材料（注浆阀管除外）和其他机械台班按加固深度与定额深度同比例调减。

2）地基注浆加固以立方米为单位的子目，已按各种深度综合取定，工程量按加固土体的体积计算。

3）监测点布置分为地表和地下两部分，其中地表测孔深度与定额不同时可内插计算。工程量由施工组织设计确定。

4）监控测试以一个施工区域内监控3项或6项测定内容划分步距，以组日为计量单位，监测时间由施工组织设计确定。

（10）金属构件制作

1）金属构件的工程量按设计图纸的主材（型钢，钢板，方、圆钢等）的重量以吨计算，不扣除孔眼、缺角、切肢、切边的重量。圆形和多边形的钢板按作方计算。

2）支撑由活络头、固定头和本体组成，本体按固定头单价计算。

【例4-13】 某隧道工程其断面设计图如图4-8所示，根据当地地质勘测已知，施工段无地下水，岩石类别为特坚石，隧道全长900m，且均采取光面爆破，要求挖出的石渣运至洞口外900m处，现拟浇筑钢筋混凝土C50衬砌以加强隧道拱部和边墙受压力，已知混凝土为粒式细石料厚度20cm，试计算混凝土衬砌定额工程量。

【解】

拱部衬砌定额计算根据《全国统一市政工程预算定额》GYD —304—1999“隧道工

程”规定，隧道内衬现浇混凝土衬砌的工程量，按施工图所示尺寸加允许超挖量（拱部为15cm，边墙为10cm）以“m³”计算。

（1）顶拱衬砌工程量

$$V_{顶拱}=\frac{1}{2}\pi[(6.5+1.5)^2-6^2]\times900=39564\text{m}^3$$

（2）边墙衬砌工程量

$$V_{边墙}=(0.5+0.1)\times7\times2\times900=7560\text{m}^3$$

（3）混凝土衬砌工程量

$$V=V_{顶拱}+V_{边墙}=39564+7560=47124\text{m}^3$$

【例 4-14】 某隧道在 K1＋020～K1＋120 段采用盾构施工，设置预制钢筋混凝土管片，如图 4-9 所示，外直径为 18m，内直径为 15m，外弧长为 14m，内弧长为 11m，宽度为 8m，混凝土强度为 C40，石料最大粒径为 15mm，试计算预制钢筋混凝土管片定额工程量。

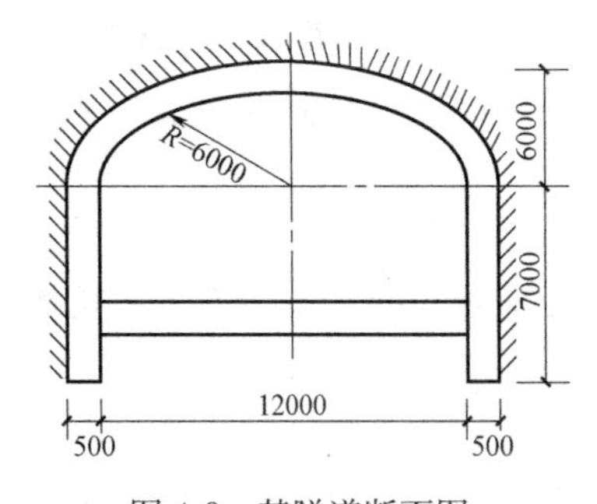

图 4-8 某隧道断面图

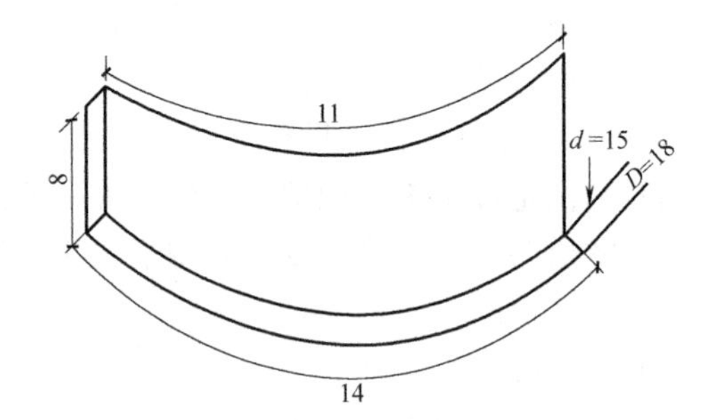

图 4-9 预制钢筋混凝土管片示意图（单位：m）

【解】

由隧道盾构法掘进工程量计算规则可知：预制混凝土管片工程量按实体积加 1%损耗计算。

$$V=\frac{1}{2}\times\left(14\times\frac{18}{2}-11\times\frac{15}{2}\right)\times8\times(1+1\%)=175.44\text{m}^3$$

4.2.6 管网工程定额使用与工程计量

1. 定额使用说明

（1）给水工程

1）管道安装

① 管道安装定额内容包括铸铁管、混凝土管、塑料管安装，铸铁管及钢管新旧管连接、管道试压，消毒冲洗。

② 管道安装定额管节长度是综合取定的，实际不同时不做调整。

③ 套管内的管道铺设按相应的管道安装人工、机械乘以系数 1.2。

④ 混凝土管安装不需要接口时，按《全国统一市政工程预算定额》第六册“排水工程”相应定额执行。

⑤ 给水工程定额给定的消毒冲洗水量，如水质达不到饮用水标准，水量不足时可按实调整，其他不变。

⑥ 新旧管线连接项目所指的管径是指新旧管中最大的管径。

⑦ 管道安装定额不包括以下内容：

a. 管道试压、消毒冲洗、新旧管道连接的排水工作内容，按批准的施工组织设计另计。

b. 新旧管连接所需的工作坑及工作坑垫层、抹灰，马鞍卡子、盲板安装，工作坑及工作坑垫层、抹灰执行《全国统一市政工程预算定额》第六册“排水工程”有关定额，马鞍卡子、盲板安装执行给水工程有关定额。

2）管道内防腐

① 管道内防腐定额内容包括铸铁管、钢管的地面离心机械内涂防腐、人工内涂防腐。

② 地面防腐综合考虑了现场和厂内集中防腐两种施工方法。

③ 管道的外防腐执行《全国统一安装工程预算定额》的有关定额。

3）管件安装

① 管件安装定额内容包括铸铁管件、承插式预应力混凝土转换件、塑料管件、分水栓、马鞍卡子、二合三通、铸铁穿墙管、水表安装。

② 铸铁管件安装适用于铸铁三通、弯头、套管、乙字管、渐缩管、短管的安装，并综合考虑了承口、插口、带盘的接口，与盘连接的阀门或法兰应另计。

③ 铸铁管件安装（胶圈接口）也适用于球墨铸铁管件的安装。

④ 马鞍卡子安装所列直径是指主管直径。

⑤ 法兰式水表组成与安装定额内无缝钢管、焊接弯头所采用壁厚与设计不同时，允许调整其材料预算价格，其他不变。

⑥ 管件安装定额不包括以下内容：

a. 与马鞍卡子相连的阀门安装，执行《全国统一市政工程预算定额》第七册“燃气与集中供热工程”有关定额。

b. 分水栓、马鞍卡子、二合三通安装的排水内容，应按批准的施工组织设计另计。

4）管道附属构筑物

① 管道附属构筑物定额内容包括砖砌圆形阀门井、砖砌矩形卧式阀门井、砖砌矩形水表井、消火栓井、圆形排泥湿井、管道支墩工程。

② 砖砌圆形阀门井是按《给水排水标准图集》S143、砖砌矩形卧式阀门井按《给水排水标准图集》S144、砖砌矩形水表井按《给水排水标准图集》S145、消火栓井按《给水排水标准图集》S162、圆形排泥湿井按《给水排水标准图集》S146 编制的，且全部按无地下水考虑。

③ 管道附属构筑物定额所指的井深是指垫层顶面至铸铁井盖顶面的距离。井深大于1.5m 时，应按第六册“排水工程”有关项目计取脚手架搭拆费。

④ 管道附属构筑物定额是按普通铸铁井盖、井座考虑的，如设计要求采用球墨铸铁井盖、井座，其材料预算价格可以换算，其他不变。

⑤ 排气阀井，可套用阀门井的相应定额。

⑥ 矩形卧式阀门井筒每增 0.2m 定额，包括 2 个井筒同时增 0.2m。

⑦ 管道附属构筑物定额不包括以下内容：

a. 模板安装拆除、钢筋制作安装。如发生时，执行《全国统一市政工程预算定额》

第六册“排水工程”有关定额。

b. 预制盖板、成型钢筋的场外运输。如发生时，执行《全国统一市政工程预算定额》第一册“通用项目”有关定额。

c. 圆形排泥湿井的进水管、溢流管的安装。执行给水工程有关定额。

5）取水工程

① 取水工程定额内容包括大口井内套管安装、辐射井管安装、钢筋混凝土渗渠管制作安装、渗渠滤料填充。

② 大口井内套管安装。

a. 大口井套管为井底封闭套管，按法兰套管全封闭接口考虑。

b. 大口井底作反滤层时，执行渗渠滤料填充项目。

③ 取水工程定额不包括以下内容，如发生时，按以下规定执行：

a. 辐射井管的防腐，执行《全国统一安装工程预算定额》有关定额。

b. 模板制作安装拆除、钢筋制作安装、沉井工程。如发生时，执行《全国统一市政工程预算定额》第六册“排水工程”有关定额。其中渗渠制作的模板安装拆除人工按相应项目乘以系数 1.2。

c. 土石方开挖、回填，脚手架搭拆，围堰工程执行《全国统一市政工程预算定额》第一册“通用项目”有关定额。

d. 船上打桩及桩的制作，执行《全国统一市政工程预算定额》第三册“桥涵工程”有关项目。

e. 水下管线铺设，执行《全国统一市政工程预算定额》第七册“燃气与集中供热工程”有关项目。

（2）排水工程

1）定型混凝土管道基础及铺设

① 定型混凝土管道基础及铺设定额包括混凝土管道基础、管道铺设、管道接口、闭水试验、管道出水口，是依《给水排水标准图集》合订本 S2 计算的。适用于市政工程雨水、污水及合流混凝土排水管道工程。

② $D300$～$D700$mm 混凝土管铺设分为人工下管和人机配合下管，$D800$～$D2400$mm 为人机配合下管。

③ 如在无基础的槽内铺设管道，其人工、机械乘以系数 1.18。

④ 如遇有特殊情况，必须在支撑下串管铺设，人工、机械乘以系数 1.33。

⑤ 若在枕基上铺设缸瓦（陶土）管，人工乘以系数 1.18。

⑥ 自（预）应力混凝土管胶圈接口采用给水册的相应定额项目。

⑦ 实际管座角度与定额不同时，采用非定型管座定额项目。企口管的膨胀水泥砂浆接口和石棉水泥接口适于 360°，其他接口均是按管座 120°和 180°列项的。如管座角度不同，按相应材质的接口做法，以管道接口调整表调整，见表 4-15。

⑧ 定额中的水泥砂浆抹带、钢丝网水泥砂浆接口均不包括内抹口，如设计要求内抹口时，按抹口周长每 100 延米增加水泥砂浆 0.042m^2、人工 9.22 工日计算。

⑨ 如工程项目的设计要求与本定额所采用的标准图集不同时，执行非定型的相应项目。

管道接口调整表 表 4-15

项目名称	实做角度	调整基数或材料	调整系数
水泥砂浆抹带接口	90°	120°定额基价	1.330
水泥砂浆抹带接口	135°	120°定额基价	0.890
钢丝网水泥砂浆抹带接口	90°	120°定额基价	1.330
钢丝网水泥砂浆抹带接口	135°	120°定额基价	0.890
企口管膨胀水泥砂浆抹带接口	90°	定额中 1∶2 水泥砂浆	0.750
企口管膨胀水泥砂浆抹带接口	120°	定额中 1∶2 水泥砂浆	0.670
企口管膨胀水泥砂浆抹带接口	135°	定额中 1∶2 水泥砂浆	0.625
企口管膨胀水泥砂浆抹带接口	180°	定额中 1∶2 水泥砂浆	0.500
企口管石棉水泥接口	90°	定额中 1∶2 水泥砂浆	0.750
企口管石棉水泥接口	120°	定额中 1∶2 水泥砂浆	0.670
企口管石棉水泥接口	135°	定额中 1∶2 水泥砂浆	0.625
企口管石棉水泥接口	180°	定额中 1∶2 水泥砂浆	0.500

注：现浇混凝土外套环、变形缝接口，通用于平口、企口管。

⑩ 定型混凝土管道基础及铺设各项所需模板、钢筋加工，执行“模板、钢筋、井字架工程的相应项目。

⑪ 定额中计列了砖砌、石砌一字式、门字式、八字式适用于 D300～D2400mm 不同复土厚度的出水口，是按《给水排水标准图集》合订本 S2，应对应选用，非定型或材质不同时可执行“通用项目”和“非定型井、渠、管道基础及砌筑”相应项目。

2）定型井

① 定型井包括各种定型的砖砌检查井、收水井，适用于 D700～D2400mm 间混凝土雨水、污水及合流管道所设的检查井和收水井。

② 各类井是按《给水排水标准图集》S2 编制的，实际设计与定额不同时，执行《全国统一市政工程预算定额》第六册相应项目。

③ 各类井均为砖砌，如为石砌时，执行《全国统一市政工程预算定额》第六册第三章相应项目。

④ 各类井只计列了内抹灰，如设计要求外抹灰时，执行《全国统一市政工程预算定额》第六册第三章的相应项目。

⑤ 各类井的井盖、井座、井箅均系按铸铁件计列的，如采用钢筋混凝土预制件，除扣除定额中铸铁件外应按下列规定调整。

a. 现场预制，执行《全国统一市政工程预算定额》第六册第三章相应定额。

b. 厂集中预制，除按《全国统一市政工程预算定额》第六册第三章相应定额执行外，其运至施工地点的运费可按第一册“通用项目”相应定额另行计算。

⑥ 混凝土过梁的制、安，当小于 0.04m^3/件时，执行《全国统一市政工程预算定额》第六册第三章小型构件项目；当大于 0.04m^3/件时，执行定型井项目。

⑦ 各类井预制混凝土构件所需的模板钢筋加工，均执行《全国统一市政工程预算定额》第六册第七章的相应项目。但定额中已包括构件混凝土部分的人、材、机费用，不得重复计算。

⑧ 各类检查井，当井深大于 1.5m 时，可视井深、井字架材质执行《全国统一市政工程预算定额》第六册第七章的相应项目。

⑨ 当井深不同时，除定型井定额中列有增（减）调整项目外，均按《全国统一市政工程预算定额》第六册第三章中井筒砌筑定额进行调整。

⑩ 如遇三通、四通井，执行非定型井项目。

3）非定型井、渠、管道基础及砌筑

① 定额包括非定型井、渠、管道及构筑物垫层、基础，砌筑，抹灰，混凝土构件的制作、安装，检查井筒砌筑等。适用于本册定额各章节非定型的工程项目。

② 定额各项目均不包括脚手架，当井深超过 1.5m，执行《全国统一市政工程预算定额》第六册第七章井字脚手架项目；砌墙高度超过 1.2m，抹灰高度超过 1.5m 所需脚手架执行第一册“通用项目”相应定额。

③ 定额所列各项目所需模板的制、安、拆，钢筋（铁件）的加工均执行《全国统一市政工程预算定额》第六册第七章相应项目。

④ 收水井的混凝土过梁制作、安装执行小型构件的相应项目。

⑤ 跌水井跌水部位的抹灰，按流槽抹面项目执行。

⑥ 混凝土枕基和管座不分角度均按相应定额执行。

⑦ 干砌、浆砌出水口的平坡、锥坡、翼墙执行第一册“通用项目”相应项目。

⑧ 定额中小型构件是指单件体积在 0.04m^3 以内的构件。凡大于 0.04m^3 的检查井过梁，执行混凝土过梁制作安装项目。

⑨ 拱（弧）型混凝土盖板的安装，按相应体积的矩形板定额人工、机械乘以系数 1.15 执行。

⑩ 定额计列了井内抹灰的子目，如井外壁需要抹灰，砖、石井均按井内侧抹灰项目人工乘以系数 0.8，其他不变。

⑪ 砖砌检查井的升高，执行检查井筒砌筑相应项目，降低则执行《全国统一市政工程预算定额》第一册“通用项目”拆除构筑物相应项目。

⑫ 石砌体均按块石考虑，如采用片石或平石时，块石与砂浆用量分别乘以系数 1.09 和 1.19，其他不变。

⑬ 给水排水构筑物的垫层执行非定型井、渠、管道基础及砌筑定额相应项目，其中人工乘以系数 0.87，其他不变；如构筑物池底混凝土垫层需要找坡时，其中人工不变。

⑭ 现浇混凝土方沟底板，采用渠（管）道基础中平基的相应项目。

4）顶管工程

① 顶管工程包括工作坑土方，人工挖土顶管，挤压顶管，混凝土方（拱）管涵顶进，不同材质不同管径的顶管接口等项目，适用于雨水、污水管（涵）以及外套管的不开槽顶管工程项目。

② 工作坑垫层、基础执行《全国统一市政工程预算定额》第六册第三章的相应项目，人工乘以系数 1.10，其他不变。如果方（拱）涵管需设滑板和导向装置时，另行计算。

③ 工作坑挖土方是按土壤类别综合计算的，土壤类别不同，不允许调整。工作坑回填土，视其回填的实际做法，执行《全国统一市政工程预算定额》第一册“通用项目”的相应项目。

④ 工作坑内管（涵）明敷，应根据管径、接口做法执行《全国统一市政工程预算定额》第六册第一章的相应项目，人工、机械乘以系数 1.10，其他不变。

⑤ 定额是按无地下水考虑的，如遇地下水时，排（降）水费用按相关定额另行计算。

⑥ 定额中钢板内、外套环接口项目，只适用于设计所要求的永久性管口，顶进中为防止错口，在管内接口处所设置的工具式临时性钢胀圈不得套用。

⑦ 顶进施工的方（拱）涵断面大于 $4m^2$ 的，按箱涵顶进项目或规定执行。

⑧ 管道顶进项目中的顶镐均为液压自退式，如采用人力顶镐，定额人工乘以系数 1.43；如是人力退顶（回镐），时间定额乘以系数 1.20，其他不变。

⑨ 人工挖土顶管设备、千斤顶，高压油泵台班单价中已包括了安拆及场外运费，执行中不得重复计算。

⑩ 工作坑如设沉井，其制作、下沉套用给水排水构筑物章的相应项目。

⑪ 水力机械顶进定额中，未包括泥浆处理、运输费用，可另计。

⑫ 单位工程中，管径 ϕ1650 以内敞开式顶进在 100m 以内、封闭式顶进（不分管径）在 50m 以内时，顶进定额中的人工费与机械费乘以系数 1.3。

⑬ 顶管采用中继间顶进时，顶进定额中的人工费与机械费乘以表 4-16 所列系数分级计算。

中继间顶进 **表 4-16**

中继间顶进分级	一级顶进	二级顶进	三级顶进	四级顶进	超过四级
人工费、机械费调整系数	1.36	1.64	2.15	2.80	另计

⑭ 安拆中继间项目仅适用于敞开式管道顶进。当采用其他顶进方法时，中继间费用允许另计。

⑮ 钢套环制作项目以“t”为单位，适用于永久性接口内、外套环，中继间套环，触变泥浆密封套环的制作。

⑯ 顶管工程中的材料是按 50m 水平运距、坑边取料考虑的，如因场地等情况取用料水平运距超过 50m 时，根据超过距离和相应定额另行计算。

5）模板、钢筋、井字架。关于模板、钢筋、井字架工程的说明如下：

① 模板、钢筋、井字架工程定额包括现浇、预制混凝土工程所用不同材质模板的制、安、拆，钢筋、铁件的加工制作，井字脚手架等项目，适用于排水工程定额及“给水工程”中的“管道附属构筑物”和“取水工程”。

② 模板是分别按钢模钢撑、复合木模木撑、木模木撑区分不同材质分别列项的，其中钢模模数差部分采用木模。

③ 定额中现浇、预制项目中，均已包括了钢筋垫块或第一层底浆的工、料，及看模工日，套用时不得重复计算。

④ 预制构件模板中不包括地、胎模，需设置者，土地模可按“通用项目”平整场地的相应项目执行；水泥砂浆、混凝土砖地、胎模可按“桥涵工程”的相应项目执行。

⑤ 模板安拆以槽（坑）深 3m 为准，超过 3m 时，人工增加系数 8%，其他不变。

⑥ 现浇混凝土梁、板、柱、墙的模板，支模高度是按 3.6m 考虑的。超过 3.6m 时，超过部分的工程量另按超高的项目执行。

⑦ 模板的预留洞，按水平投影面积计算，小于 0.3m^{2}者：圆形洞每 10 个增加 0.72 工日；方形洞每 10 个增加 0.62 工日。

⑧ 小型构件是指单件体积在 0.04m^{3}以内的构件；地沟盖板项目适用于单块体积在 0.3m^{3}内的矩形板；井盖项目适用于井口盖板，井室盖板按矩形板项目执行。

⑨ 钢筋加工定额是按现浇、预制混凝土构件、预应力钢筋分别列项的，工作内容包括加工制作、绑扎（焊接）成型、安放及浇捣混凝土时的维护用工等全部工作，除另有说明外均不允许调整。

⑩ 各项目中的钢筋规格是综合计算的，子目中的××以内是指主筋最大规格，凡小于 10 的构造均执行 ϕ10 以内子目。

⑪ 定额中非预应力钢筋加工，现浇混凝土构件是按手工绑扎，预制混凝土构件是按手工绑扎、点焊综合计算的，加工操作方法不同不予调整。

⑫ 钢筋加工中的钢筋接头、施工损耗、绑扎铁线及成型点焊和接头用的焊条均已包括在定额内，不得重复计算。

⑬ 预制构件钢筋，如用不同直径钢筋点焊在一起时，按直径最小的定额计算，如粗细筋直径比在 2 倍以上时，其人工增加系数 25%。

⑭ 后张法钢筋的锚固是按钢筋绑条焊、U 形插垫编制的，如采用其他方法锚固，应另行计算。

⑮ 定额中已综合考虑了先张法张拉台座及其相应的夹具、承力架等合理的周转摊销费用，不得重复计算。

⑯ 非预应力钢筋不包括冷加工，如设计要求冷加工时另行计算。

⑰ 下列构件钢筋，人工和机械增加系数见表 4-17。

构件钢筋人工和机械增加系数表 **表 4-17**

项目	计算基数	现浇构件钢筋	构筑物钢筋		
		小型构件	小型池槽	矩形	圆形
增加系数	人工机械	100%	152%	25%	50%

（3）燃气与集中供热工程

1）管道安装

① 管道安装包括碳钢管、直埋式预制保温管、碳素钢板卷管、铸铁管（机械接口）、塑料管以及套管内铺设钢板卷管和铸铁管（机械接口）等各种管道安装。

② 管道安装工作内容除各节另有说明外，均包括沿沟排管、50mm 以内的清沟底、外观检查及清扫管材。

③ 新旧管道带气接头未列项目，各地区可按燃气管理条例和施工组织设计以实际发生的人工、材料、机械台班的耗用量和煤气管理部门收取的费用进行结算。

2）管件制作、安装

① 管件制作、安装定额包括碳钢管件制作、安装，铸铁管件安装、盲（堵）板安装、钢塑过渡接头安装，防雨环帽制作与安装等。

② 异径管安装以大口径为准，长度综合取定。

③ 中频煨弯不包括煨制时胎具更换。

④ 挖眼接管加强筋已在定额中综合考虑。

3）法兰阀门安装

① 法兰阀门安装包括法兰安装，阀门安装，阀门解体、检查、清洗、研磨，阀门水压试验、操纵装置安装等。

② 电动阀门安装不包括电动机的安装。

③ 阀门解体、检查和研磨，已包括一次试压，均按实际发生的数量，按相应项目执行。

④ 阀门压力试验介质是按水考虑的，如设计要求其他介质，可按实调整。

⑤ 定额内垫片均按橡胶石棉板考虑，如垫片材质与实际不符时，可按实调整。

⑥ 各种法兰、阀门安装，定额中只包括一个垫片，不包括螺栓使用量，螺栓用量参考表 4-18、表 4-19。

平焊法兰安装用螺栓用量表　　表 4-18

外径×壁厚/mm	规格	重量/kg	外径×壁厚/mm	规格	重量/kg
57×4.0	M12×50	0.319	377×10.0	M20×75	3.906
76×4.0	M12×50	0.319	426×10.0	M20×80	5.42
89×4.0	M16×55	0.635	478×10.0	M20×80	5.42
108×5.0	M16×55	0.635	529×10.0	M20×85	5.84
133×5.0	M16×60	1.338	630×8.0	M22×85	8.89
159×6.0	M16×60	1.338	720×10.0	M22×90	10.668
219×6.0	M16×65	1.404	820×10.0	M27×95	19.962
273×8.0	M16×70	2.208	920×10.0	M27×100	19.962
325×8.0	M20×70	3.747	1020×10.0	M27×105	24.633

对焊法兰安装用螺栓用量表　　表 4-19

外径×壁厚/mm	规格	重量/kg	外径×壁厚/mm	规格	重量/kg
57×3.5	M12×50	0.319	325×8.0	M20×75	3.906
76×4.0	M12×50	0.319	377×9.0	M20×75	3.906
89×4.0	M16×60	0.669	426×9.0	M20×75	5.208
108×4.0	M16×60	0.669	478×9.0	M20×75	5.208
133×4.5	M16×65	1.404	529×9.0	M20×80	5.42
159×5.0	M16×65	1.404	630×9.0	M20×80	8.25
219×6.0	M16×70	1.472	720×9.0	M20×80	9.9
273×8.0	M16×75	2.31	820×10.0	M20×88	18.804

⑦ 中压法兰、阀门安装执行低压相应项目，其人工乘以系数 1.2。

4）燃气用设备安装

① 燃气用设备安装定额包括凝水缸制作、安装，调压器安装，过滤器、萘油分离器安装，安全水封、检漏管安装，煤气调长器安装。

② 凝水缸安装

a. 碳钢、铸铁凝水缸安装如使用成品头部装置时，只允许调整材料费，其他不变。

b. 碳钢凝水缸安装未包括缸体、套管、抽水管的刷油、防腐，应按不同设计要求另行套用其他定额相应项目计算。

③ 各种调压器安装。

a. 雷诺式调压器、T型调压器（TMJ、TMZ）安装是指调压器成品安装，调压站内组装的各种管道、管件、各种阀门根据不同设计要求，执行燃气用设备安装定额的相应项目另行计算。

b. 各类型调压器安装均不包括过滤器、萘油分离器（脱萘筒）、安全放散装置（包括水封）安装，发生时，可执行燃气用设备安装定额相应项目另行计算。

c. 燃气用设备安装定额过滤器、萘油分离器均按成品件考虑。

④ 检漏管安装是按在套管上钻眼攻丝安装考虑的，已包括小井砌筑。

⑤ 煤气调长器是按焊接法兰考虑的，如采用直接对焊时，应减去法兰安装用材料，其他不变。

⑥ 煤气调长器是按三波考虑的，如安装三波以上者，其人工乘以系数1.33，其他不变。

5）集中供热用容器具安装

① 碳钢波纹补偿器是按焊接法兰考虑的，如直接焊接时，应减掉法兰安装用材料，其他不变。

② 法兰用螺栓按法兰阀门安装螺栓用量表选用。

6）管道试压、吹扫

① 管道试压、吹扫包括管道强度试验、气密性试验、管道吹扫、管道总试压、牺牲阳极和测试桩安装等。

② 强度试验、气密性试验、管道总试压。

a. 管道压力试验，不分材质和作业环境均执行管道试压、吹扫。试压水如需加温，热源费用及排水设施另行计算。

b. 强度试验、气密性试验项目，均包括了一次试压的人工、材料和机械台班的耗用量。

c. 液压试验是按普通水考虑的，如试压介质有特殊要求，介质可按实调整。

2. 工程计量规则

（1）给水工程

1）管道安装

① 管道安装均按施工图中心线的长度计算（支管长度从主管中心开始计算到支管末端交接处的中心），管件、阀门所占长度已在管道施工损耗中综合考虑，试计算工程量时均不扣除其所占长度。

② 管道安装均不包括管件（指三通、弯头、异径管）、阀门的安装，管件安装执行给水工程有关定额。

③ 遇有新旧管连接时，管道安装工程量计算到碰头的阀门处，但阀门及与阀门相连的承（插）盘短管、法兰盘的安装均包括在新旧管连接定额内，不再另计。

2）管道内防腐。管道内防腐按施工图中心线长度计算，试计算工程量时不扣除管件、阀门所占的长度，但管件、阀门的内防腐也不另行计算。

3）管道附属构筑物

① 各种井均按施工图数量，以“座”为单位。

② 管道支墩按施工图以实体积计算，不扣除钢筋、铁件所占的体积。

4）管件安装。管件、分水栓、马鞍卡子、二合三通、水表的安装按施工图数量以“个”或“组”为单位计算。

5）取水工程。大口井内套管、辐射井管安装按设计图中心线长度计算。

（2）排水工程

1）定型混凝土管道基础及铺设

① 各种角度的混凝土基础、混凝土管、缸瓦管铺设，井中至井中的中心扣除检查井长度，以延米计算工程量。每座检查井扣除长度按表4-20计算。

每座检查井扣除长度 **表4-20**

检查井规格/mm	扣除长度/m	检查井规格/mm	扣除长度/m
φ700	0.4	各种矩形井	1.0
φ1000	0.7	各种交汇井	1.20
φ1250	0.95	各种扇形井	1.0
φ1500	1.20	圆形跌水井	1.60
φ2000	1.70	矩形跌水井	1.70
φ2500	2.20	阶梯式跌水井	按实扣

② 管道接口区分管径和做法，以实际接口个数计算工程量。

③ 管道闭水试验，以实际闭水长度计算，不扣各种井所占长度。

④ 管道出水口区分形式、材质及管径，以“处”为单位计算。

2）定型井

① 各种井按不同井深、井径以“座”为单位计算。

② 各类井的井深按井底基础以上至井盖顶计算。

3）非定性井、渠、管道基础及砌筑。工程量计算规则如下：

① 本章所列各项目的工程量均以施工图为准计算，其中：

a. 砌筑按计算体积，以“$10m^3$”为单位计算。

b. 抹灰、勾缝以“$100m^2$”为单位计算。

c. 各种井的预制构件以实体积“m^3”计算，安装以“套”为单位计算。

d. 井、渠垫层、基础按实体积以“$10m^3$”计算。

e. 沉降缝应区分材质按沉降缝的断面积或铺设长度分别以“$100m^2$”和“100m”计算。

f. 各类混凝土盖板的制作按实体积以“m^3”计算，安装应区分单件（块）体积，以“$10m^3$”计算。

② 检查井筒的砌筑适用于混凝土管道井深不同的调整和方沟井筒的砌筑，区分高度以“座”为单位计算，高度与定额不同时采用每增减0.5m计算。

③ 方沟（包括存水井）闭水试验的工程量，按实际闭水长度的用水量，以“$100m^3$”

计算。

4）顶管工程

① 工作坑土方区分挖土深度，以挖方体积计算。

② 各种材质管道的顶管工程量，按实际顶进长度，以延米计算。

③ 顶管接口应区分操作方法、接口材质，分别以接口的个数和管口断面积计算工程量。

④ 钢板内、外套环的制作，按套环质量以“t”为单位计算。

5）模板、钢筋、井字架

① 现浇混凝土构件模板按构件与模板的接触面积以“m^2”计算。

② 预制混凝土构件模板，按构件的实体积以“m^3”计算。

③ 砖、石拱圈的拱盔和支架均以拱盔与圈弧弧形接触面积计算，并执行《全国统一市政工程预算定额》第三册“桥涵工程”相应项目。

④ 各种材质的地模胎膜，按施工组织设计的工程量，并应包括操作等必要的宽度以“m^2”计算，执行第三册“桥涵工程”相应项目。

⑤ 井字架区分材质和搭设高度以“架”为单位计算，每座井计算一次。

⑥ 井底流槽按浇筑的混凝土流槽与模板的接触面积计算。

⑦ 钢筋工程，应区别现浇、预制分别按设计长度乘以单位重量，以“t”计算。

⑧ 计算钢筋工程量时，设计已规定搭接长度的，按规定搭接长度计算；设计未规定搭接长度的，已包括在钢筋的损耗中，不另计算搭接长度。

⑨ 先张法预应力钢筋，按构件外形尺寸计算长度，后张法预应力钢筋按设计图规定的预应力钢筋预留孔道长度，并区别不同锚具，分别按下列规定计算：

a. 钢筋两端采用螺杆锚具时，预应力的钢筋按预留孔道长度减 0.35m，螺杆另计。

b. 钢筋一端采用镦头插片，另一端采用螺杆锚具时，预应力钢筋长度按预留孔道长度计算。

c. 钢筋一端采用镦头插片，另一端采用帮条锚具时，增加 0.15m，如两端均采用帮条锚具，预应力钢筋共增加 0.3m 长度。

d. 采用后张混凝土自锚时，预应力钢筋共增加 0.35m 长度。

⑩ 钢筋混凝土构件预埋铁件，按设计图示尺寸，以“t”为单位计算工程量。

（3）燃气与集中供热工程

1）管道安装

① 管道安装中各种管道的工程量均按延米计算，管件、阀门、法兰所占长度已在管道施工损耗中综合考虑，试计算工程量时均不扣除其所占长度。

② 埋地钢管使用套管时（不包括顶进的套管），按套管管径执行同一安装项目。套管封堵的材料费可按实际耗用量调整。

③ 铸铁管安装按 N1 型和 X 型接口计算，如采用 N 型和 SMJ 型人工乘以系数 1.05。

2）管道试压、吹扫

① 强度试验、气密性试验项目，分段试验合格后，如需总体试压和发生二次或二次以上试压时，应再套用管道试压、吹扫定额相应项目计算试压费用。

② 管件长度未满 10m 者，以 10m 计，超过 10m 者按实际长度计。

③ 管道总试压按每千米为一个打压次数，执行本定额一次项目，不足 0.5km 按实际计算，超过 0.5km 计算一次。

④ 集中供热高压管道压力试验执行低中压相应定额，其人工乘以系数 1.3。

【例 4-15】 某城市中市政排水工程主干管示意图如图 4-10 所示，长度为 620m，采用 ϕ600 混凝土管，135°混凝土基础，在主干管上设置雨水检查井 8 座，规格为 ϕ1500，单室雨水井 20 座，雨水口接入管 ϕ225UPVC 加筋管，共 8 道，每道 8m。试计算混凝土管基础及铺设长度和检查井座数，闭水试验长度。

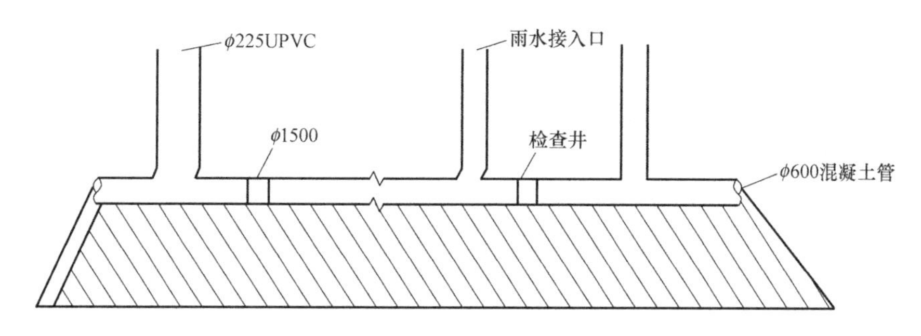

图 4-10 某市政排水工程主干管示意图

【解】

定额中在定型混凝土管道基础及铺设时，各种角度的混凝土基础、混凝土管、缸瓦管铺设按井中至井中的中心扣除检查井长度，以延长米计算工程量，ϕ1500 检查井扣除长度为 1.2m。

(1) ϕ600 混凝土管道基础及铺设

$$l_1=620-8\times1.2=610.4=6.104(100\text{m})$$

(2) ϕ225UPVC 加筋管铺设

$$l_2=8\times8-8\times1.2=54.4=0.544(100\text{m})$$

(3) ϕ1500 雨水检查井：8 座

(4) 单室雨水井：20 座

(5) ϕ600 以内管道闭水试验

$$620\text{m}=6.2(100\text{m})$$

【例 4-16】 某雨水管道如图 4-11 所示，采用圆形雨水检查井，1 号、2 号检查井规格为 ϕ1000mm，3 号、4 号检查井规格为 ϕ1500mm，雨水管管道为钢筋混凝土圆管。试求各种规格的管道长度。

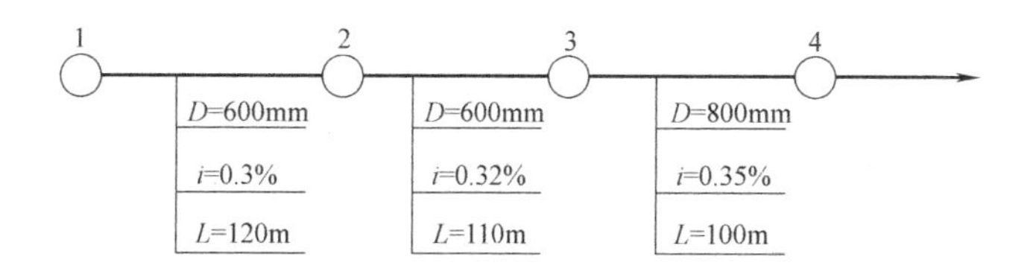

图 4-11 管道平面布置示意

【解】

1-2 管段管道长度为：$120-\left(\frac{1}{2}\times0.7+\frac{1}{2}\times0.7\right)=119.3$m

2-3 管段管道长度为：$110-\frac{1}{2}\times0.7-\frac{1}{2}\times1.2=109.05$m

3-4 管段管道长度为：$100-\frac{1}{2}\times1.2-\frac{1}{2}\times1.2=98.8$m

因此：

ϕ600mm 的管道总长度为 119.3+109.05=228.35m

ϕ800mm 的管道总长度为 98.8m

4.2.7 水处理工程定额使用与工程计量

1. 定额使用说明

（1）给水排水构筑物。定额包括沉井、现浇钢筋混凝土池、预制混凝土构件、折（壁）板、滤料铺设、防水工程、施工缝、井池渗漏试验等项目。

1）沉井

① 沉井工程是按深度 12m 以内、陆上排水沉井考虑的。水中沉井、陆上水冲法沉井以及离河岸边近的沉井，需要采取地基加固等特殊措施者，可执行第四册“隧道工程”相应项目。

② 沉井下沉项目中已考虑了沉井下沉的纠偏因素，但不包括压重助沉措施，若发生可另行计算。

③ 沉井制作不包括外渗剂，若使用外渗剂时可按当地有关规定执行。

2）现浇钢筋混凝土池类

① 池壁遇有附壁柱时，按相应柱定额项目执行，其中人工乘以系数 1.05，其他不变。

② 池壁挑檐是指在池壁上向外出檐作走道板用。池壁牛腿是指池壁上向内出檐以承托池盖用。

③ 无梁盖柱包括柱帽及桩座。

④ 井字梁、框架梁均执行连续梁项目。

⑤ 混凝土池壁、柱（梁）、池盖是按在地面以上 3.6m 以内施工考虑的，如超过 3.6m 者按：

a. 采用卷扬机施工时，每 $10m^3$ 混凝土增加卷扬机（带塔）和人工见表 4-21。

卷扬机施工　　表 4-21

序号	项目名称	增加人工工日	增加卷扬机(带塔)台班
1	池壁、隔墙	8.7	0.59
2	柱、梁	6.1	0.39
3	池盖	6.1	0.39

b. 采用塔式起重机施工时，每 $10m^3$ 混凝土增加塔式起重机台班，按相应项目中搅拌机台班用量的 50%计算。

⑥ 池盖定额项目中不包括进人孔，可按《全国统一安装工程预算定额》相应定额执行。

⑦ 格型池池壁执行直型池壁相应项目（指厚度）人工乘以系数 1.15，其他不变。

⑧ 悬空落泥斗按落泥斗相应项目人工乘以系数 1.4，其他不变。

3）预制混凝土构件

① 预制混凝土滤板中已包括了所设置预埋件 ABS 塑料滤头的套管用工，不得另计。

② 集水槽若需留孔时，按每 10 个孔增加 0.5 个工日计。

③ 除混凝土滤板、铸铁滤板、支墩安装外，其他预制混凝土构件安装均执行异形构件安装项目。

4）施工缝

① 各种材质填缝的断面取定见表 4-22。

各种材质填缝断面尺寸 **表 4-22**

序号	项目名称	断面尺寸/cm
1	建筑油膏、聚氯乙烯胶泥	3×2
2	油浸木丝板	2.5×15
3	紫铜板止水带	展开宽 45
4	氯丁橡胶止水带	展开宽 30
5	其余	15×3

② 如实际设计的施工缝断面与上表不同时，材料用量可以换算，其他不变。

③ 各项目的工作内容为：

a. 油浸麻丝：熬制沥青、调配沥青麻丝、填塞。

b. 油浸木丝板：熬制沥青、浸木丝板、嵌缝。

c. 玛璃脂：熬制玛璃脂、灌缝。

d. 建筑油膏、沥青砂浆：熬制油膏沥青，拌和沥青砂浆，嵌缝。

e. 贴氯丁橡胶片：清理，用乙酸乙酯洗缝；隔纸，用氯丁胶粘剂贴氯丁橡胶片，最后在氯丁橡胶片上涂胶铺砂。

f. 紫铜板止水带：铜板剪裁、焊接成型，铺设。

g. 聚氯乙烯胶泥：清缝、水泥砂浆勾缝，垫牛皮纸，熬灌取聚氯乙烯胶泥。

h. 预埋止水带：止水带制作、接头及安装。

i. 铁皮盖板：平面埋木砖，钉木条，木条上钉铁皮，立面埋木砖、木砖上钉铁皮。

④ 井、池渗漏试验。

a. 井池渗漏试验容量在 500m^3 是指井或小型池槽。

b. 井、池渗漏试验注水采用电动单级离心清水泵，定额项目中已包括了泵的安装与拆除用工，不得再另计。

c. 如构筑物池容量较大，需从一个池子向另一个池注水作渗漏试验采用潜水泵时，其台班单价可以换算，其他均不变。

⑤ 执行《全国统一市政工程预算定额》第六册其他册或章节的项目。

a. 构筑物的垫层执行第三章非定型井、渠砌筑相应项目。

b. 构筑物混凝土项目中的钢筋、模板项目执行第七章相应项目。

c. 需要搭拆脚手架者，执行第一册“通用项目”相应项目。

d. 泵站上部工程以及未包括的建筑工程，执行《全国统一建筑工程基础定额》相应项目。

e. 构筑物中的金属构件制作安装，执行《全国统一安装工程预算定额》相应项目。

f. 构筑物的防腐、内衬工程金属面，执行《全国统一安装工程预算定额》相应项目，非金属面应执行《全国统一建筑工程基础定额》相应项目。

(2) 给水排水机械设备安装

1) 设备、机具和材料的搬运

① 设备：包括自安装现场指定堆放地点运到安装地点的水平和垂直搬运。

② 机具和材料：包括施工单位现场仓库运至安装地点的水平和垂直搬运。

③ 垂直运输基准面：在室内以室内地平面为基准面；在室外以室外安装现场地平面为基准面。

2) 工作内容

① 设备、材料及机具的搬运，设备开箱点件、外观检查，配合基础验收，起重机具的领用、搬运、装拆、清洗、退库。

② 画线定位，铲麻面、吊装、组装、连接、放置垫铁及地脚螺栓，找正、找平、精平、焊接、固定、灌浆。

③ 施工及验收规范中规定的调整、试验及无负荷试运转。

④ 工种间交叉配合的停歇时间、配合质量检查、交工验收，收尾结束工作。

⑤ 设备本体带有的物体、机件等附件的安装。

3) 定额除有特别说明外，均未包括下列内容：

① 设备、成品、半成品、构件等自安装现场指定堆放点外的搬运工作。

② 因场地狭小、有障碍物，沟、坑等所引起的设备、材料、机具等增加的搬运、装拆工作。

③ 设备基础地脚螺栓孔、预埋件的修整及调整所增加的工作。

④ 供货设备整机、机件、零件、附件的处理、修补、修改、检修、加工、制作、研磨以及测量等工作。

⑤ 非与设备本体联体的附属设备或构件等的安装、制作、刷油、防腐、保温等工作和脚手架搭拆工作。

⑥ 设备变速箱、齿轮箱的用油，以及试运转所用的油、水、电等。

⑦ 专用垫铁、特殊垫铁、地脚螺栓和产品图纸注明的标准件、紧固件。

⑧ 负荷试运转、生产准备试运转工作。

4) 定额设备的安装是按无外围护条件下施工考虑的，如在有外围护的施工条件下施工，定额人工及机械应乘以 1.15 的系数，其他不变。

5) 定额是按国内大多数施工企业普遍采用的施工方法、机械化程度和合理的劳动组织编制的，除另有说明外，均不得因上述因素有差异而对定额进行调整或换算。

6) 一般起重机具的摊销费，执行《全国统一安装工程预算定额》的有关规定。

7) 各节有关说明

① 拦污及提水设备。

a. 格栅组对的胎具制作，另行计算。

b. 格栅制作是按现场加工制作考虑的。

② 投药、消毒设备。

a. 管式药液混合器，以两节为准，如为三节，乘以系数 1.3。

b. 水射器安装以法兰式连接为准，不包括法兰及短管的焊接安装。

c. 加氯机为膨胀螺栓固定安装。

d. 溶药搅拌设备以混凝土基础为准考虑。

③ 水处理设备。

a. 曝气机以带有公共底座考虑，如无公共底座时，定额基价乘以系数 1.3。如需制作安装钢制支承平台时，应另行计算。

b. 曝气管的分管以闸阀划分为界，包括钻孔。塑料管为成品件，如需粘结和焊接时，可按相应规格项目的定额基价分别乘以系数 1.2 和 1.3。

c. 卧式表曝机包括泵（E）形、平板形、倒伞形和 K 形叶轮。

④ 排泥、撇渣及除砂机械。

a. 排泥设备的池底找平由土建负责，如需钳工配合，另行计算。

b. 吸泥机以虹吸式为准，如采用泵吸式，定额基价乘以系数 1.3。

⑤ 污泥脱水机械：设备安装就位的上排、拐弯、下排，定额中均已综合考虑，施工方法与定额不同时，不得调整。

⑥ 闸门及驱动装置。

a. 铸铁圆闸门包括升杆式和暗杆式，其安装深度按 6m 以内考虑。

b. 铸铁方闸门以带门框座为准，其安装深度按 6m 以内考虑。

c. 铸铁堰门安装深度按 3m 以内考虑。

d. 螺杆启闭机安装深度按手轮式为 3m、手摇式为 4.5m、电动为 6m、汽动为 3m 以内考虑。

⑦ 集水槽、堰板制作安装及其他。

a. 集水槽制作安装。

ⅰ. 集水槽制作项目中已包括了钻孔或铣孔的用工和机械，执行时，不得再另计。

ⅱ. 碳钢集水槽制作和安装中已包括了除锈和刷一遍防锈漆、二遍调合漆的人工和材料，不得再另计除锈刷油费用。但如果油漆种类不同，油漆的单价可以换算，其他不变。

b. 堰板制作安装。

ⅰ. 碳钢、不锈钢矩形堰执行齿型堰相应项目，其中人工乘以系数 0.6，其他不变。

ⅱ. 金属齿型堰板安装方法是按有连接板考虑的，非金属堰板安装方法是按无连接板考虑的，如实际安装方法不同，定额不做调整。

ⅲ. 金属堰板安装项目，是按碳钢考虑的，不锈钢堰板按金属堰板安装相应项目基价乘以系数 1.2，主材另计，其他不变。

ⅳ. 非金属堰板安装项目适用于玻璃钢和塑料堰板。

c. 穿孔管、穿孔板钻孔。

ⅰ. 穿孔管钻孔项目适用于水厂的穿孔配水管、穿孔排泥管等各种材质管的钻孔。

ⅱ. 其工作内容包括：切管、画线、钻孔、场内材料运输。穿孔管的对接、安装应另按有关项目计算。

d. 斜板、斜管安装。

ⅰ. 斜板安装定额是按成品考虑的，其内容包括固定、螺栓连接等，不包括斜板的加工制作费用。

ⅱ. 聚丙烯斜管安装定额是按成品考虑的，其内容包括铺装、固定、安装等。

2. 工程计量规则

（1）给水排水构筑物

1）沉井。

① 沉井垫木按刃脚中心线以“100 延米”为单位。

② 沉井井壁及隔墙的厚度不同如上薄下厚时，可按平均厚度执行相应定额。

2）钢筋混凝土池。

① 钢筋混凝土各类构件均按图示尺寸，以混凝土实体积计算，不扣除 0.3m^2以内的孔洞体积。

② 各类池盖中的进人孔、透气孔盖以及与盖相连接的结构，工程量合并在池盖中计算。

③ 平底池的池底体积，应包括池壁下的扩大部分；池底带有斜坡时，斜坡部分应按坡底计算；锥形底应算至壁基梁底面，无壁基梁者算至锥底坡的上口。

④ 池壁分别按不同厚度计算体积，如上薄下厚的壁，以平均厚度计算。池壁高度应自池底板面算至池盖下面。

⑤ 无梁盖柱的柱高，应自池底上表面算至池盖的下表面，并包括柱座、柱帽的体积。

⑥ 无梁盖应包括与池壁相连的扩大部分的体积；肋形盖应包括主、次梁及盖部分的体积；球形盖应自池壁顶面以上，包括边侧梁的体积在内。

⑦ 沉淀池水槽，是指池壁上的环形溢水槽及纵横 U 形水槽，但不包括与水槽相连接的矩形梁，矩形梁可执行梁的相应项目。

3）预制混凝土构件。

① 预制钢筋混凝土滤板按图示尺寸区分厚度以“10m^3”计算，不扣除滤头套管所占体积。

② 除钢筋混凝土滤板外其他预制混凝土构件均按图示尺寸以“m^3”计算，不扣除 0.3m^2以内孔洞所占体积。

4）折板、壁板制作安装。

① 折板安装区分材质均按图示尺寸以“m^2”计算。

② 稳流板安装区分材质不分断面均按图示长度以“延米”计算。

5）滤料铺设：各种滤料铺设均按设计要求的铺设平面乘以铺设厚度以“m^3”计算，锰砂、铁矿石滤料以“10t”计算。

6）防水工程。

① 各种防水层按实铺面积，以“100m^2”计算，不扣除 0.3m^2及以内孔洞所占面积。

② 平面与立面交接处的防水层，其上卷高度超过 500mm 时，按立面防水层计算。

7）施工缝：各种材质的施工缝填缝及盖缝均不分断面按设计缝长以“延米”计算。

8）井、池渗漏试验：井、池的渗漏试验区分井、池的容量范围，以“1000m”水容量计算。

（2）给水排水机械设备安装

1）机械设备类

① 格栅除污机、滤网清污机、搅拌机械、曝气机、生物转盘、带式压滤机均区分设备重量，以“台”为计量单位，设备重量均包括设备带有的电动机的重量在内。

② 螺旋泵、水射器、管式混合器、辊压转鼓式污泥脱水机、污泥造粒脱水机均区分直径，以“台”为计量单位。

③ 排泥、撇渣和除砂机械均区分跨度或池径按“台”为计量单位。

④ 闸门及驱动装置，均区分直径或长×宽以“座”为计量单位。

⑤ 曝气管不分曝气池和曝气沉砂池，均区分管径和材质按“延米”为计量单位。

2）其他项目

① 集水槽制作安装分别按碳钢、不锈钢，区分厚度按“$10m^2$”为计量单位。

② 集水槽制作、安装以设计断面尺寸乘以相应长度以“m^2”计算，断面尺寸应包括需要折边的长度，不扣除出水孔所占面积。

③ 堰板制作分别按碳钢、不锈钢区分厚度按“$10m^2$”为计量单位。

④ 堰板安装分别按金属和非金属区分厚度按“$10m^2$”计量。金属堰板适用于碳钢、不锈钢，非金属堰板适用于玻璃钢和塑料。

⑤ 齿型堰板制作安装按堰板的设计宽度乘以长度以“m^2”计算，不扣除齿型间隔空隙所占面积。

⑥ 穿孔管钻孔项目，区分材质按管径以“100 个孔”为计量单位。钻孔直径是综合考虑取定的，不论孔径大与小均不做调整。

⑦ 斜板、斜管安装仅是安装费，按“$10m^2$”为计量单位。

⑧ 格栅制作安装区分材质按格栅重量，以“t”为计量单位，制作所需的主材应区分规格、型号分别按定额中规定的使用量计算。

【例 4-17】 如图 4-12 所示，为给水排水工程中给水排水构筑物现浇钢筋混凝土半地下室水池（水池为圆形），试计算其定额工程量。

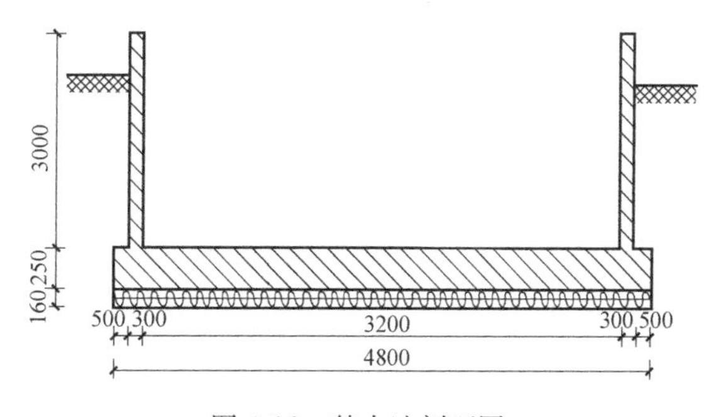

图 4-12 某水池剖面图

【解】

（1）半地下室池底混凝土浇筑工程量：

混凝土池底厚 0.25m，底面半径为 2.4m

$$工程量=\pi\times2.4^2\times0.25=4.52m^3=0.452(10m^3)$$

（2）现浇混凝土池壁池壁（隔墙）工程量：

池壁厚 0.3m，则：

$$内壁半径为\frac{3.2}{2}\text{m}=1.6\text{m}$$

$$外壁半径为\left(\frac{3.2}{2}+0.3\right)\text{m}=1.9\text{m}$$

$$工程量=(\pi\times1.9^2-\pi\times1.6^2)\times3=9.9\text{m}^3=0.99(10\text{m}^3)$$

4.2.8 路灯工程定额使用与工程计量

1. 定额使用说明

(1) 变配电设备工程

1) 该定额主要包括：变压器安装，组合型成套箱式变电站安装；电力电容器安装；高低压配电柜及配电箱、盖板制作安装；熔断器、控制器、启动器、分流器安装；接线端子焊压安装。

2) 变压器安装用枕木、绝缘导线、石棉布是按一定的折旧率摊销的，实际摊销量与定额不符时不作换算。

3) 变压器油按设备带来考虑，但施工中变压器油的过滤损耗及操作损耗已包括在有关定额中。

4) 高压成套配电柜安装定额是综合考虑编制的，执行中不作换算。

5) 配电及控制设备安装，均不包括支架制作和基础型钢制作安装，也不包括设备元件安装及端子板外部接线，应另执行相应定额。

6) 铁构件制作安装适用于本定额范围的各种支架制作安装，但铁构件制作安装均不包括镀锌。轻型铁构件是指厚度在 3mm 以内的构件。

7) 各项设备安装均未包括接线端子及二次接线。

(2) 架空线路工程

1) 该定额按平原条件编制的，如在丘陵、山地施工时，其人工和机械乘以表 4-23 的地形系数：

丘陵、山地架空线路工程地形系数　　表 4-23

地形类别	丘陵(市区)	一般山地
调整系数	1.2	1.6

2) 地形划分：

① 平原地带：指地形比较平坦，地面比较干燥的地带。

② 丘陵地带：指地形起伏的矮岗，土丘等地带。

③ 一般山地：指一般山岭、沟谷地带、高原台地等。

3) 线路一次施工工程量按 5 根以上电杆考虑，如 5 根以内者，其人工和机械乘以系数 1.2。

4) 导线跨越：

① 在同一跨越档内，有两种以上跨越物时，则每一跨越物视为“一处”跨越，分别套用定额。

② 单线广播线不算跨越物。

5) 横担安装定额已包括金具及绝缘子安装人工。

6）该定额基础子目适用于路灯杆塔、金属灯柱、控制箱安置基础工程，其他混凝土工程套用有关定额。

7）该定额不包括灯杆坑挖填土工作，应执行通用册有关子目。

（3）电缆工程

1）该定额包括常用的10kV以下电缆敷设，未考虑在河流和水区、水底、井下等条件的电缆敷设。

2）电缆在山地丘陵地区直埋敷设时，人工乘以系数1.3。该地段所需的材料如固定桩、夹具等按实计算。

3）电缆敷设定额中均未考虑波形增加长度及预留等富余长度，该长度应计入工程量之内。

4）该定额未包括下列工作内容：

① 隔热层，保护层的制作安装。

② 电缆的冬期施工加温工作。

（4）照明器具安装工程

1）该定额主要包括各种悬挑灯、广场灯、高杆灯、庭院灯以及照明元器件的安装。

2）各种灯架元器具件的配线，均已综合考虑在定额内，使用时不作调整。

3）各种灯柱穿线均套相应的配管配线定额。

4）该定额已考虑了高度在10m以内的高空作业因素，如安装高度超过10m时，其定额人工乘以系数1.4。

5）本章定额已包括利用仪表测量绝缘及一般灯具的试亮工作。

6）该定额未包括电缆接头的制作及导线的焊压接线端子。如实际使用时，可套用有关章节的定额。

（5）防雷接地装置工程

1）该定额适用于高杆灯杆防雷接地，变配电系统接地及避雷针接地装置。

2）接地母线敷设定额按自然地坪和一般土质考虑的，包括地沟的挖填土和夯实工作，执行本定额不应再计算土方量。如遇有石方、矿渣、积水、障碍物等情况可另行计算。

3）该定额不适用于采用爆破法施工敷设接地线、安装接地极，也不包括高土壤电阻率地区采用换土或化学处理的接地装置及接地电阻的测试工作。

4）该定额避雷针安装、避雷引下线的安装均已考虑了高空作业的因素。

5）该定额避雷针按成品件考虑的。

（6）路灯灯架制作安装工程。该定额主要适用灯架施工的型钢煨制，钢板卷材开卷与平直、型钢胎具制作，金属无损探伤检验工作。

（7）刷油防腐工程

1）该定额适用于金属灯杆面的人工、半机械除锈、刷油防腐工程。

2）人工、半机械除锈分轻锈、中锈两种，区分标准为：

① 轻锈：部分氧化皮开始破裂脱落，轻锈开始发生。

② 中锈：氧化皮部分破裂脱呈堆粉末状，除锈后用肉眼能见到腐蚀小凹点。

3）该定额按安装地面刷油考虑，没考虑高空作业因素。

2. 工程计量规则

（1）变配电设备工程

1）变压器安装，按不同容量以“台”为计量单位。一般情况下不需要变压器干燥，如确实需要干燥，可执行《全国统一安装工程预算定额》相应项目。

2）变压器油过滤，不论过滤多少次，直到过滤合格为止。以“吨（t）”为计量单位，变压器油的过滤量，可按制造厂提供的油量计算。

3）高压成套配电柜和组合箱式变电站安装，以“台”为计量单位，均未包括基础槽钢、母线及引下线的配置安装。

4）各种配电箱、柜安装均按不同半周长以“套”为单位计算。

5）铁构件制作安装按施工图示以“100kg”为单位计算。

6）盘柜配线按不同断面、长度应按表 4-24 计算。

盘柜配线长度 **表 4-24**

序号	项目	预留长度/m	说明
1	各种开关柜、箱、板	高+宽	盘面尺寸
2	单独安装（无箱、盘）的铁壳开关、闸刀开关、启动器、母线槽进出线盒等	0.3	以安装对象中心计算
3	以安装对象中心计算	1	以管口计算

7）各种接线端子按不同导线截面积，以“10 个”为单位计算。

（2）架空线路工程

1）底盘、卡盘、拉线盘按设计用量以“块”为单位计算。

2）各种电线杆组立，分材质与高度，按设计数量以“根”为单位计算。

3）拉线制作安装，按施工图设计规定，分不同形式以“组”为单位计算。

4）横担安装，按施工图设计规定，分不同线数以“组”为单位计算。

5）导线架设，分导线类型与截面，按 1km/单线计算，导线预留长度规定见表 4-25。

导线预留长度 **表 4-25**

项目名称		长度/m
高压	转角	2.5
	分支、终端	2.0
低压	分支、终端	0.5
	交叉条线转交	1.5
与设备连接		0.5

注：导线长度按线路总长加预留长度计算。

6）导线跨越架设，指越线架的搭设、拆除和越线架的运输以及因跨越施工难度而增加的工作量，以“处”为单位计算，每个跨越间距按 50m 以内考虑的，大于 50m 小于 100m 时，按 2 处计算。

7）路灯设施编号按“100 个”为单位计算；开关箱号不满 10 只按 10 只计算；路灯编号不满 15 只按 15 只计算；钉粘贴号牌不满 20 个按 20 个计算。

8）混凝土基础制作以“m^3”为单位计算。

9）绝缘子安装以“10 个”为单位计算。

(3) 电缆工程

1) 直埋电缆的挖、填土(石)方,除特殊要求外,可按表4-26计算土方量。

直埋电缆的挖、填土(石)方土方量的计算 表4-26

项目	电缆根数	
	1~2	每增一根
每米沟长挖方量(m^3/m)	0.45	0.153

2) 电缆沟盖板揭、盖定额,按每揭盖一次以延长米计算。如又揭又盖,则按两次计算。

3) 电缆保护管长度,除按设计规定长度计算外,遇有下列情况,应按以下规定增加保护管长度。

① 横穿道路,按路基宽度两端各加2m。

② 垂直敷设时管口离地面加2m。

③ 穿过建筑物外墙时,按基础外缘以外加2m。

④ 穿过排水沟,按沟壁外缘以外加1m。

4) 电缆保护管埋地敷设时,其土方量有施工图注明的,按施工图计算;无施工图的一般按沟深0.9m,沟宽按最外边的保护管两侧边缘外各加0.3m工作面计算。

5) 电缆敷设按单根延长米计算。

6) 电缆敷设长度应根据敷设路径的水平和垂直敷设长度,电缆附加长度见表4-27。

电缆附加长度 表4-27

序号	项目	预留长度	说明
1	电缆敷设弛度、波形弯度、交叉	2.5%	按电缆全长计算
2	电缆进入建筑物内	2.0m	规范规定最小值
3	电缆进入沟内或吊架时引上预留	15m	规范规定最小值
4	变电所进出线	15m	规范规定最小值
5	电缆终端头	15m	检修余量
6	电缆中间头盒	两端各2.0m	检修余量
7	高压开关柜	2.0m	柜下进出线

注:电缆附加及预留长度是电缆敷设长度的组成部分,应计入电缆长度工程量之内。

7) 电缆终端头及中间头均以"个"为计量单位。一根电缆按两个终端头,中间头设计有图示的,按图示确定,没有图示,按实际计算。

(4) 配管配线工程

1) 各种配管的工程量计算,应区别不同敷设方式、敷设位置、管材材质、规格,以"延长米"为计量单位。不扣除管路中间的接线箱(盒)、灯盒、开关盒所占长度。

2) 定额中未包括钢索架设及拉紧装置、接线箱(盒)、支架的制作安装,其工程量另行计算。

3) 管内穿线定额工程量计算,应区别线路性质、导线材质、导线截面积,按单线延长米计算。线路的分支接头线的长度已综合考虑在定额中,不再计算接头长度。

4）塑料护套线明敷设工程量计算，应区别导线截面积、导线芯数，敷设位置，按单线路延长米计算。

5）钢索架设工程量计算，应区分圆钢、钢索直径，按图示墙柱内缘距离，按延长米计算，不扣除拉紧装置所占长度。

6）母线拉紧装置及钢索拉紧装置制作安装工程量计算，应区别母线截面积、花篮螺栓直径以“10套”为单位计算。

7）带行母线安装工程量计算，应区分母线材质、母线截面积、安装位置，按延长米计算。

8）接线盒安装工程量计算，应区别安装形式，以及接线盒类型，以“10个”为单位计算。

9）开关、插座、按钮等的预留线，已分别综合在相应定额内，不另计算。

（5）照明器具安装工程

1）各种悬挑灯、广场灯、高杆灯灯架分别以“10套”、“套”为单位计算。

2）各种灯具、照明器件安装分别以“10套”、“套”为单位计算。

3）灯杆座安装以“10只”为单位计算。

（6）防雷接地装置工程

1）接地极制作安装以“根”为计量单位，其长度按设计长度计算，设计无规定时，按每根2.5m计算，若设计有管冒时，管冒另按加工件计算。

2）接地母线敷设，按设计长度以“10m”为计量单位计算。接地母线、避雷线敷设，均按延长米计算，其长度按施工图设计水平和垂直规定长度另加39%的附加长度（包括转弯、上下波动、避绕障碍物、搭接头所占长度）。计算主材费时另加规定的损耗率。

3）接地跨接线以“10处”为计量单位计算。按规程规定凡需作接地跨接线的工作内容，每跨接一次按一处计算。

（7）路灯灯架制作安装工程

1）路灯灯架制作安装按每组重量及灯架直径，以“吨”为单位计算。

2）型钢煨制胎具，按不同钢材、煨制直径以“个”为单位计算。

3）焊缝无损探伤按被探件厚度不同，分别以“10张”、“10m”为单位计算。

（8）刷油防腐工程

1）本定额不包括除微锈（标准氧化皮完全紧附，仅有少量锈点），发生时按轻锈定额的人工、材料、机械乘以系数0.2。

2）因施工需要发生的二次除锈，其工程量另行计算。

3）金属面刷油不包括除锈费用。

4）油漆与实际不同时，可根据实际要求进行换算，但人工不变。

4.3 市政工程定额计价

4.3.1 工程计价

工程计价包括工程单价的确定和总价的计算。

1. 工程单价

工程单价指的是完成单位工程基本构造单元的工程量所需要的基本费用。工程单价包括工料单价及综合单价。

（1）工料单价又称直接工程费单价，包括人工、材料、机械台班费用，是各种人工消耗量、各种材料消耗量、各类机械台班消耗量与其相应单价的乘积。计算公式为：

$$工料单价=\sum(人材机消耗量\times人材机单价) \tag{4-62}$$

（2）综合单价包括人工费、材料费、机械台班费，还包括企业管理费、利润及风险因素。综合单价根据国家、地区、行业定额或企业定额消耗量及相应生产要素的市场价格进行确定。

2. 工程总价

工程总价指的是经过规定的程序或办法逐级汇总形成的相应工程造价。

（1）采用工料单价时，在工料单价确定后，乘以相应定额项目工程量并汇总，得出相应工程的直接工程费，再按照相应的取费程序计算其他各项费用，汇总后形成相应工程造价。

（2）采用综合单价时，在综合单价确定后，乘以相应项目工程量，经汇总即可得出分部分项工程费，再按照相应的办法计取措施项目、其他项目、规费项目、税金项目费，各项目费汇总后得出相应工程造价。

4.3.2 工程概预算编制基本程序

工程概预算的编制是国家通过颁布统一的计价定额或指标，对建筑产品价格进行计价的活动。国家以假定的建筑安装产品作为对象，制定统一的预算和概算定额。然后按照概预算定额规定的分部分项子目，逐项计算工程量，套用概预算定额单价（或单位估价表）确定直接工程费，然后按照规定的取费标准确定措施费、间接费、利润及税金，经汇总后即为工程概预算价值。工程概预算编制的基本程序如图 4-13 所示。

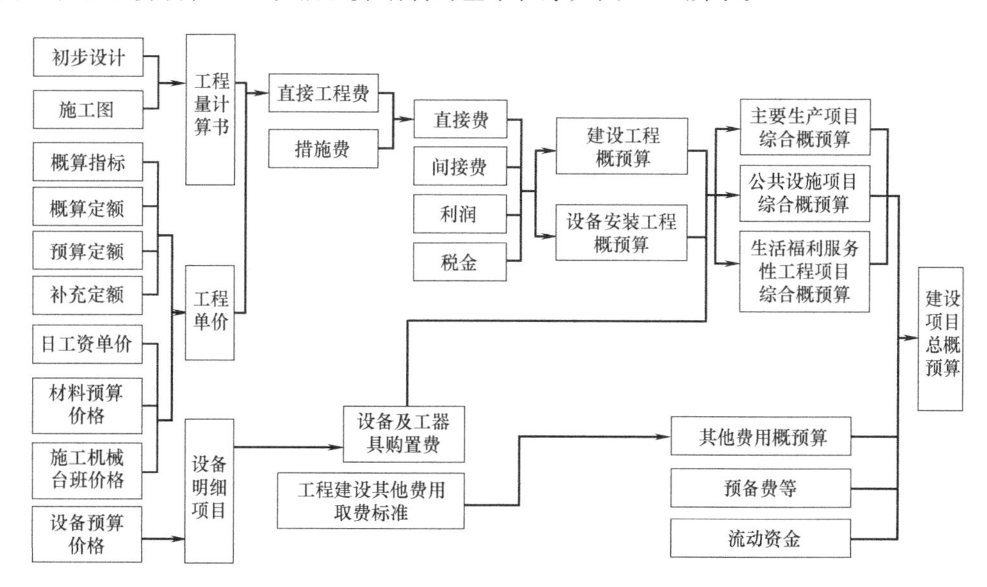

图 4-13 工程概预算编制程序示意图

工程概预算单位价格的形成过程，就是依据概预算定额所确定的消耗量乘以定额单价或是市场价，经过不同层次的计算形成相应造价的过程。可用公式进一步明确工程概预算编制的基本方法及程序。

$$\frac{\text{每一计量单位建筑产品的基本构造要}}{\text{素(假定建筑产品)的直接工程费单价}}=\text{人工费}+\text{材料费}+\text{施工机械使用费} \quad (4\text{-}63)$$

其中：

$$\text{人工费}=\sum(\text{人工工日数量}\times\text{人工单价}) \quad (4\text{-}64)$$

$$\text{材料费}=\sum(\text{材料用量}\times\text{材料单价})+\text{检验试验费} \quad (4\text{-}65)$$

$$\text{机械使用费}=\sum(\text{机械台班用量}\times\text{机械台班单价}) \quad (4\text{-}66)$$

$$\text{单位工程直接费}=\sum(\text{假定建筑产品工程量}\times\text{直接工程费单价})-\text{措施费} \quad (4\text{-}67)$$

$$\text{单位工程概预算造价}=\text{单位工程直接费}+\text{间接费}+\text{利润}+\text{税金} \quad (4\text{-}68)$$

$$\text{单项工程概预算造价}=\sum\text{单位工程概预算造价}+\text{设备、工器具购置费} \quad (4\text{-}69)$$

$$\text{建设项目全部工程概预算造价}=\sum\text{单项工程的概预算造价}+\text{预备费}+\text{有关的其他费用} \quad (4\text{-}70)$$

5 市政工程清单计量与计价

5.1 市政工程工程量清单

5.1.1 分部分项工程量清单

市政工程包含的分部分项工程的名称及相应数量的明细清单，由序号、项目编码、项目名称、项目特征、计量单位及工程量组成，如表 5-1 所示。

分部分项工程量清单表　　表 5-1

工程名称：　　标段　　第　页共　页

序号	项目编码	项目名称	项目特征	计量单位	工程量

1. 项目名称

项目名称是对分部分项工程冠以的名称，原则上以形成的工程实体而命名。在《市政工程工程量计算规范》GB 50857—2013 中，对市政工程中各专业工程所包含的分部分项工程的项目设置和项目名称做了详细的规定，在使用时应严格按规范规定的项目名称，不得随意变更。如道路基层施工中，设计为含灰量 8%、厚度 15cm 的石灰稳定土基层，其项目名称是“石灰稳定土”；市政管网工程中的混凝土管道铺设，其项目名称是“混凝土管”。

如果规范中规定的项目名称有缺项，招标人可以按照相应的原则进行补充，并报当地工程造价管理部门备案，省级或行业工程造价管理机构应汇总并报住房和城乡建设部标准定额研究所，该项目为补充项目。

2. 项目编码

对同一项目名称而言，因为其项目特征的不同，有时难以明确区分。如“混凝土管”为一个项目名称，但混凝土管道的规格包括很多种，为了明确表示某一个管道的铺设工作，虽然都用“混凝土管”这一项目名称，但用项目编码进行区别。

项目编码以五级编码设置，用十二位阿拉伯数字表示。一、二、三、四级编码统一，共有九位；第五级编码分三位，由工程量清单编制人区分具体工程的清单项目特征而分别编码。各级编码代表的含义如下。

（1）第一级表示专业分类码，由二位数字组成，处于第一、二位。如 04 表示市政工程、03 表示安装工程。

（2）第二级表示《市政工程工程量计算规范》GB 50857—2013 中的附录顺序码，即专业工程顺序码（分二位），处于第三、四位；如 0402，表示市政工程中的道路工程，它处于附录 B。

（3）第三级表示节顺序码，即分部工程顺序码（分二位），处于第五、六位；如项目编码 040202，表示道路工程中的道路基层工程，即道路工程中的基层这一分部工程。

（4）第四级表示清单项目码，即分项工程名称顺序码（分三位），处于第七、八、九位；如项目编码 040202002，表示道路基层工程中的石灰稳定土基层，它是道路基层这一分部工程所包含的分项工程。

（5）第五级表示具体清单项目码，即清单项目名称顺序码（分三位），处于第十、十一、十二位。如 040202002001，表示含灰量为 8%、厚度为 15cm 这一特定特征的石灰稳定土基层。当含灰量变为 10%时，虽然项目名称还是“石灰稳定土”，但项目编码就不能用 040202002001，只能改为 040202002002。当含灰量变为 12%、厚度变为 20cm 时，虽然项目名称仍是“石灰稳定土”，但项目编码就不能用 040202002001、040202002002，只能为 040202002003。以此类推。

在项目编码的过程当中，应严格按照规范的规定，前九位码不能变动，后三位码由清单编制人根据项目的具体特征编制，但不能出现重码。

对于清单中的补充项目，其编码由本专业代码 04 与 B 和另外三位阿拉伯数字组成，并应从 04B001 起按顺序编制，同一招标工程的项目不得重码。工程量清单当中需要附有补充项目的名称、项目特征、计量单位、工程量计算规则和工程内容。

3. 项目特征

项目特征是对项目的准确描述，是影响价格的因素，是设置具体清单项目的依据。填写项目特征时应按照《市政工程工程量计算规范》GB 500857——2013 的规定，结合工程的不同部位、施工工艺或材料品种、规格等分别列项。凡项目特征中未描述到的其他独有特征，由清单编制人视项目具体情况确定，以准确描述清单项目为准。

4. 计量单位

市政工程清单项目的计量单位通常采用基本单位，除另有特殊规定外，均按下述单位计量：

（1）以重量计算的项目，按 t 或 kg；

（2）以体积计算的项目，按 m^3；

（3）以面积计算的项目，按 m^2；

（4）以长度计算的项目，按 m；

（5）以自然计量单位计算的项目，按个、件、根、组、套等；

（6）没有具体数量的项目，按系统、项等。

填写计量单位时，应按《市政工程工程量计算规范》GB 50857—2013 规定的计量单位填写，不得变更。

5. 工程量及其有效位数的保留

分部分项工程量清单中的工程量，必须依据《市政工程工程量计算规范》GB 50857—2013 规定的工程量计算规则进行计算。除另有说明外，所有清单项目的工程量应以实体工程量为准，并以完成后的净值计算；投标人在投标报价时，应在综合单价中考虑施工中的各种损耗和需要增加的工程量。

在工程量清单中，工程量计量时，其有效位数按照下述规定计取：

(1) 以“t”为计量单位，保留小数点后三位，第四位四舍五入；

(2) 以“m”“m^2”“m^3”“kg”为计量单位，保留小数点后二位，第三位四舍五入；

(3) 以“个”“件”“套”“根”“组”“系统”等为计量单位，取整数。

5.1.2 措施项目清单

措施项目是指为了完成工程项目施工，发生于该工程施工准备和施工过程中的技术、生活、安全、环境保护等方面的非工程实体项目。措施项目清单必须根据相关工程现行国家计量规范的规定编制，应根据拟建工程的实际情况列项。措施项目中列出了项目编码、项目名称、项目特征、计量单位、工程量计算规则的项目。编制工程量清单时，应按照“分部分项工程”的规定执行。措施项目中仅列出项目编码、项目名称，未列出项目特征、计量单位和工程量计算规则的项目，编制工程量清单时，应按下列措施项目规定的项目编码、项目名称确定：

(1) 脚手架工程工程量清单项目设置、项目特征描述的内容、计量单位及工程量计算规则，应按表 5-2 的规定执行。

脚手架工程（编码：041101） **表 5-2**

项目编码	项目名称	项目特征	计量单位	工程量计算规则	工程内容
041101001	墙面脚手架	墙高	m^2	按墙面水平边线长度乘以墙面砌筑高度计算	1. 清理场地 2. 搭设、拆除脚手架、安全网 3. 材料场内外运输
041101002	柱面脚手架	1. 柱高 2. 柱结构外围周长		按柱结构外围周长乘以柱砌筑高度计算	
041101003	仓面脚手架	1. 搭设方式 2. 搭设高度		按仓面水平面积计算	
041101004	沉井脚手架	沉井高度		按井壁中心线周长乘以井高计算	
041101005	井字架	井深	座	按设计图示数量计算	1. 清理场地 2. 搭、拆井字架 3. 材料场内外运输

注：各类井的井深按井底基础以上至井盖顶的高度计算。

(2) 混凝土模板及支架工程量清单项目设置、项目特征描述的内容、计量单位及工程量计算规则，应按表 5-3 的规定执行。

混凝土模板及支架（编码：041102） **表 5-3**

项目编码	项目名称	项目特征	计量单位	工程量计算规则	工程内容
041102001	垫层模板	构件类型	m^2	按混凝土与模板接触面的面积计算	1. 模板制作、安装、拆除、整理、堆放 2. 模板粘结物及模内杂物清理、刷隔离剂 3. 模板场内外运输及维修
041102002	基础模板				
041102003	承台				
041102004	墩(台)帽模板	1. 构件类型 2. 支模高度			
041102005	墩(台)身模板				
041102006	支撑梁及横梁模板	1. 构件类型 2. 支模高度		按混凝土与模板接触面的面积计算	1. 模板制作、安装、拆除、整理、堆放 2. 模板粘结物及模内杂物清理、刷隔离剂 3. 模板场内外运输及维修

续表

项目编码	项目名称	项目特征	计量单位	工程量计算规则	工程内容
041102007	墩(台)盖梁模板	1. 构件类型 2. 支模高度	m^2	按混凝土与模板接触面的面积计算	1. 模板制作、安装、拆除、整理、堆放 2. 模板粘结物及模内杂物清理、刷隔离剂 3. 模板场内外运输及维修
041102008	拱桥拱座模板				
041102009	拱桥拱肋模板				
041102010	拱上构件模板				
041102011	箱梁模板				
041102012	柱模板				
041102013	梁模板				
041102014	板模板				
041102015	板梁模板				
041102016	板拱模板				
041102017	挡墙模板				
041102018	压顶模板	构件类型			
041102019	防撞护栏模板				
041102020	楼梯模板				
041102021	小型构件模板				
041102022	箱涵滑(底)板模板	1. 构件类型 2. 支模高度			
041102023	箱涵侧墙模板				
041102024	箱涵顶板模板				
041102025	拱部衬砌模板	1. 构件类型 2. 衬砌厚度 3. 拱跨径			
041102026	边墙衬砌模板				
041102027	竖井衬砌模板	1. 构件类型 2. 壁厚			
041102028	沉井井壁(隔墙)模板	1. 构件类型 2. 支模高度			
041102029	沉井顶板模板				
041102030	沉井底板模板	构件类型			
041102031	管(渠)道平基模板				
041102032	管(渠)道管座模板				
041102033	井顶(盖)板模板				
041102034	池底模板				
041102035	池壁(隔墙)模板	1. 构件类型 2. 支模高度			
041102036	池盖模板				
041102037	其他现浇构件模板	构件类型			
041102038	设备螺栓套	螺栓套孔深度	个	按设计图示数量计算	

续表

项目编码	项目名称	项目特征	计量单位	工程量计算规则	工程内容
041102039	水上桩基础支架、平台	1. 位置 2. 材质 3. 桩类型	m^2	按支架、平台搭设的面积计算	1. 支架、平台基础处理 2. 支架、平台的搭设、使用及拆除 3. 材料场内外运输
041102040	桥涵支架	1. 部位 2. 材质 3. 支架类型	m^3	按支架搭设的空间体积计算	1. 支架地基处理 2. 支架的搭设、使用及拆除 3. 支架预压 4. 材料场内外运输

注：原槽浇灌的混凝土基础、垫层不计算模板。

(3) 围堰工程量清单项目设置、项目特征描述的内容、计量单位及工程量计算规则，应按表 5-4 的规定执行。

围堰（编码：041103） **表 5-4**

项目编码	项目名称	项目特征	计量单位	工程量计算规则	工程内容
041103001	围堰	1. 围堰类型 2. 围堰顶宽及底宽 3. 围堰高度 4. 填心材料	1. m^3 2. m	1. 以立方米计量，按设计图示围堰体积计算 2. 以米计量，按设计图示围堰中心线长度计算	1. 清理基底 2. 打、拔工具桩 3. 堆筑、填心、夯实 4. 拆除清理 5. 材料场内外运输
041103002	筑岛	1. 筑岛类型 2. 筑岛高度 3. 填心材料	m^3	按设计图示筑岛体积计算	1. 清理基底 2. 堆筑、填心、夯实 3. 拆除清理

(4) 便道及便桥工程量清单项目设置、项目特征描述的内容、计量单位及工程量计算规则，应按表 5-5 的规定执行。

便道及便桥（编码：041104） **表 5-5**

项目编码	项目名称	项目特征	计量单位	工程量计算规则	工程内容
041104001	便道	1. 结构类型 2. 材料种类 3. 宽度	m^2	按设计图示尺寸以面积计算	1. 平整场地 2. 材料运输、铺设、夯实 3. 拆除、清理
041104002	便桥	1. 结构类型 2. 材料种类 3. 跨径 4. 宽度	座	按设计图示数量计算	1. 清理基底 2. 材料运输、便桥搭设

(5) 洞内临时设施工程量清单项目设置、项目特征描述的内容、计量单位及工程量计算规则，应按表 5-6 的规定执行。

洞内临时设施（编码：041105） **表 5-6**

项目编码	项目名称	项目特征	计量单位	工程量计算规则	工程内容
041105001	洞内通风设施	1. 单孔隧道长度 2. 隧道断面尺寸	m	按设计图示隧道长度以延长米计算	1. 管道铺设 2. 线路架设
041105002	洞内供水设施				

续表

项目编码	项目名称	项目特征	计量单位	工程量计算规则	工程内容
041105003	洞内供电及照明设施	3. 使用时间 4. 设备要求	m	按设计图示隧道长度以延长米计算	3. 设备安装 4. 保养维护 5. 拆除、清理 6. 材料场内外运输
041105004	洞内通信设施				
041105005	洞内外轨道铺设	1. 单孔隧道长度 2. 隧道断面尺寸 3. 使用时间 4. 轨道要求		按设计图示轨道铺设长度以延长米计算	1. 轨道及基础铺设 2. 保养维护 3. 拆除、清理 4. 材料场内外运输

注：设计注明轨道铺设长度的，按设计图示尺寸计算；设计未注明时可按设计图示隧道长度以延长米计算，并注明洞外轨道铺设长度由投标人根据施工组织设计自定。

（6）大型机械设备进出场及安拆工程量清单项目设置、项目特征描述的内容、计量单位及工程量计算规则，应按表 5-7 的规定执行。

大型机械设备进出场及安拆（编码：041106）　　表 5-7

项目编码	项目名称	项目特征	计量单位	工程量计算规则	工程内容
041106001	大型机械设备进出场及安拆	1. 机械设备名称 2. 机械设备规格型号	台・次	按使用机械设备的数量计算	1. 安拆费包括施工机械、设备在现场进行安装拆卸所需人工、材料、机械和试运转费用以及机械辅助设施的折旧、搭设、拆除等费用 2. 进出场费包括施工机械、设备整体或分体自停放地点运至施工现场或由一施工地点运至另一施工地点所发生的运输、装卸、辅助材料等费用

（7）施工排水、降水工程量清单项目设置、项目特征描述的内容、计量单位及工程量计算规则，应按表 5-8 的规定执行。

施工排水、降水（编码：041107）　　表 5-8

项目编码	项目名称	项目特征	计量单位	工程量计算规则	工程内容
041107001	成井	1. 成井方式 2. 地层情况 3. 成井直径 4. 井（滤）管类型、直径	m	按设计图示尺寸以钻孔深度计算	1. 准备钻孔机械、埋设护筒、钻机就位；泥浆制作、固壁；成孔、出渣、清孔等 2. 对接上、下井管（滤管），焊接，安放，下滤料，洗井，连接试抽等
041107002	排水、降水	1. 机械规格型号 2. 降排水管规格	昼夜	按排水、降水日历天数计算	1. 管道安装、拆除，场内搬运等 2. 抽水、值班、降水设备维修等

注：相应专项设计不具备时，可按暂估量计算。

（8）处理、监测、监控工程量清单项目设置、工作内容及包含范围，应按表 5-9 的规定执行。

处理、监测、监控（编码：041108）　　表 5-9

项目编码	项目名称	工作内容及包含范围
041108001	地下管线交叉处理	1. 悬吊 2. 加固 3. 其他处理措施
041108002	施工监测、监控	1. 对隧道洞内施工时可能存在的危害因素进行检测

续表

项目编码	项目名称	工作内容及包含范围
041108002	施工监测、监控	2. 对明挖法、暗挖法、盾构法施工的区域等进行周边环境监测 3. 对明挖基坑围护结构体系进行监测 4. 对隧道的围岩和支护进行监测 5. 盾构法施工进行监控测量

注：地下管线交叉处理指施工过程中对现有施工场地范围内各种地下交叉管线进行加固及处理所发生的费用，但不包括地下管线或设施改、移发生的费用。

（9）安全文明施工及其他措施项目工程量清单项目设置、工作内容及包含范围，应按表5-10的规定执行。

安全文明施工及其他措施项目（041109）　　表5-10

项目编码	项目名称	工作内容及包含范围
041109001	安全文明施工	1. 环境保护：施工现场为达到环保部门要求所需要的各项措施。包括施工现场为保持工地清洁、控制扬尘、废弃物与材料运输的防护、保证排水设施通畅、设置密闭式垃圾站、实现施工垃圾与生活垃圾分类存放等环保措施；其他环境保护措施 2. 文明施工：根据相关规定在施工现场设置企业标志、工程项目简介牌、工程项目责任人员姓名牌、安全六大纪律牌、安全生产记数牌、十项安全技术措施牌、防火须知牌、卫生须知牌及工地施工总平面布置图、安全警示标志牌，施工现场围挡以及为符合场容场貌、材料堆放、现场防火等要求采取的相应措施；其他文明施工措施 3. 安全施工：根据相关规定设置安全防护设施、现场物料提升架与卸料平台的安全防护设施、垂直交叉作业与高空作业安全防护设施、现场设置安防监控系统设施、现场机械设备（包括电动工具）的安全保护与作业场所和临时安全疏散通道的安全照明与警示设施等；其他安全防护措施 4. 临时设施：施工现场临时宿舍、文化福利及公用事业房屋与构筑。物、仓库、办公室、加工厂、工地试验室以及规定范围内的道路、水、电、管线等临时设施和小型临时设施等的搭设、维修、拆除、周转；其他临时设施搭设、维修、拆除
041109002	夜间施工	1. 夜间固定照明灯具和临时可移动照明灯具的设置、拆除 2. 夜间施工时，施工现场交通标志、安全标牌、警示灯等的设置、移动、拆除 3. 夜间照明设备及照明用电、施工人员夜班补助、夜间施工劳动效率降低等
041109003	二次搬运	由于施工场地条件限制而发生的材料、成品、半成品一次运输不能到达堆积地点，必须进行的二次或多次搬运
041109004	冬雨期施工	1. 冬雨期施工时增加的临时设施（防寒保温、防雨设施）的搭设、拆除 2. 冬雨期施工时对砌体、混凝土等采用的特殊加温、保温和养护措施 3. 冬雨期施工时施工现场的防滑处理、对影响施工的雨雪的清除 4. 冬雨期施工时增加的临时设施、施工人员的劳动保护用品、冬雨期施工劳动效率降低等
041109005	行车、行人干扰	1. 由于施工受行车、行人干扰的影响，导致人工、机械效率降低而增加的措施 2. 为保证行车、行人的安全，现场增设维护交通与疏导人员而增加的措施
041109007	地上、地下设施、建筑物的临时保护设施	在工程施工过程中，对已建成的地上、地下设施和建筑物进行的遮盖、封闭、隔离等必要保护措施所发生的人工和材料
041109007	已完工程及设备保护	对已完工程及设备采取的覆盖、包裹、封闭、隔离等必要保护措施所发生的人工和材料

注：本表所列项目应根据工程实际情况计算措施项目费用，需分摊的应合理计算摊销费用。

（10）编制工程量清单时，若设计图纸中有措施项目的专项设计方案时，应按措施项目清单中有关规定描述其项目特征，并根据工程量计算规则计算工程量；若无相关设计方案，其工程数量可为暂估量，在办理结算时，按经批准的施工组织设计方案计算。

5.1.3 其他项目清单

（1）其他项目清单应按照下列内容列项：

1）暂列金额。招标人暂定并包括在合同价款中的一笔款项。不管采用何种合同形式，其理想的标准是，一份合同的价格就是其最终的竣工结算价格，或者至少两者应尽可能接近。暂列金额由招标人根据工程的实际情况进行估算，并填写暂列金额明细表，将估算总金额填入其他项目清单表，暂列金额明细表见表5-11。

暂列金额明细表 **表5-11**

工程名称： 标段： 第 页共 页

序号	项目名称	计量单位	暂定金额(元)	备注
合计				—

我国规定，对政府投资工程实行概算管理，经项目审批部门批复的设计概算是工程投资控制的刚性指标，即使商业性开发项目也有成本的预先控制问题；否则，无法相对准确地预测投资的收益和科学合理地进行投资控制。但工程建设自身的特性决定了工程的设计需要根据工程进展不断地进行优化和调整，业主需求可能会随工程建设进展而出现变化，工程建设过程还会存在一些不能预见、不能确定的因素。消化这些因素必然会影响合同价格的调整，暂列金额正是因应这类不可避免的价格调整而设立，以便达到合理确定和有效控制工程造价的目标。有一种错误的观念认为，暂列金额列入合同价格就属于承包人（中标人）所有了。事实上，即便是总价包干合同，也不是列入合同价格的任何金额都属于中标人的，是否属于中标人应得金额取决于具体的合同约定，暂列金额从定义开始就明确，只有按照合同约定程序实际发生后，才能成为中标人的应得金额，纳入合同结算价款中。扣除实际发生金额后的暂列金额余额仍属于招标人所有。设立暂列金额并不能保证合同结算价格不会再出现超过已签约合同价的情况，是否超出已签约合同价完全取决于对暂列金额预测的准确性，以及工程建设过程是否出现了其他事先未预测到的事件。

2）暂估价。暂估价是指招标阶段直至签订合同协议时，招标人在招标文件中提供的用于支付必然要发生但暂时不能确定价格的材料以及专业工程的金额。其包括材料（工程设备）暂估价和专业工程暂估价。材料（工程设备）暂估价由招标人根据工程造价信息或参照市场价格估算，并填写材料（工程设备）暂估单价及调整表，在备注栏说明暂估价的材料拟用在哪些清单项目上，投标人应将上述材料暂估价计入工程量清单综合单价报价中。材料（工程设备）暂估单价及调整表见表5-12。

材料（工程设备）暂估单价及调整表 **表5-12**

工程名称： 标段： 第 页共 页

序号	材料(工程设备)名称、规格、型号	计量单位	数量		暂估(元)		确认(元)		差额元±(元)		备注
			暂估	确认	单价	合价	单价	合价	单价	合价	
合计											

为方便合同管理和计价，需要纳入工程量清单项目综合单价中的暂估价最好只是材料费，以方便投标人组价。专业工程暂估价一般应是综合暂估价，包括除规费、税金以外的管理费、利润等，专业工程暂估价表见表5-13。

专业工程暂估价及结算价表 **表5-13**

工程名称： 标段： 第 页共 页

序号	工程名称	工程内容	暂估金额(元)	结算金额(元)	差额±(元)	备注
合计						

3）计日工。计日工是为了解决现场发生的零星工作的计价而设立的。国际上常见的标准合同条款中，大多数都设立了计日工计价机制。计日工对完成零星工作所消耗的人工工时、材料数量、施工机械台班进行计量，并按照计日工表中填报的适用项目的单价进行计价支付。计日工表见表5-14。计日工适用的所谓零星工作一般是指合同约定之外或者因变更而产生、工程量清单中没有相应项目的额外工作，尤其是那些时间不允许事先商定价格的额外工作。

计日工表 **表5-14**

工程名称： 标段： 第 页共 页

编号	项目名称	单位	暂定数量	实际数量	综合单价(元)	合价(元)	
						暂定	实际
一	人工						
1							
2							
人工小计							
二	材料						
1							
2							
材料小计							
三	施工机械						
1							
2							
施工机械小计							
四、企业管理费和利润							
总计							

4）总承包服务费。总承包服务费是为了解决招标人在法律、法规允许的条件下进行

专业工程发包以及自行供应材料、工程设备，并需要总承包人对发包的专业工程提供协调和配合服务，对甲供材料、工程设备提供收、发和保管服务以及进行施工现场管理时发生并向总承包人支付的费用。招标人应预计该项费用，并按投标人的投标报价向投标人支付该项费用。总承包服务费计价表见表5-15。

总承包服务费计价表 **表5-15**

工程名称： 标段： 第 页共 页

序号	工程名称	项目价值(元)	服务内容	计算基础	费率(%)	金额(元)
1	发包人发包专业工程					
2	发包人提供材料					
	合计	—	—		—	

(2) 暂列金额应根据工程特点按有关计价规定估算。保证工程施工建设的顺利实施，应针对施工过程中可能出现的各种不确定因素对工程造价的影响，在招标控制价中估算一笔暂列金额。暂列金额可根据工程的复杂程度、设计深度、工程环境条件（包括地质、水文、气候条件等）进行估算，一般可按分部分项工程费和措施项目费的10%～15%为参考。

(3) 暂估价中的材料、工程设备暂估价应根据工程造价信息或参照市场价格估算，列出明细表；专业工程暂估价应分不同专业，按有关计价规定估算，列出明细表。

(4) 计日工应列出项目名称、计量单位和暂估数量。

(5) 综合承包服务费应列出服务项目及其内容等。

(6) 出现第（1）条未列的项目，应根据工程实际情况补充。

5.1.4 规费项目清单

(1) 规费项目清单应按照下列内容列项：

1) 社会保障费：包括养老保险费、失业保险费、医疗保险费、工伤保险费、生育保险费。

2) 住房公积金。

3) 工程排污费。

(2) 出现第（1）条未列的项目，应根据省级政府或省级有关部门的规定列项。

5.1.5 税金项目清单

(1) 税金项目清单应包括下列内容：

1) 营业税。

2) 城市维护建设税。

3) 教育费附加。

4) 地方教育附加。

(2) 出现第（1）条未列的项目，应根据税务部门的规定列项。

5.2 市政工程清单计量

5.2.1 土石方工程清单说明与工程计量

1. 工程计量规则

（1）土方工程。土方工程工程量计算规则见表 5-16。

土方工程（编号：040101） 表 5-16

项目编码	项目名称	项目特征	计量单位	工程量计算规则	工程内容
040101001	挖一般土方	1. 土壤类别 2. 挖土深度	m^3	按设计图示尺寸以体积计算	1. 排地表水 2. 土方开挖 3. 围护（挡土板）及拆除 4. 基底钎探 5. 场内运输
040101002	挖沟槽土方			按设计图示尺寸以基础垫层底面积乘以挖土深度计算	
040101003	挖基坑土方				
040101004	暗挖土方	1. 土壤类别 2. 平洞、斜洞（坡度） 3. 运距		按设计图示断面乘以长度以体积计算	1. 排地表水 2. 土方开挖 3. 场内运输
040101005	挖淤泥、流砂	1. 挖掘深度 2. 运距		按设计图示位置、界限以体积计算	1. 开挖 2. 运输

（2）石方工程。石方工程工程量计算规则见表 5-17。

石方工程（编号：040102） 表 5-17

项目编码	项目名称	项目特征	计量单位	工程量计算规则	工程内容
040102001	挖一般石方	1. 岩石类别 2. 开凿深度	m^3	按设计图示尺寸以体积计算	1. 排地表水 2. 石方开凿 3. 修整底、边 4. 场内运输
040102002	挖沟槽石方			按设计图示尺寸以基础垫层底面积乘以挖石深度计算	
040102003	挖基坑石方				

（3）回填方及土石方运输。回填方及土石方运输工程量计算规则见表 5-18。

回填方及土石方运输（编码：040103） 表 5-18

项目编码	项目名称	项目特征	计量单位	工程量计算规则	工程内容
040103001	回填方	1. 密实度要求 2. 填方材料品种 3. 填方粒径要求 4. 填方来源、运距	m^3	1. 按挖方清单项目工程量加原地面线至设计要求标高间的体积，减基础、构筑物等埋入体积计算 2. 按设计图示尺寸以体积计算	1. 运输 2. 回填 3. 压实
040103002	余方弃置	1. 废弃料品种 2. 运距		按挖方清单项目工程量减利用回填方体积（正数）计算	余方点装料运输至弃置点

2. 清单相关说明

（1）土方工程

1）沟槽、基坑、一般土方的划分为：底宽≤7m 且底长＞3 倍底宽为沟槽，底长≤3 倍底宽且底面积≤150m^2 为基坑。超出上述范围则为一般土方。

2）土壤的分类应按表5-19确定。

土壤分类表　　　　表5-19

土壤分类	土 壤 名 称	开 挖 方 法
一、二类土	粉土、砂土（粉砂、细砂、中砂、粗砂、砾砂）、粉质黏土、弱中盐渍土、软土（淤泥质土、泥炭、泥炭质土）、软塑红黏土、冲填土	用锹，少许用镐、条锄开挖。机械能全部直接铲挖满载者
三类土	黏土、碎石土（圆砾、角砾）、混合土、可塑红黏土、硬塑红黏土、强盐渍土、素填土、压实填土	主要用镐、条锄，少许用锹开挖。机械需部分刨松方能铲挖满载者或可直接铲挖但不能满载者
四类土	碎石土（卵石、碎石、漂石、块石）、坚硬红黏土、超盐渍土、杂填土	全部用镐、条锄挖掘，少许用撬棍挖掘。机械需普遍刨松方能铲挖满载者

3）如土壤类别不能准确划分时，招标人可注明为综合，由投标人根据地勘报告决定报价。

4）土方体积应按挖掘前的天然密实体积计算。

5）挖沟槽、基坑土方中的挖土深度，一般指原地面标高至槽、坑底的平均高度。

6）挖沟槽、基坑、一般土方因工作面和放坡增加的工程量，是否并入各土方工程量中，按各省、自治区、直辖市或行业建设主管部门的规定实施。

7）挖沟槽、基坑、一般土方和暗挖土方清单项目的工作内容中仅包括了土方场内平衡所需的运输费）用，如需土方外运时，按040103002“余方弃置”项目编码列项。

8）挖方出现流砂、淤泥时，如设计未明确，在编制工程量清单时，其工程数量可为暂估值。结算时，应根据实际情况由发包人与承包人双方现场签证确认工程量。

9）挖淤泥、流砂的运距可以不描述，但应注明由投标人根据施工现场实际情况自行考虑决定报价。

（2）石方工程

1）沟槽、基坑、一般石方的划分为：底宽≤7m且底长＞3倍底宽为沟槽；底长≤3倍底宽且底面积≤150m^{2}为基坑；超出上述范围则为一般石方。

2）岩石的分类应按表5-20确定。

岩石分类表　　　　表5-20

岩石分类		代表性岩石	开挖方法
极软岩		1. 全风化的各种岩石 2. 各种半成岩	部分用手凿工具、部分用爆破法开挖
软质岩	软岩	1. 强风化的坚硬岩或较硬岩 2. 中等风化-强风化的较软岩 3. 未风化-微风化的页岩、泥岩、泥质砂岩等	用风镐和爆破法开挖
	较软岩	1. 中等风化-强风化的坚硬岩或较硬岩 2. 未风化-微风化的凝灰岩、千枚岩、泥灰岩、砂质泥岩等	用爆破法开挖
硬质岩	较硬岩	1. 微风化的坚硬岩 2. 未风化-微风化的大理岩、板岩、石灰岩、白云岩、钙质砂岩等	
	坚硬岩	未风化-微风化的花岗岩、闪长岩、辉绿岩、玄武岩、安山岩、片麻岩、石英岩、石英砂岩、硅质砾岩、硅质石灰岩等	

3）石方体积应按挖掘前的天然密实体积计算。

4）挖沟槽、基坑、一般石方因工作面和放坡增加的工程量，是否并入各石方工程量中，按各省、自治区、直辖市或行业建设主管部门的规定实施。如并入各石方工程量中，编制工程量清单时，其所需增加的工程数量可为暂估值，且在清单项目中予以注明；办理工程结算时，按经发包人认可的施工组织设计规定计算。

5）挖沟槽、基坑、一般石方清单项目的工作内容中仅包括了石方场内平衡所需的运输费用，如需石方外运时，按 040103002“余方弃置”项目编码列项。

6）石方爆破按现行国家标准《爆破工程工程量计算规范》GB 50862—2013 相关项目编码列项。

（3）回填方及土石方运输

1）填方材料品种为土时，可以不描述。

2）填方粒径，在无特殊要求情况下，项目特征可以不描述。

3）对于沟、槽坑等开挖后再进行回填方的清单项目，其工程量计算规则按第 1 条确定；场地填方等按第 2 条确定。其中，对工程量计算规则 1，当原地面线高于设计要求标高时，则其体积为负值。

4）回填方总工程量中若包括场内平衡和缺方内运两部分时，应分别编码列项。

5）余方弃置和回填方的运距可以不描述，但应注明由投标人根据施工现场实际情况自行考虑决定报价。

6）回填方如需缺方内运，且填方材料品种为土方时，是否在综合单价中计入购买土方的费用，由投标人根据工程实际情况自行考虑决定报价。

（4）其他问题

1）隧道石方开挖按“隧道工程”中相关项目编码列项。

2）废料及余方弃置清单项目中，如需发生弃置、堆放费用的，投标人应根据当地有关规定计取相应费用，并计入综合单价中。

【例 5-1】 某路堑的示意图如图 5-1 所示，槽长 26.5m，采用人工挖土，土壤类别为四类土，试计算该路堑的挖土方工程量。

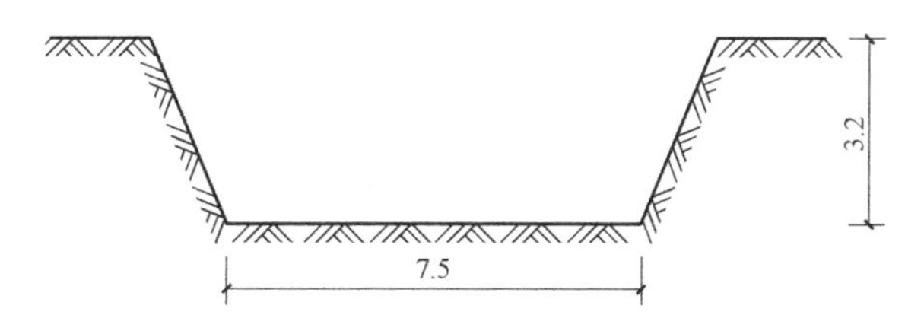

图 5-1　某路堑示意图（单位：m）

【解】

$$路堑挖土方的工程量=7.5\times3.2\times26.5=636m^3$$

【例 5-2】 某带形基础沟槽断面图如图 5-2 所示，该沟槽不放坡，双面支挡土板，混凝土基础支模板，预留工作面 0.3m，沟槽长 120m，采用人工挖土，土壤类别为二类土，试计算挖沟槽工程量。

【解】

$$沟槽土方的工程量=(0.1\times2+0.30\times2+2.8)\times3.6\times120=1555.20m^3$$

【例 5-3】 某土方工程基坑断面图如图 5-3 所示，施工现场为次坚石，基坑开挖长度为 26.5m，试计算基坑开挖工程量。

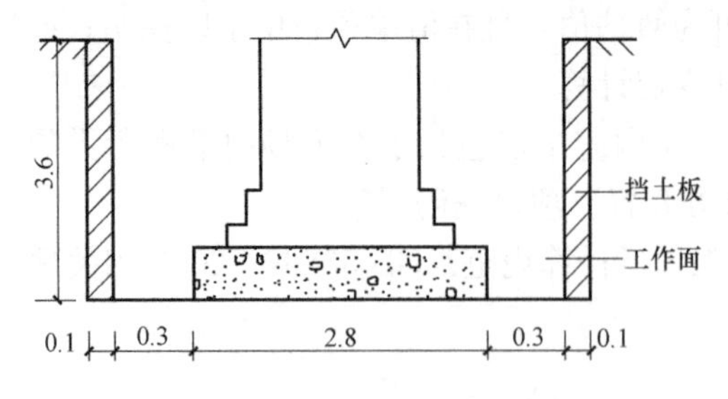

图 5-2 某带形基础沟槽断面图（单位：m）

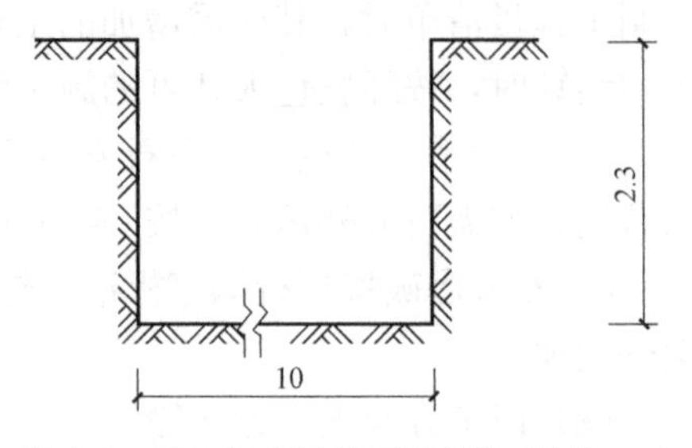

图 5-3 某土方工程基坑断面图（单位：m）

【解】

$$挖基坑石方的工程量=bHL=10\times 2.3\times 26.5=609.50\text{m}^3$$

式中 H——基坑开挖深度，m；

b——基坑开挖宽度（包括工作面的宽度），m；

L——基坑开挖长度，m。

【例 5-4】 某工程雨水管道，矩形截面，长为 60m，宽为 2.5m，平均深度为 2.8m，无检查井。槽内铺设 ϕ800 钢筋混凝土平口管，管壁厚 0.15m，管下混凝土基座为 0.4849m³/m，基座下碎石垫层为 0.24m³/m，试计算该沟槽回填土压实（机械回填；10t 压路机碾压，密实度为 97%）的工程量。

【解】

$$沟槽体积=62.5\times 2.5\times 3=468.75\text{m}^3$$

$$混凝土基座体积=0.4849\times 62.5=30.31\text{m}^3$$

$$碎石垫层体积=0.24\times 62.5=15\text{m}^3$$

$$\phi 800管子外形体积=3.14\times\left(\frac{0.8+0.15\times 2}{2}\right)^2\times 62.5=59.37\text{m}^3$$

$$填土压实土方的工程量=468.75-30.31-15-59.37=364.07\text{m}^3$$

5.2.2 道路工程清单说明与工程计量

1. 工程计量规则

(1) 路基处理。路基处理工程量计算规则见表 5-21。

路基处理（编码：040201） **表 5-21**

<table>
<tr><th>项目编码</th><th>项目名称</th><th>项目特征</th><th>计量单位</th><th>工程量计算规则</th><th>工程内容</th></tr>
<tr><td>040201001</td><td>预压地基</td><td>1. 排水竖井种类、断面尺寸、排列方式、间距、深度
2. 预压方法
3. 预压荷载、时间
4. 砂垫层厚度</td><td rowspan="2">m²</td><td rowspan="2">按设计图示尺寸以加固面积计算</td><td>1. 设置排水竖井、盲沟、滤水管
2. 铺设砂垫层、密封膜
3. 堆载、卸载或抽气设备安拆、抽真空
4. 材料运输</td></tr>
<tr><td>040201002</td><td>强夯地基</td><td>1. 夯击能量
2. 夯击遍数
3. 地耐力要求
4. 夯填材料种类</td><td>1. 铺设夯填材料
2. 强夯
3. 夯填材料运输</td></tr>
</table>

续表

项目编码	项目名称	项目特征	计量单位	工程量计算规则	工程内容
040201003	振冲密实（不填料）	1. 地层情况 2. 振密深度 3. 孔距 4. 振冲器功率	m^2	按设计图示尺寸以加固面积计算	1. 振冲加密 2. 泥浆运输
040201004	掺石灰	含灰量	m^3	按设计图示尺寸以体积计算	1. 掺石灰 2. 夯实
040201005	掺干土	1. 密实度 2. 掺土率			1. 掺干土 2. 夯实
040201006	掺石	1. 材料品种、规格 2. 掺石率			1. 掺石 2. 夯实
040201007	抛石挤淤	材料品种、规格			1. 抛石挤淤 2. 填塞垫平、压实
040201008	袋装砂井	1. 直径 2. 填充料品种 3. 深度	m	按设计图示尺寸以长度计算	1. 制作砂袋 2. 定位沉管 3. 下砂袋 4. 拔管
040201009	塑料排水板	材料品种、规格			1. 安装排水板 2. 沉管插板 3. 拔管
040201010	振冲桩（填料）	1. 地层情况 2. 空桩长度、桩长 3. 桩径 4. 填充材料种类	1. m 2. m^3	1. 以米计量，按设计图示尺寸以桩长计算 2. 以立方米计量，按设计桩截面乘以桩长以体积计算	1. 振冲成孔、填料、振实 2. 材料运输 3. 泥浆运输
040201011	砂石桩	1. 地层情况 2. 空桩长度、桩长 3. 桩径 4. 成孔方法 5. 材料种类、级配		1. 以米计量，按设计图示尺寸以桩长（包括桩尖）计算 2. 以立方米计量，按设计桩截面乘以桩长（包括桩尖）以体积计算	1. 成孔 2. 填充、振实 3. 材料运输
040201012	水泥粉煤灰碎石桩	1. 地层情况 2. 空桩长度、桩长 3. 桩径 4. 成孔方法 5. 混合料强度等级	m	按设计图示尺寸以桩长（包括桩尖）计算	1. 成孔 2. 混合料制作、灌注、养护 3. 材料运输
040201013	深层水泥搅拌桩	1. 地层情况 2. 空桩长度、桩长 3. 桩截面尺寸 4. 水泥强度等级、掺量		按设计图示尺寸以桩长计算	1. 预搅下钻、水泥浆制作、喷浆搅拌提升成桩 2. 材料运输
040201014	粉喷桩	1. 地层情况 2. 空桩长度、桩长 3. 桩径 4. 粉体种类、掺量 5. 水泥强度等级、石灰粉要求	m	按设计图示尺寸以桩长计算	1. 预搅下钻、喷粉搅拌提升成桩 2. 材料运输
040201015	高压水泥旋喷桩	1. 地层情况 2. 空桩长度、桩长 3. 桩截面 4. 旋喷类型、方法 5. 水泥强度等级、掺量			1. 成孔 2. 水泥浆制作、高压旋喷注浆 3. 材料运输

续表

项目编码	项目名称	项目特征	计量单位	工程量计算规则	工程内容
040201016	石灰桩	1. 地层情况 2. 空桩长度、桩长 3. 桩径 4. 成孔方法 5. 掺和料种类、配合比	m	按设计图示尺寸以桩长(包括桩尖)计算	1. 成孔 2. 混合料制作、运输、夯填
040201017	灰土(土)挤密桩	1. 地层情况 2. 空桩长度、桩长 3. 桩径 4. 成孔方法 5. 灰土级配	m	按设计图示尺寸以桩长(包括桩尖)计算	1. 成孔 2. 灰土拌和、运输、填充、夯实
040201018	柱锤冲扩桩	1. 地层情况 2. 空桩长度、桩长 3. 桩径 4. 成孔方法 5. 桩体材料种类、配合比		按设计图示尺寸以桩长计算	1. 安拔套管 2. 冲孔、填料、夯实 3. 桩体材料制作、运输
040201019	地基注浆	1. 地层情况 2. 成孔深度、间距 3. 浆液种类及配合比 4. 注浆方法 5. 水泥强度等级、用量	1. m 2. m^3	1. 以米计量，按设计图示尺寸以深度计算 2. 以立方米计量，按设计图示尺寸以加固体积计算	1. 成孔 2. 注浆导管制作、安装 3. 浆液制作、压浆 4. 材料运输
040201020	褥垫层	1. 厚度 2. 材料品种、规格及比例	1. m^2 2. m^3	1. 以平方米计量，按设计图示尺寸以铺设面积计算 2. 以立方米计量，按设计图示尺寸以铺设体积计算	1. 材料拌和、运输 2. 铺设 3. 压实
040201021	土工合成材料	1. 材料品种、规格 2. 搭接方式	m^2	按设计图示尺寸以面积计算	1. 基层整平 2. 铺设 3. 固定
040201022	排水沟、截水沟	1. 断面尺寸 2. 基础、垫层：材料品种、厚度 3. 砌体材料 4. 砂浆强度等级 5. 伸缩缝填塞 6. 盖板材质、规格	m	按设计图示以长度计算	1. 模板制作、安装、拆除 2. 基础、垫层铺筑 3. 混凝土拌和、运输、浇筑 4. 侧墙浇捣或砌筑 5. 勾缝、抹面 6. 盖板安装
040201023	盲沟	1. 材料品种、规格 2. 断面尺寸			铺筑

（2）道路基层。道路基层工程量计算规则见表 5-22。

道路基层（编码：040202） 表 5-22

项目编码	项目名称	项目特征	计量单位	工程量计算规则	工程内容
040202001	路床(槽)整形	1. 部位 2. 范围	m^2	按设计道路底基层图示尺寸以面积计算，不扣除各类井所占面积	1. 放样 2. 整修路拱 3. 碾压成型
040202002	石灰稳定土	1. 含灰量 2. 厚度		按设计图示尺寸以面积计算，不扣除各类井所占面积	1. 拌和 2. 运输 3. 铺筑 4. 找平 5. 碾压 6. 养护
040202003	水泥稳定土	1. 水泥含量 2. 厚度			
040202004	石灰、粉煤灰、土	1. 配合比 2. 厚度			
040202005	石灰、碎石、土	1. 配合比 2. 碎石规格 3. 厚度			
040202006	石灰、粉煤灰、碎(砾)石	1. 配合比 2. 碎(砾)石规格 3. 厚度			
040202007	粉煤灰	厚度			
040202008	矿渣				
040202009	砂砾石	1. 石料规格 2. 厚度			
040202010	卵石				
040202011	碎石				
040202012	块石				
040202013	山皮石				
040202014	粉煤灰三渣	1. 配合比 2. 厚度	m^2	按设计图示尺寸以面积计算，不扣除各类井所占面积	1. 拌和 2. 运输 3. 铺筑 4. 找平 5. 碾压 6. 养护
040202015	水泥稳定碎(砾)石	1. 水泥含量 2. 石料规格 3. 厚度			
040202016	沥青稳定碎石	1. 沥青品种 2. 石料规格 3. 厚度			

（3）道路面层。道路面层工程量计算规则见表 5-23。

道路面层（编码：040203） 表 5-23

项目编码	项目名称	项目特征	计量单位	工程量计算规则	工程内容
040203001	沥青表面处治	1. 沥青品种 2. 层数	m^2	按设计图示尺寸以面积计算，不扣除各种井所占面积，带平石的面层应扣除平石所占面积	1. 喷油、布料 2. 碾压
040203002	沥青贯入式	1. 沥青品种 2. 石料规格 3. 厚度			1. 摊铺碎石 2. 喷油、布料 3. 碾压
040203003	透层、粘层	1. 材料品种 2. 喷油量			1. 清理下承面 2. 喷油、布料

续表

项目编码	项目名称	项目特征	计量单位	工程量计算规则	工程内容
040203004	封层	1. 材料品种 2. 喷油量 3. 厚度	m^2	按设计图示尺寸以面积计算,不扣除各种井所占面积,带平石的面层应扣除平石所占面积	1. 清理下承面 2. 喷油、布料 3. 压实
040203005	黑色碎石	1. 材料品种 2. 石料规格 3. 厚度			1. 清理下承面 2. 拌和、运输 3. 摊铺、整型 4. 压实
040203006	沥青混凝土	1. 沥青品种 2. 沥青混凝土种类 3. 石料粒料 4. 掺合料 5. 厚度			
040203007	水泥混凝土	1. 混凝土强度等级 2. 掺合料 3. 厚度 4. 嵌缝材料			1. 模板制作、安装、拆除 2. 混凝土拌和、运 输、浇筑 3. 拉毛 4. 压痕或刻防滑槽 5. 伸缝 6. 缩缝 7. 锯缝、嵌缝 8. 路面养
040203008	块料面层	1. 块料品种、规格 2. 垫层:材料品种、厚度、强度等级	m^2	按设计图示尺寸以面积计算,不扣除各种井所占面积,带平石的面层应扣除平石所占面积	1. 铺筑垫层 2. 铺砌块料 3. 嵌缝、勾缝
040203009	弹性面层	1. 材料品种 2. 厚度			1. 配料 2. 铺贴

（4）人行道及其他。人行道及其他工程量计算规则见表 5-24。

人行道及其他（编码：040204） **表 5-24**

项目编码	项目名称	项目特征	计量单位	工程量计算规则	工程内容
040202001	人行道整形碾压	1. 部位 2. 范围	m^2	按设计人行道图示尺寸以面积计算,不扣除侧石、树池和各类井所占面积	1. 放样 2. 碾压
040202002	人行道块料铺设	1. 块料品种、规格 2. 基础、垫层:材料品种、厚度 3. 图形		按设计图示尺寸以面积计算,不扣除各类井所占面积,但应扣除侧石、树池所占面积	1. 基础、垫层铺筑 2. 块料铺设
040202003	现浇混凝土人行道及进口坡	1. 混凝土强度等级 2. 厚度 3. 基础、垫层:材料品种、厚度			1. 模板制作、安装、拆除 2. 基础、垫层铺筑 3. 混凝土拌和、运输、浇筑

续表

项目编码	项目名称	项目特征	计量单位	工程量计算规则	工程内容
040202004	安砌侧(平、缘)石	1. 材料品种、规格 2. 基础、垫层：材料品种、厚度	m	按设计图示中心线长度计算	1. 开槽 2. 基础、垫层铺筑 3. 侧(平、缘)石安砌
040202005	现浇侧(平、缘)石	1. 材料品种 2. 尺寸 3. 形状 4. 混凝土强度等级 5. 基础、垫层：材料品种、厚度			1. 模板制作、安装、拆除 2. 开槽 3. 基础、垫层铺筑 4. 混凝土拌和、运输、浇筑
040202006	检查井升降	1. 材料品种 2. 检查井规格 3. 平均升(降)高度	座	按设计图示路面标高与原有的检查井发生正负高差的检查井的数量计算	1. 提升 2. 降低
040202007	树池砌筑	1. 材料品种、规格 2. 树池尺寸 3. 树池盖面材料品种	个	按设计图示数量计算	1. 基础、垫层铺筑 2. 树池砌筑 3. 盖面材料运输、安装
040202008	预制电缆沟铺设	1. 材料品种 2. 规格尺寸 3. 基础、垫层：材料品种、厚度 4. 盖板品种、规格	m	按设计图示中心线长度计算	1. 基础、垫层铺筑 2. 预制电缆沟安装 3. 盖板安装

（5）交通管理设施。交通管理设施工程量计算规则见表 5-25。

交通管理设施（编码：040205） **表 5-25**

项目编码	项目名称	项目特征	计量单位	工程量计算规则	工程内容
040205001	人(手)孔井	1. 材料品种 2. 规格尺寸 3. 盖板材质、规格 4. 基础、垫层：材料品种、厚度	座	按设计图示数量计算	1. 基础、垫层铺筑 2. 井身砌筑 3. 勾缝(抹面) 4. 井盖安装
040205002	电缆保护管	1. 材料品种 2. 规格	m	按设计图示以长度计算	敷设
040205003	标杆	1. 类型 2. 材质 3. 规格尺寸 4. 基础、垫层：材料品种、厚度 5. 油漆品种	根	按设计图示数量计算	1. 基础、垫层铺筑 2. 制作 3. 喷漆或镀锌 4. 底盘、拉盘、卡盘及杆件安装
040205004	标志板	1. 类型 2. 材质、规格尺寸 3. 板面反光膜等级	块		制作、安装
040205005	视线诱导器	1. 类型 2. 材料品种	只		安装

续表

项目编码	项目名称	项目特征	计量单位	工程量计算规则	工程内容
040205006	标线	1. 材料品种 2. 工艺 3. 线型	1. m 2. m^2	1. 以米计量，按设计图示以长度计算 2. 以平方米计量，按设计图示尺寸以面积计算	1. 清扫 2. 放样 3. 画线 4. 护线
040205007	标记	1. 材料品种 2. 类型 3. 规格尺寸	1. 个 2. m^2	1. 以个计量，按设计图示数量计算 2. 以平方米计量，按设计图示尺寸以面积计算	
040205008	横道线	1. 材料品种 2. 形式	m^2	按设计图示尺寸以面积计算	
040205009	清除标线	清除方法			清除
0402050010	环形检测线圈	1. 类型 2. 规格、型号	个	按设计图示数量计算	1. 安装 2. 调试
0402050011	值警亭	1. 类型 2. 规格 3. 基础、垫层：材料品种、厚度	座	按设计图示数量计算	1. 基础、垫层铺筑 2. 安装
0402050012	隔离护栏	1. 类型 2. 规格、型号 3. 材料品种 4. 基础、垫层：材料品种、厚度	m	按设计图示以长度计算	1. 基础、垫层铺筑 2. 制作、安装
0402050013	架空走线	1. 类型 2. 规格、型号			架线
0402050014	信号灯	1. 类型 2. 灯架材质、规格 3. 基础、垫层：材料品种、厚度 4. 信号灯规格、型号、组数	套	按设计图示数量计算	1. 基础、垫层铺筑 2. 灯架制作、镀锌、喷漆 3. 底盘、拉盘、卡盘及杆件安装 4. 信号灯安装、调试
0402050015	设备控制机箱	1. 类型 2. 材质、规格尺寸 3. 基础、垫层：材料品种、厚度 4. 配置要求	台		1. 基础、垫层铺筑 2. 安装 3. 调试
0402050016	管内配线	1. 类型 2. 材质 3. 规格、型号	m	按设计图示以长度计算	配线

续表

项目编码	项目名称	项目特征	计量单位	工程量计算规则	工程内容
0402050017	防撞筒(墩)	1. 材料品种 2. 规格、型号	个	按设计图示数量计算	制作、安装
0402050018	警示柱	1. 类型 2. 材料品种 3. 规格、型号	根		
0402050019	减速垄	1. 材料品种 2. 规格、型号	m	按设计图示以长度计算	
0402050020	监控摄像机	1. 类型 2. 规格、型号 3. 支架形式 4. 防护罩要求	台	按设计图示数量计算	1. 安装 2. 调试
0402050021	数码相机	1. 规格、型号 2. 立杆材质、形式 3. 基础、垫层:材料品种、厚度	套	按设计图示数量计算	1. 基础、垫层铺筑 2. 安装 3. 调试
0402050022	道闸机	1. 类型 2. 规格、型号 3. 基础、垫层:材料品种、厚度			
0402050023	可变信息情报板	1. 类型 2. 规格、型号 3. 立(横)杆材质、形式 4. 配置要求 5. 基础、垫层:材料品种、厚度			
0402050024	交通智能系统调试	系统类别	系统		系统调试

2. 清单相关说明

(1) 路基处理

1) 地层情况按表5-19和表5-20的规定，并根据岩土工程勘察报告按单位工程各地层所占比例（包括范围值）进行描述。对无法准确描述的地层情况，可注明由投标人根据岩土工程勘察报告自行决定报价。

2) 项目特征中的桩长应包括桩尖，空桩长度＝孔深－桩长，孔深为自然地面至设计桩底的深度。

3) 如采用碎石、粉煤灰、砂等作为路基处理的填方材料时，应按土石方工程中“回填方”项目编码列项。

4) 排水沟、截水沟清单项目中，当侧墙为混凝土时，还应描述侧墙的混凝土强度等级。

(2) 道路基层

1) 道路工程厚度应以压实后为准。

2）道路基层设计截面如为梯形时，应按其截面平均宽度计算面积，并在项目特征中对截面参数加以描述。

（3）道路面层。水泥混凝土路面中传力杆和拉杆的制作、安装应按“钢筋工程”中相关项目编码列项。

（4）交通管理设施

1）本节清单项目如发生破除混凝土路面、土石方开挖、回填夯实等，应分别按“拆除工程”及“土石方工程”中相关项目编码列项。

2）除清单项目特殊注明外，各类垫层应按《市政工程工程量计算规范》GB 50857—2013附录中相关项目编码列项。

3）立电杆按“路灯工程”中相关项目编码列项。

4）值警亭按半成品现场安装考虑，实际采用砖砌等形式的，按现行国家标准《房屋建筑与装饰工程工程量计算规范》GB 50854—2013中相关项目编码列项。

5）与标杆相连的，用于安装标志板的配件应计入标志板清单项目内。

【例5-5】 某道路K0＋200～K0＋750段为混凝土路面，其路基断面示意图如图5-4所示，路面宽为15m，两侧路肩各宽1m，路基的原天然地面的土质为软土，易沉陷，因此在该土中掺石灰以提高天然地面的承载能力，试计算掺石灰的工程量。

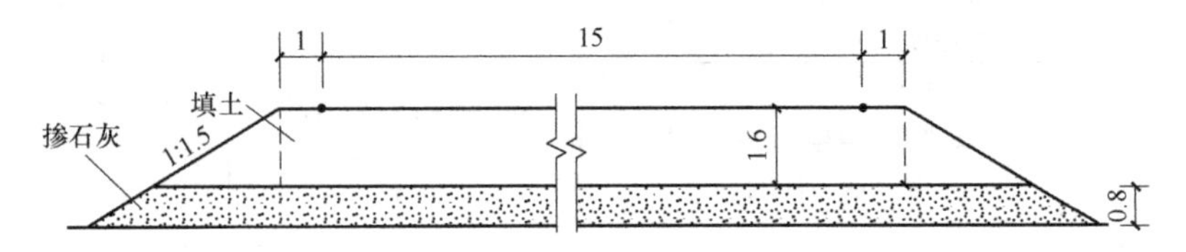

图5-4 路基断面示意图（单位：m）

【解】

路基掺入石灰的工程量＝(750－200)×(15＋1×2＋1.5×1.6×2＋0.8×1.5)×0.8

＝$10120m^3$

【例5-6】 某段长750m水泥混凝土路面路堤断面示意图如图5-5所示，路面宽18m，两侧路肩各宽1m。该段道路的土质为湿软的黏土，影响路基的稳定性，因此在该土中掺入干土，以增加路基的稳定性，延长道路的使用年限，试计算掺干土（密实度为90%）的工程量。

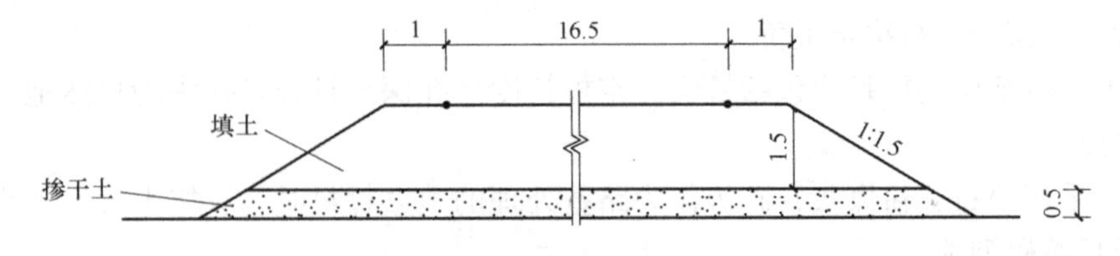

图5-5 路堤断面示意图（单位：m）

【解】

路基掺入干土的工程量＝768×(16.5＋1×2＋1.5×1.5×2＋0.5×1.5)×0.5＝$9120m^3$

【例5-7】 某道路抛石挤淤断面图如图5-6所示，因其在K0＋250～K0＋850之间为排水困难的洼地，且软弱层土易于流动，厚度又较薄，表层也无硬壳，从而采用在基底抛投不小于 30cm 的片石对路基加固处理，路面宽度为 12m，试计算抛石挤淤工程量。

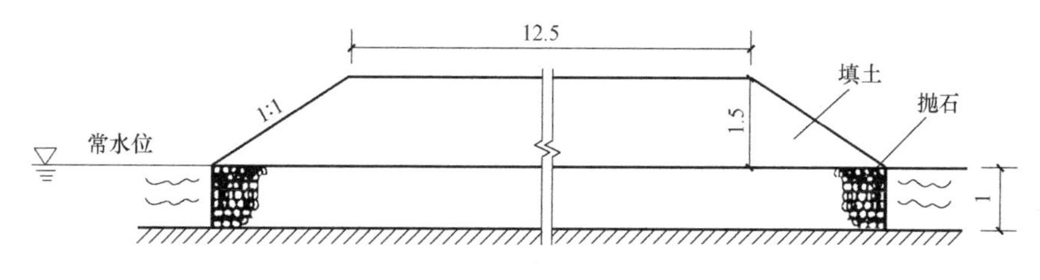

图 5-6 抛石挤淤断面图（单位：m）

【解】

抛石挤淤的工程量＝(850－250)×(12.5＋1×1.5×2)×1＝9300.00m^3

【例 5-8】 某 1200m 长道路路基两侧设置纵向盲沟，如图 5-7 所示，该盲沟可以隔断或截流流向路基的泉水和地下集中水流，试计算盲沟的工程量。

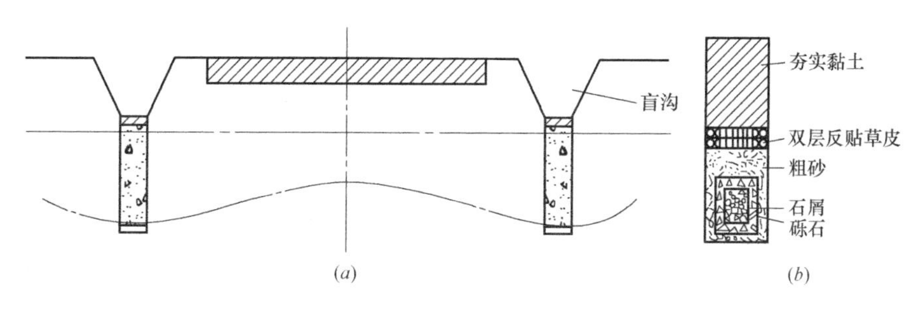

图 5-7 某路基盲沟示意图

(a) 路基纵向盲沟（双列式）；(b) 盲沟构造

【解】

盲沟的工程量＝1200×2＝2400.00m

【例 5-9】 某一级道路 K0＋120～K0＋720 段为沥青混凝土结构如图 5-8 所示，路面宽度为 20m，路肩宽度为 2m。为保证路基压实，路基两侧各加宽 55cm，试计算水泥稳定土的工程量。

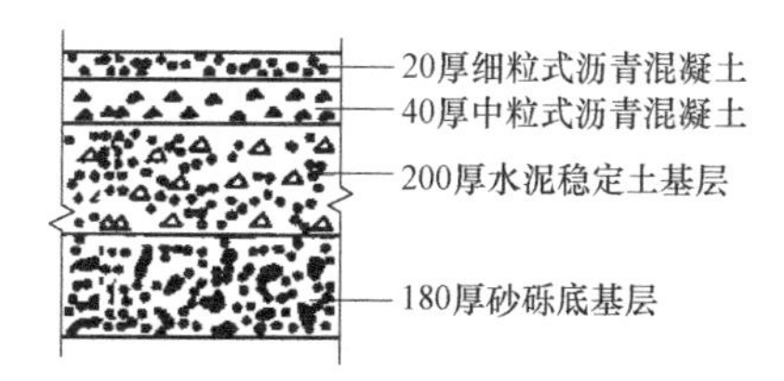

图 5-8 某一级道路结构图（单位：mm）

【解】

水泥稳定土的工程量＝(720－120)×20＝12000.00m^2

【例 5-10】 某路 K0＋000～K0＋100 为沥青混凝土结构，路面宽度为 15m，路面两边铺侧缘石，路肩各宽 1m，路基加宽值为 0.5m。道路的结构图如图 5-9 所示，道路平面图如图 5-10 所示，根据上述情况，试计算道路工程清单工程量，并填写清单工程量计算表。

【解】

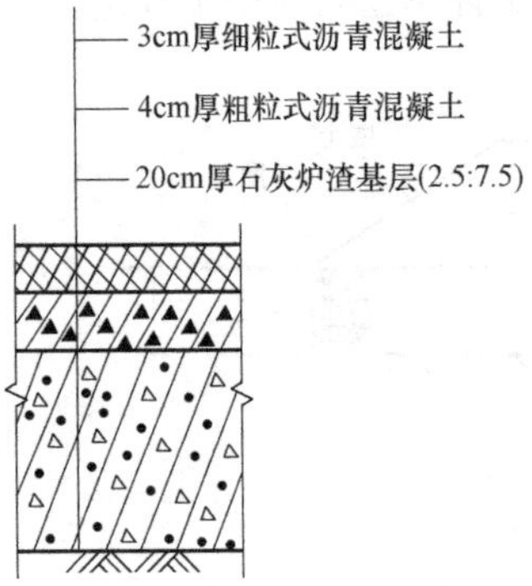

3cm厚细粒式沥青混凝土

4cm厚粗粒式沥青混凝土

20cm厚石灰炉渣基层(2.5:7.5)

图 5-9　道路结构示意图

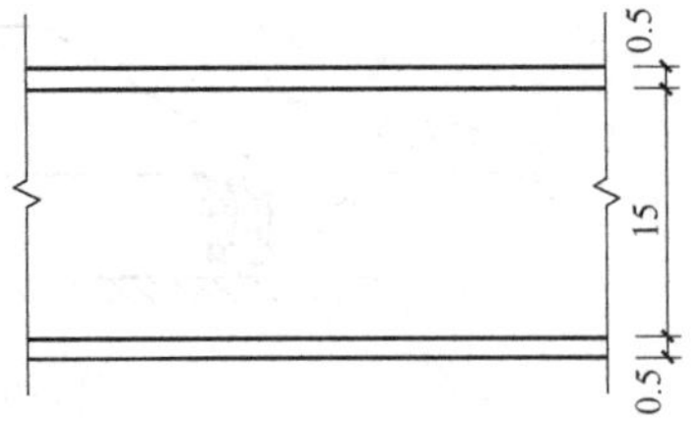

0.5　15　0.5

图 5-10　道路平面图（单位：m）

（1）石灰炉渣基层面积

$$15\times100=1500m^2$$

（2）沥青混凝土面层面积

$$15\times100=1500m^2$$

（3）侧缘石长度

$$100\times2=200m$$

清单工程量计算表见表 5-26。

清单工程量计算表　　**表 5-26**

序号	项目编码	项目名称	项目特征描述	工程量	计算单位
1	040202004001	石灰、粉煤灰、土	石灰炉渣（2.5∶7.5）基层 20cm 厚	1500	m^2
2	040203006001	沥青混凝土	4cm 厚粗粒式，石料最大粒径 30mm	1500	m^2
3	040203006002	沥青混凝土	3cm 厚细粒式，石料最大粒径 20mm	1500	m^2
4	040204004001	安砌侧（平、缘）石	C30 混凝土缘石安砌，砂垫层	200	m

【例 5-11】 某山区道路为黑色碎石路面其结构图，如图 5-11 所示，全长为 1050m，路面宽度为 12.5m，路肩宽度为 1.5m，该路面面层为不带平石的面层。由于该路段路基处于湿软工作状态，为了保证路基的稳定性以及道路的使用年限，对路基进行掺石处理，试计算黑色碎石面层的工程量。

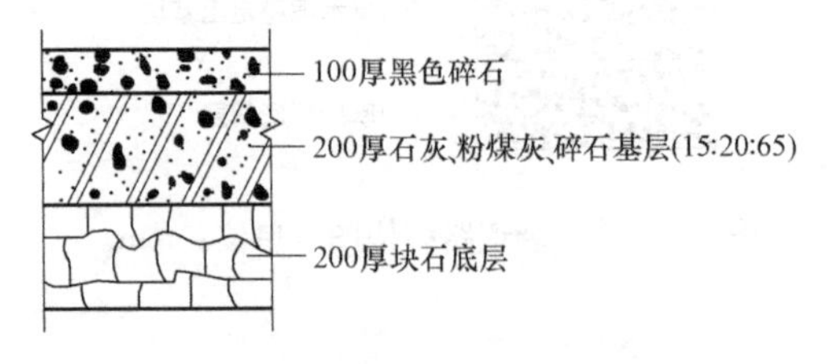

图 5-11　某山区道路结构图（单位：mm）

【解】

$$黑色碎石面层的工程量=1050\times12.5=13125.00m^2$$

【例 5-12】 某城市新建道路，如图 5-12 所示，该路全长 1650m，路面宽 25m，路肩宽 2m，该路面面层为不带平石的面层，其中有 400m 路段处于雨量大地段，设置边沟与截水沟，其余路段只设边沟，试计算沥青混凝土面层的工程量。

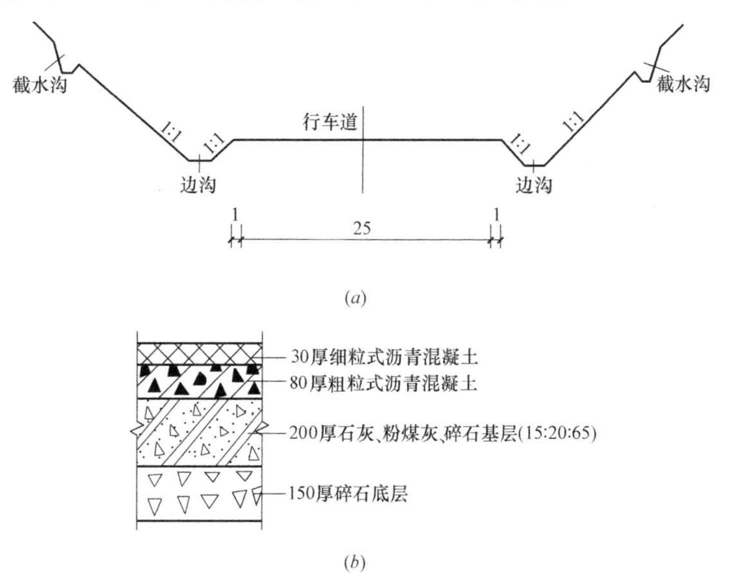

图 5-12 某城市新建道路示意图（单位：mm）
（a）道路横断面图；（b）道路结构图

【解】

沥青混凝土面层的工程量＝1650×25＝41250m²

【例 5-13】 某桩号为 K1＋050～K1＋820 的道路横断面图如图 5-13 所示，路幅宽度为 30.5m，人行道路宽度各为 6m（人行道宽不包括侧石，且人行道上无树池），路肩各宽 1.5m，道路车行道横坡为 2%，人行道横坡为 1.5%，人行道用块料铺设，试计算人行道块料铺设的工程量。

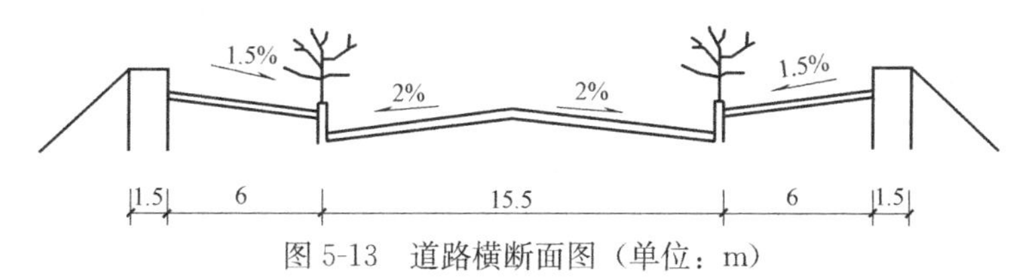

图 5-13 道路横断面图（单位：m）

【解】

人行道块料铺设的工程量＝(1820－1050)×6×2＝9240m²

【例 5-14】 某市长 3500m 四幅路横断面如图 5-14 所示，两侧为宽 3m 的人行道路

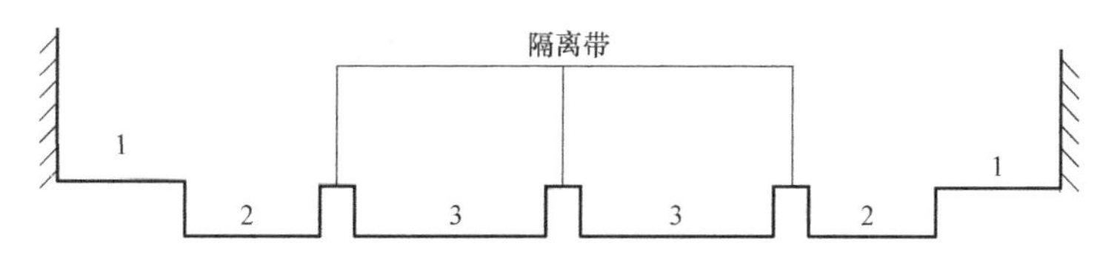

图 5-14 四幅路横断面示意图
1—人行道；2—非机动车道；3—机动车道

（人行道宽不包括侧石，且人行道上无树池），结构如图 5-15 所示，试计算现浇混凝土人行道的工程量。

【解】

现浇混凝土人行道的工程量＝3650×3.2×2＝23360.00m^2

【例 5-15】 某城市道路人孔井示意图如图 5-16 所示，其便于地下管线的装拆，道路总长 2100m，且只在一边设置工作井，每 30m 设一座工作井，试计算人孔井的工程量。

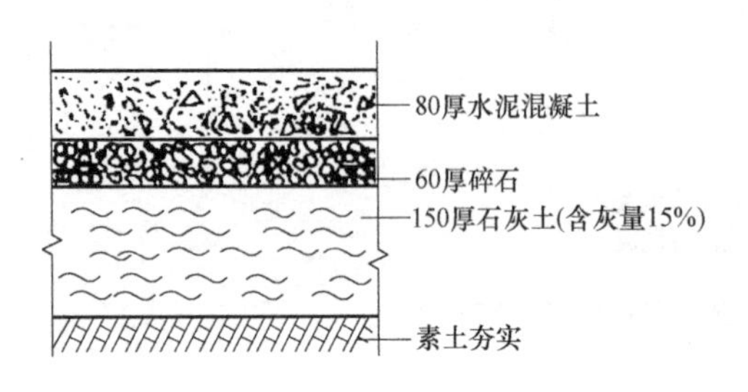

图 5-15 人行道结构图（单位：mm）

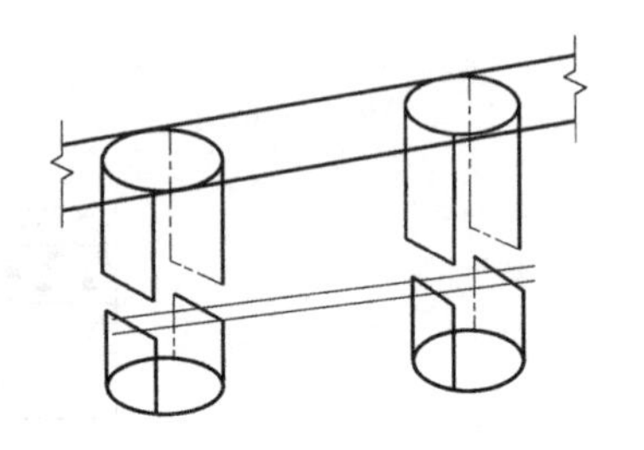

图 5-16 人孔井示意图

【解】

人孔井的工程量＝2100/30＋1＝71座

【例 5-16】 某全长 900m 的道路平面图如图 5-17 所示，路面宽度为 25m，车行道为 17.5m，设为双向四车道，人行道为 6m，在人行道与车行道之间设有缘石，缘石宽度为 20cm，试计算标线的工程量。

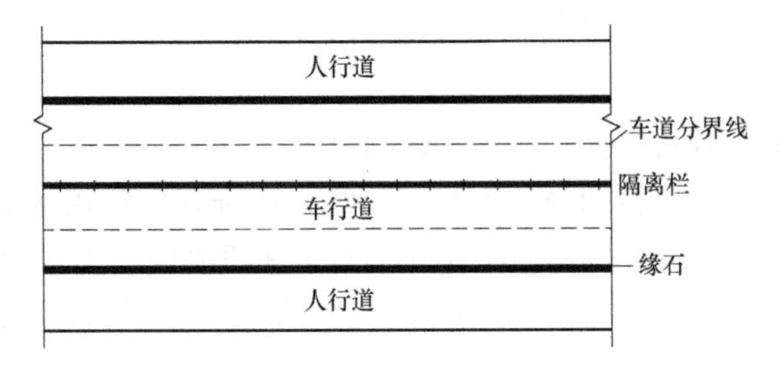

图 5-17 道路平面图

【解】

标线的工程量＝900×2＝1800m

5.2.3 桥涵工程清单说明与工程计量

1. 工程计量规则

（1）桩基。桩基工程量计算规则见表 5-27。

桩基（编号：040301） 表 5-27

项目编码	项目名称	项目特征	计量单位	工程量计算规则	工程内容
040301001	预制钢筋混凝土方桩	1. 地层情况 2. 送桩深度、桩长 3. 桩截面 4. 桩倾斜度 5. 混凝土强度等级	1. m 2. m^3 3. 根	1. 以米计量，按设计图示尺寸以桩长（包括桩尖）计算 2. 以立方米计量，按设计图示桩长（包括桩尖）乘以桩的断面积计算 3. 以根计量，按设计图示数量计算	1. 工作平台搭拆 2. 桩就位 3. 桩机移位 4. 沉桩 5. 接桩 6. 送桩
040301002	预制钢筋混凝土管桩	1. 地层情况 2. 送桩深度、桩长 3. 桩外径、壁厚 4. 桩倾斜度 5. 桩尖设置及类型 6. 混凝土强度等级 7. 填充材料种类			1. 工作平台搭拆 2. 桩就位 3. 桩机移位 4. 桩尖安装 5. 沉桩 6. 接桩 7. 送桩 8. 桩芯填充

续表

<table>
<tr><th>项目编码</th><th>项目名称</th><th>项目特征</th><th>计量单位</th><th>工程量计算规则</th><th>工程内容</th></tr>
<tr><td>040301003</td><td>钢管桩</td><td>1. 地层情况
2. 送桩深度、桩长
3. 材质
4. 管径、壁厚
5. 桩倾斜度
6. 填充材料种类
7. 防护材料种类</td><td>1. t
2. 根</td><td>1. 以吨计量，按设计图示尺寸以质量计算
2. 以根计量，按设计图示数量计算</td><td>1. 工作平台搭拆
2. 桩就位
3. 桩机移位
4. 沉桩
5. 接桩
6. 送桩
7. 切割钢管、精割盖帽
8. 管内取土、余土弃置
9. 管内填芯、刷防护材料</td></tr>
<tr><td>040301004</td><td>泥浆护壁成孔灌注桩</td><td>1. 地层情况
2. 空桩长度、桩长
3. 桩径
4. 成孔方法
5. 混凝土种类、强度等级</td><td rowspan="3">1. m
2. m^3
3. 根</td><td>1. 以米计量，按设计图示尺寸以桩长（包括桩尖）计算
2. 以立方米计量，按不同截面在桩长范围内以体积计算
3. 以根计量，按设计图示数量计算</td><td>1. 工作平台搭拆
2. 桩机移位
3. 护筒埋设
4. 成孔、固壁
5. 混凝土制作、运输、灌注、养护
6. 土方、废浆外运
7. 打桩场地硬化及泥浆池、泥浆沟</td></tr>
<tr><td>040301005</td><td>沉管灌注桩</td><td>1. 地层情况
2. 空桩长度、桩长
3. 复打长度
4. 桩径
5. 沉管方法
6. 桩尖类型
7. 混凝土种类、强度等级</td><td rowspan="2">1. 以米计量，按设计图示尺寸以桩长（包括桩尖）计算
2. 以立方米计量，按设计图示桩长（包括桩尖）乘以桩的断面积计算
3. 以根计量，按设计图示数量计算</td><td>1. 工作平台搭拆
2. 桩机移位
3. 打（沉）拔钢管
4. 桩尖安装
5. 混凝土制作、运输、灌注、养护</td></tr>
<tr><td>040301006</td><td>干作业成孔灌注桩</td><td>1. 地层情况
2. 空桩长度、桩长
3. 桩径
4. 扩孔直径、高度
5. 成孔方法
6. 混凝土种类、强度等级</td><td>1. 工作平台搭拆
2. 桩机移位
3. 成孔、扩孔
4. 混凝土制作、运输、灌注、振捣、养护</td></tr>
<tr><td>040301007</td><td>挖孔桩土（石）方</td><td>1. 土（石）类别
2. 挖孔深度
3. 弃土（石）运距</td><td>m^3</td><td>按设计图示尺寸（含护壁）截面积乘以挖孔深度以立方米计算</td><td>1. 排地表水
2. 挖土、凿石
3. 基底钎探
4. 土（石）方外运</td></tr>
<tr><td>040301008</td><td>人工挖孔灌注桩</td><td>1. 桩芯长度
2. 桩芯直径、扩底直径、扩底高度
3. 护壁厚度、高度
4. 护壁材料种类、强度等级
5. 桩芯混凝土种类、强度等级</td><td>1. m^3
2. 根</td><td>1. 以立方米计量，按桩芯混凝土体积计算
2. 以根计量，按设计图示数量计算</td><td>1. 护壁制作、安装
2. 混凝土制作、运输、灌注、振捣、养护</td></tr>
</table>

续表

项目编码	项目名称	项目特征	计量单位	工程量计算规则	工程内容
040301009	钻孔压浆桩	1. 地层情况 2. 桩长 3. 钻孔直径 4. 骨料品种、规格 5. 水泥强度等级	1. m 2. 根	1. 以米计量，按设计图示尺寸以桩长计算 2. 以根计量，按设计图示数量计算	1. 钻孔、下注浆管、投放骨料 2. 浆液制作、运输、压浆
0403010010	灌注桩后注浆	1. 注浆导管材料、规格 2. 注浆导管长度 3. 单孔注浆量 4. 水泥强度等级	孔	按设计图示以注浆孔数计算	1. 注浆导管制作、安装 2. 浆液制作、运输、压浆
0403010011	截桩头	1. 桩类型 2. 桩头截面、高度 3. 混凝土强度等级 4. 有无钢筋	1. m^3 2. 根	1. 以立方米计量，按设计桩截面乘以桩头长度以体积计算 2. 以根计量，按设计图示数量计算	1. 截桩头 2. 凿平 3. 废料外运
0403010012	声测管	1. 材质 2. 规格型号	1. t 2. m	1. 按设计图示尺寸以质量计算 2. 按设计图示尺寸以长度计算	1. 检测管截断、封头 2. 套管制作、焊接 3. 定位、固定

（2）基坑和边坡支护。基坑和边坡支护工程量计算规则见表5-28。

基坑与边坡支护（编码：040302） **表5-28**

项目编码	项目名称	项目特征	计量单位	工程量计算规则	工程内容
040302001	圆木桩	1. 地层情况 2. 桩长 3. 材质 4. 尾径 5. 桩倾斜度	1. m 2. 根	1. 以米计量，按设计图示尺寸以桩长(包括桩尖)计算 2. 以根计量，按设计图示数量计算	1. 工作平台搭拆 2. 桩机移位 3. 桩制作、运输、就位 4. 桩靴安装 5. 沉桩
040302002	预制钢筋混凝土板桩	1. 地层情况 2. 送桩深度、桩长 3. 桩截面 4. 混凝土强度等级	1. m^3 2. 根	1. 以立方米计量，按设计图示桩长(包括桩尖)乘以桩的断面积计算 2. 以根计量，按设计图示数量计算	1. 工作平台搭拆 2. 桩就位 3. 桩机移位 4. 沉桩 5. 接桩 6. 送桩
040302003	地下连续墙	1. 地层情况 2. 导墙类型、截面 3. 墙体厚度 4. 成槽深度 5. 混凝土种类、强度等级 6. 接头形式	m^3	按设计图示墙中心线长乘以厚度乘以槽深，以体积计算	1. 导墙挖填、制作、安装、拆除 2. 挖土成槽、固壁、清底置换 3. 混凝土制作、运输、灌注、养护 4. 接头处理 5. 土方、废浆外运 6. 打桩场地硬化及泥浆池、泥浆沟

续表

项目编码	项目名称	项目特征	计量单位	工程量计算规则	工程内容
040302004	咬合灌注桩	1. 地层情况 2. 桩长 3. 桩径 4. 混凝土种类、强度等级 5. 部位	1. m 2. 根	1. 以米计量，按设计图示尺寸以桩长计算 2. 以根计量，按设计图示数量计算	1. 桩机移位 2. 成孔、固壁 3. 混凝土制作、运输、灌注、养护 4. 套管压拔 5. 土方、废浆外运 6. 打桩场地硬化及泥浆池、泥浆沟
040302005	型钢水泥土搅拌墙	1. 深度 2. 桩径 3. 水泥掺量 4. 型钢材质、规格 5. 是否拔出	m^3	按设计图示尺寸以体积计算	1. 钻机移位 2. 钻进 3. 浆液制作、运输、压浆 4. 搅拌、成桩 5. 型钢插拔 6. 土方、废浆外运
040302006	锚杆(索)	1. 地层情况 2. 锚杆（索）类型、部位 3. 钻孔直径、深度 4. 杆体材料品种、规格、数量 5. 是否预应力 6. 浆液种类、强度等级	1. m 2. 根	1. 以米计量，按设计图示尺寸以钻孔深度计算 2. 以根计量，按设计图示数量计算	1. 钻孔、浆液制作、运输、压浆 2. 锚杆(索)制作、安装 3. 张拉锚固 4. 锚杆(索)施工平台搭设、拆除
040302007	土钉	1. 地层情况 2. 钻孔直径、深度 3. 置入方法 4. 杆体材料品种、规格、数量 5. 浆液种类、强度等级	1. m 2. 根	1. 以米计量，按设计图示尺寸以钻孔深度计算 2. 以根计量，按设计图示数量计算	1. 钻孔、浆液制作、运输、压浆 2. 土钉制作、安装 3. 土钉施工平台搭设、拆除
040302008	喷射混凝土	1. 部位 2. 厚度 3. 材料种类 4. 混凝土类别、强度等级	m^2	按设计图示尺寸以面积计算	1. 修整边坡 2. 混凝土制作、运输、喷射、养护 3. 钻排水孔、安装排水管 4. 喷射施工平台搭设、拆除

（3）现浇混凝土构件。现浇混凝土构件工程量计算规则见表 5-29。

现浇混凝土构件（编码：040303） **表 5-29**

<table>
<tr><th>项目编码</th><th>项目名称</th><th>项目特征</th><th>计量单位</th><th>工程量计算规则</th><th>工程内容</th></tr>
<tr><td>040303001</td><td>混凝土垫层</td><td>混凝土强度等级</td><td rowspan="5">m³</td><td rowspan="5">按设计图示尺寸以面积计算</td><td rowspan="5">1. 模板制作、安装、拆除
2. 混凝土拌和、运输、浇筑
3. 养护</td></tr>
<tr><td>040303002</td><td>混凝土基础</td><td>1. 混凝土强度等级
2. 嵌料(毛石)比例</td></tr>
<tr><td>040303003</td><td>混凝土承台</td><td>混凝土强度等级</td></tr>
<tr><td>040303004</td><td>混凝土墩(台)帽</td><td rowspan="2">1. 部位
2. 混凝土强度等级</td></tr>
<tr><td>040303005</td><td>混凝土墩(台)身</td></tr>
</table>

续表

项目编码	项目名称	项目特征	计量单位	工程量计算规则	工程内容
040303006	混凝土支撑梁及横梁	1. 部位 2. 混凝土强度等级	m^3	按设计图示尺寸以面积计算	1. 模板制作、安装、拆除 2. 混凝土拌和、运输、浇筑 3. 养护
040303007	混凝土墩(台)盖梁				
040303008	混凝土拱桥拱座	混凝土强度等级			
040303009	混凝土拱桥拱肋				
040303010	混凝土拱上构件	1. 部位 2. 混凝土强度等级			
040303011	混凝土箱梁				
040303012	混凝土连续板	1. 部位 2. 结构形式 3. 混凝土强度等级	m^3	按设计图示尺寸以面积计算	1. 模板制作、安装、拆除 2. 混凝土拌和、运输、浇筑 3. 养护
040303013	混凝土板梁				
040303014	混凝土板拱	1. 部位 2. 混凝土强度等级			
040303015	混凝土挡墙墙身	1. 混凝土强度等级 2. 泄水孔材料品种、规格 3. 滤水层要求 4. 沉降缝要求			1. 模板制作、安装、拆除 2. 混凝土拌和、运输、浇筑 3. 养护 4. 抹灰 5. 泄水孔制作、安装 6. 滤水层铺筑 7. 沉降缝
040303016	混凝土挡墙压顶	1. 混凝土强度等级 2. 沉降缝要求			
040303017	混凝土楼梯	1. 结构形式 2. 底板厚度 3. 混凝土强度等级	1. m^2 2. m^3	1. 以平方米计量，按设计图示尺寸以水平投影面积计算 2. 以立方米计量，按设计图示尺寸以体积计算	1. 模板制作、安装、拆除 2. 混凝土拌和、运输、浇筑 3. 养护
040303018	混凝土防撞护栏	1. 断面 2. 混凝土强度等级	m	按设计图示尺寸以长度计算	
040303019	桥面铺装	1. 混凝土强度等级 2. 沥青品种 3. 沥青混凝土种类 4. 厚度 5. 配合比	m^2	按设计图示尺寸以面积计算	1. 模板制作、安装、拆除 2. 混凝土拌和、运输、浇筑 3. 养护 4. 沥青混凝土铺装 5. 碾压
040303020	混凝土桥头搭板	混凝土强度等级	m^3	按设计图示尺寸以体积计算	1. 模板制作、安装、拆除 2. 混凝土拌和、运输、浇筑 3. 养护
040303021	混凝土搭板枕梁				
040303022	混凝土桥塔身	1. 形状 2. 混凝土强度等级			
040303023	混凝土连系梁				
040303024	混凝土其他构件	1. 名称、部位 2. 混凝土强度等级			
040303025	钢管拱混凝土	混凝土强度等级			混凝土拌和、运输、压注

（4）预制混凝土构件。预制混凝土构件工程量计算规则见表 5-30。

预制混凝土构件（编码：040304） **表 5-30**

项目编码	项目名称	项目特征	计量单位	工程量计算规则	工程内容
040304001	预制混凝土梁	1. 部位 2. 图集、图纸名称 3. 构件代号、名称 4. 混凝土强度等级 5. 砂浆强度等级	m^3	按设计图示尺寸以体积计算	1. 模板制作、安装、拆除 2. 混凝土拌和、运输、浇筑 3. 养护 4. 构件安装 5. 接头灌缝 6. 砂浆制作 7. 运输
040304002	预制混凝土柱				
040304003	预制混凝土板				
040304004	预制混凝土挡土墙墙身	1. 图集、图纸名称 2. 构件代号、名称 3. 结构形式 4. 混凝土强度等级 5. 泄水孔材料种类、规格 6. 滤水层要求 7. 砂浆强度等级			1. 模板制作、安装、拆除 2. 混凝土拌和、运输、浇筑 3. 养护 4. 构件安装 5. 接头灌缝 6. 泄水孔制作、安装 7. 滤水层铺设 8. 砂浆制作 9. 运输
040304005	预制混凝土其他构件	1. 部位 2. 图集、图纸名称 3. 构件代号、名称 4. 混凝土强度等级 5. 砂浆强度等级			1. 模板制作、安装、拆除 2. 混凝土拌和、运输、浇筑 3. 养护 4. 构件安装 5. 接头灌浆 6. 砂浆制作 7. 运输

（5）砌筑。砌筑工程量计算规则见表 5-31。

砌筑（编码：040305） **表 5-31**

项目编码	项目名称	项目特征	计量单位	工程量计算规则	工程内容
040305001	垫层	1. 材料品种、规格 2. 厚度	m^3	按设计图示尺寸以体积计算	垫层铺筑
040305002	干砌块料	1. 部位 2. 材料品种、规格 3. 泄水孔材料品种、规格 4. 滤水层要求 5. 沉降缝要求			1. 砌筑 2. 砌体勾缝 3. 砌体抹面 4. 泄水孔制作、安装 5. 滤层铺设 6. 沉降缝
040305003	浆砌块料	1. 部位 2. 材料品种、规格 3. 砂浆强度等级 4. 泄水孔材料品种、规格 5. 滤水层要求 6. 沉降缝要求			
040305004	砖砌体				
040305005	护坡	1. 材料品种 2. 结构形式 3. 厚度 4. 砂浆强度等级	m^2	按设计图示尺寸以面积计算	1. 修整边坡 2. 砌筑 3. 砌体勾缝 4. 砌体抹面

（6）立交箱涵。立交箱涵工程量计算规则见表 5-32。

立交箱涵（编码：040306）　　表 5-32

项目编码	项目名称	项目特征	计量单位	工程量计算规则	工程内容
040306001	透水管	1. 材料品种、规格 2. 管道基础形式	m	按设计图示尺寸以长度计算	1. 基础铺筑 2. 管道铺设、安装
040306002	滑板	1. 混凝土强度等级 2. 石蜡层要求 3. 塑料薄膜品种、规格	m^3	按设计图示尺寸以体积计算	1. 模板制作、安装、拆除 2. 混凝土拌和、运输、浇筑 3. 养护 4. 涂石蜡层 5. 铺塑料薄膜
040306003	箱涵底板	1. 混凝土强度等级 2. 混凝土抗渗要求 3. 防水层工艺要求	m^3	按设计图示尺寸以体积计算	1. 模板制作、安装、拆除 2. 混凝土拌和、运输、浇筑 3. 养护 4. 防水层铺涂
040306004	箱涵侧墙				1. 模板制作、安装、拆除 2. 混凝土拌和、运输、浇筑 3. 养护 4. 防水砂浆 5. 防水层铺涂
040306005	箱涵顶板				
040306006	箱涵顶进	1. 断面 2. 长度 3. 弃土运距	kt·m	按设计图示尺寸以被顶箱涵的质量，乘以箱涵的位移距离分节累计计算	1. 顶进设备安装、拆除 2. 气垫安装、拆除 3. 气垫使用 4. 钢刃角制作、安装、拆除 5. 挖土实顶 6. 土方场内外运输 7. 中继间安装、拆除
040306007	箱涵接缝	1. 材质 2. 工艺要求	m	按设计图示止水带长度计算	接缝

（7）钢结构。钢结构工程量计算规则见表 5-33。

钢结构（编码：040307）　　表 5-33

项目编码	项目名称	项目特征	计量单位	工程量计算规则	工程内容
040307001	钢箱梁	1. 材料品种、规格 2. 部位 3. 探伤要求 4. 防火要求 5. 补刷油漆品种、色彩、工艺要求	t	按设计图示尺寸以质量计算。不扣除孔眼的质量，焊条、铆钉、螺栓等不另增加质量	1. 拼装 2. 安装 3. 探伤 4. 涂刷防火涂料 5. 补刷油漆
040307002	钢板梁				
040307003	钢桁梁				
040307004	钢拱				
040307005	劲性钢结构				
040307006	钢结构叠合梁				
040307007	其他钢构件				

续表

项目编码	项目名称	项目特征	计量单位	工程量计算规则	工程内容
040307008	悬(斜拉)索	1. 材料品种、规格 2. 直径 3. 抗拉强度 4. 防护方式	t	按设计图示尺寸以质量计算	1. 拉索安装 2. 张拉、索力调整、锚固 3. 防护壳制作、安装
040307009	钢拉杆				1. 连接、紧锁件安装 2. 钢拉杆安装 3. 钢拉杆防腐 4. 钢拉杆防护壳制作、安装

(8) 装饰。装饰工程量计算规则见表 5-34。

装饰(编码:040308) **表 5-34**

项目编码	项目名称	项目特征	计量单位	工程量计算规则	工程内容
040308001	水泥砂浆抹面	1. 砂浆配合比 2. 部位 3. 厚度	m^2	按设计图示尺寸以面积计算	1. 基层清理 2. 砂浆抹面
040308002	剁斧石饰面	1. 材料 2. 部位 3. 形式 4. 厚度			1. 基层清理 2. 饰面
040308003	镶贴面层	1. 材质 2. 规格 3. 厚度 4. 部位			1. 基层清理 2. 镶贴面层 3. 勾缝
040308004	涂料	1. 材料品种 2. 部位			1. 基层清理 2. 涂料涂刷
040308005	油漆	1. 材料品种 2. 部位 3. 工艺要求			1. 除锈 2. 刷油漆

(9) 其他。其他工程量计算规则见表 5-35。

其他(编码:040309) **表 5-35**

项目编码	项目名称	项目特征	计量单位	工程量计算规则	工程内容
040309001	金属栏杆	1. 栏杆材质、规格 2. 油漆品种、工艺要求	1. t 2. m	1. 按设计图示尺寸以质量计算 2. 按设计图示尺寸以延长米计算	1. 制作、运输、安装 2. 除锈、刷油漆
040309002	石质栏杆	材料品种、规格	m	按设计图示尺寸以长度计算	制作、运输、安装
040309003	混凝土栏杆	1. 混凝土强度等级 2. 规格尺寸			

续表

项目编码	项目名称	项目特征	计量单位	工程量计算规则	工程内容
040309004	橡胶支座	1. 材质 2. 规格、型号 3. 形式	个	按设计图示数量计算	支座安装
040309005	钢支座	1. 规格、型号 2. 形式			
040309006	盆式支座	1. 材质 2. 承载力			
040309007	桥梁伸缩装置	1. 材料品种 2. 规格、型号 3. 混凝土种类 4. 混凝土强度等级	m	以米计量，按设计图示尺寸以延长米计算	1. 制作、安装 2. 混凝土拌和、运输、浇筑
040309008	隔声屏障	1. 材料品种 2. 结构形式 3. 油漆品种、工艺要求	m^2	按设计图示尺寸以面积计算	1. 制作、安装 2. 除锈、刷油漆
040309009	桥面排(泄)水管	1. 材料品种 2. 管径	m	按设计图示以长度计算	进水口、排(泄)水管制作、安装
040309010	防水层	1. 部位 2. 材料品种、规格 3. 工艺要求	m^2	按设计图示尺寸以面积计算	防水层铺涂

2. 清单相关说明

清单项目各类预制桩均按成品构件编制，购置费用应计入综合单价中，如采用现场预制，包括预制构件制作的所有费用。当以体积为计量单位计算混凝土工程量时，不扣除构件内钢筋、螺栓、预埋铁件、张拉孔道和单个面积≤0.3m^2的孔洞所占体积，但应扣除型钢混凝土构件中型钢所占体积。桩基陆上工作平台搭拆工作内容包括在相应的清单项目中，若为水上工作平台搭拆，应按“措施项目”相关项目单独编码列项。

（1）桩基

1）地层情况按表5-19和表5-20的规定，并根据岩土工程勘察报告按单位工程各地层所占比例（包括范围值）进行描述。对无法准确描述的地层情况，可注明由投标人根据岩土工程勘察报告自行决定报价。

2）各类混凝土预制桩以成品桩考虑，应包括成品桩购置费，如果用现场预制，应包括现场预制桩的所有费用。

3）项目特征中的桩截面、混凝土强度等级、桩类型等，可直接用标准图代号或设计桩型进行描述。

4）打试验桩和打斜桩应按相应项目编码单独列项，并应在项目特征中注明试验桩或斜桩（斜率）。

5）项目特征中的桩长应包括桩尖，空桩长度＝孔深－桩长，孔深为自然地面至设计桩底的深度。

6）泥浆护壁成孔灌注桩是指在泥浆护壁条件下成孔，采用水下灌注混凝土的桩。其成孔方法包括冲击钻成孔、冲抓锥成孔、回旋钻成孔、潜水钻成孔、泥浆护壁的旋挖成孔等。

7）沉管灌注桩的沉管方法包括捶击沉管法、振动沉管法、振动冲击沉管法、内夯沉管法等。

8）干作业成孔灌注桩是指不用泥浆护壁和套管护壁的情况下，用钻机成孔后，下钢筋笼，灌注混凝土的桩，适用于地下水位以上的土层使用。其成孔方法包括螺旋钻成孔、螺旋钻成孔扩底、干作业的旋挖成孔等。

9）混凝土灌注桩的钢筋笼制作、安装，按“钢筋工程”中相关项目编码列项。

10）“桩基”工作内容未含桩基础的承载力检测、桩身完整性检测。

（2）基坑与边坡支护

1）地层情况按表 5-19 和表 5-20 的规定，并根据岩土工程勘察报告按单位工程各地层所占比例（包括范围值）进行描述。对无法准确描述的地层情况，可注明由投标人根据岩土工程勘察报告自行决定报价。

2）地下连续墙和喷射混凝土的钢筋网制作、安装，按“钢筋工程”中相关项目编码列项。基坑与边坡支护的排桩按“桩基”中相关项目编码列项。水泥土墙、坑内加固按“道路工程”中“路基工程”中相关项目编码列项。混凝土挡土墙、桩顶冠梁、支撑体系按“隧道工程”中相关项目编码列项。

（3）现浇混凝土构件。台帽、台盖梁均应包括耳墙、背墙。

（4）预制混凝土构件

1）干砌块料、浆砌块料和砖砌体应根据工程部位不同，分别设置清单编码。

2）“砌筑”清单项目中“垫层”指碎石、块石等非混凝土类垫层。

（5）立交箱涵。除箱涵顶进土方外，顶进工作坑等土方应按“土石方工程”中相关项目编码列项。

（6）装饰。如遇本清单项目缺项时，可按现行国家标准《房屋建筑与装饰工程工程量计算规范》GB 50854—2013 中相关项目编码列项。

（7）其他。支座垫石混凝土按“现浇混凝土构件”中“混凝土基础”项目编码列项。

【例 5-17】 预制钢筋混凝土方桩截面尺寸为 250mm×250mm，设计全长 12.5m，桩顶至自然地面高度为 2.2m，试计算预制钢筋混凝土方桩的工程量。

【解】

预制钢筋混凝土方桩的工程量＝12.5m

【例 5-18】 某圆木桩如图 5-18 所示，桩身长 600mm，桩尖长 5.5mm，外径 220mm，试计算打桩的工程量。

【解】

圆木桩的工程量＝0.055＋0.6＝0.655m

【例 5-19】 某桥梁混凝土墩帽如图 5-19 所示，试计算该桥墩混凝土墩帽的工程量。

【解】

$$V_1 = 1\times4.8\times(0.03+0.04) = 0.34\text{m}^3$$

$$V_2 = V_3 = \frac{1}{2}\times(0.03+0.07)\times1\times4.8 = 0.24\text{m}^3$$

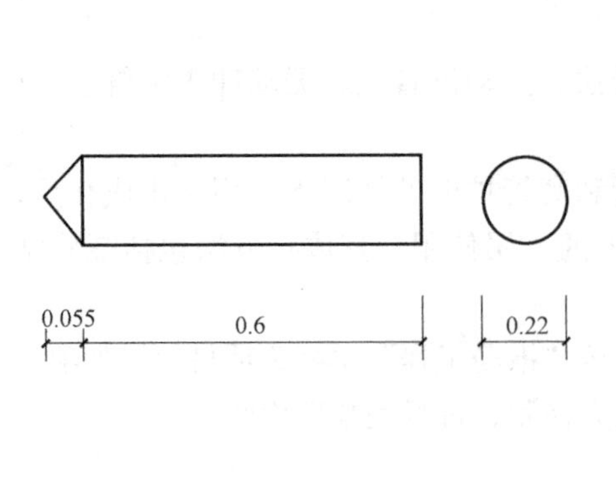

图 5-18 圆木桩（单位：m）

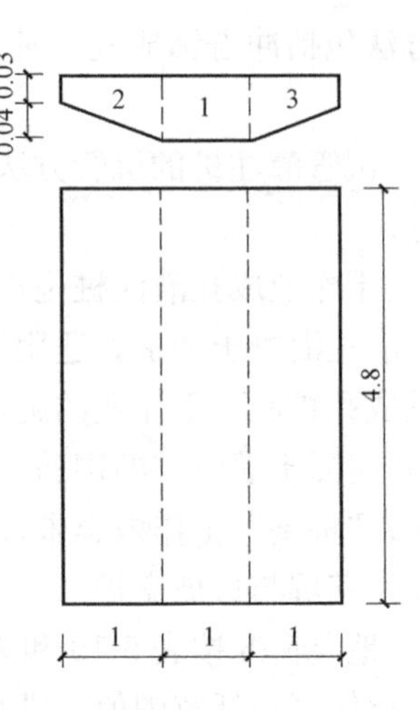

图 5-19 桥梁墩帽（单位：m）

桥梁混凝土墩帽的工程量$=V_1+V_2+V_3=0.34+0.24+0.24=0.82\text{m}^3$

【例 5-20】 某T形支撑梁如图 5-20 所示，现场浇筑混凝土施工，试计算该T形混凝土支撑梁的工程量。

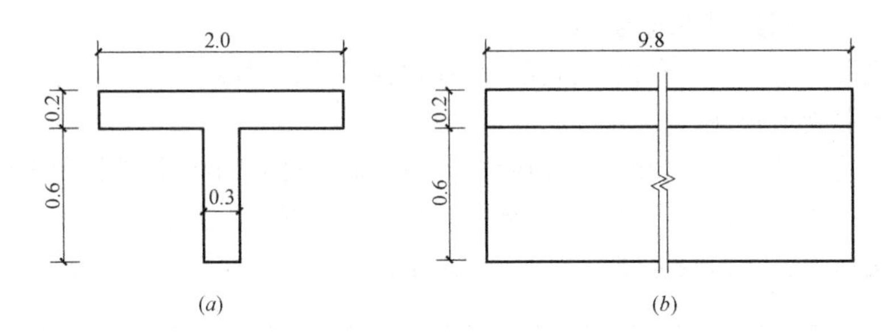

图 5-20 T形支撑梁示意图（单位：m）
（*a*）正立面图；（*b*）侧立面图

【解】

T形混凝土支撑梁的工程量$=(0.2\times2.0+0.6\times0.3)\times9.8=5.68\text{m}^3$

【例 5-21】 某单孔空腹式拱桥如图 5-21 所示，拱圈上部对称布置 6 孔腹拱，腹拱横向宽度取为 9.2m，试计算该拱桥腹拱的工程量。

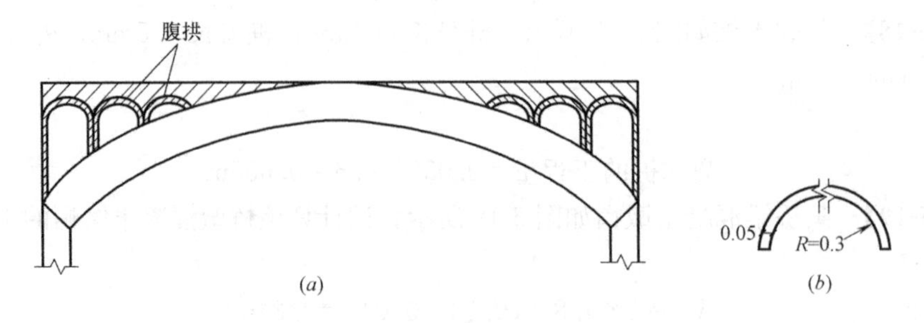

图 5-21 某单孔空腹式拱桥（单位：m）
（*a*）拱桥；（*b*）腹拱尺寸

【解】

$$单个腹拱的工程量=\frac{1}{2}\times 3.14\times(0.35^2-0.3^2)\times 9.2=0.47m^3$$

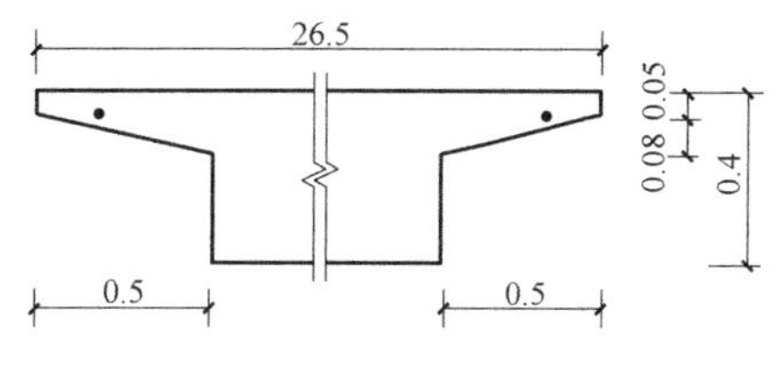

图5-22 某桥头搭板横截面(单位:m)

$$拱桥腹拱总的工程量=0.47\times 6=2.82m^3$$

【例 5-22】 某混凝土桥头搭板横截面如图5-22所示，采用C20混凝土浇筑，石子最大粒径18mm，试计算该混凝土桥头搭板工程量（取板长为26. 5m）。

【解】

$$横断面面积=\frac{1}{2}\times(0.05+0.13)\times 0.5\times 2+(26.5-2\times 0.5)\times 0.4=0.09+10.2=10.29m^2$$

$$混凝土桥头搭板的工程量=10.29\times 26.5=272.69m^2$$

【例 5-23】 某桥梁桥墩处设 3 根直径为 2.5m 的预制混凝土圆立柱，如图 5-23 所示，立柱设在盖梁与承台之间，圆柱高 4.0m，工厂预制生产，试计算该桥墩预制混凝土圆立柱的工程量。

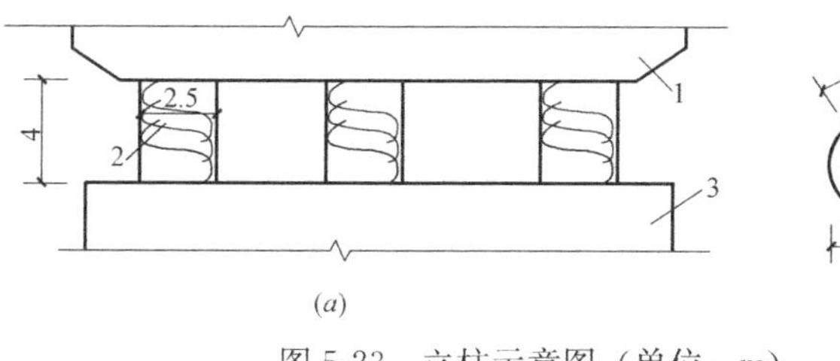

图 5-23 立柱示意图（单位：m）

（a）立面图；（b）立柱大样图

1—盖深；2—立柱；3—承台

【解】

$$混凝土圆立柱体积V=3.14\times\left(\frac{2.5}{2}\right)^2\times 4=19.63m^3$$

$$3根混凝土圆立柱的工程量=3\times 19.63=58.89m^3$$

【例 5-24】 某桥梁工程采用干砌块石锥形护坡，如图 5-24 所示，厚 40cm，试计算干砌块石工程量。

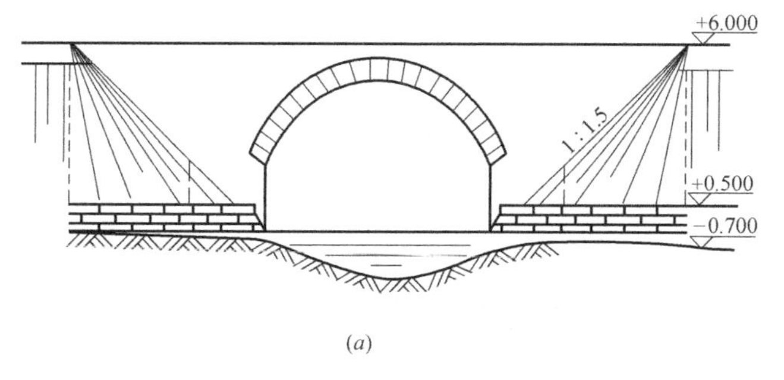

图 5-24 某桥梁工程（单位：m）

（a）桥梁；（b）锥形护坡计算

【解】

$$h=6.00-0.50=5.50\text{m}$$

$$r=5.50\times1.52=8.25\text{m}$$

$$l=\sqrt{8.25^2+5.50^2}=\sqrt{68.0625+30.25}=9.92\text{m}$$

锥形护坡干砌块石的工程量$=2\times\frac{1}{2}\times\pi rl\times0.4=2\times\frac{1}{2}\times3.14\times8.25\times9.92\times0.4=102.79\text{m}^3$

【例 5-25】 某涵洞为箱涵形式，如图 5-25 所示，其箱涵底板表面为水泥混凝土板，厚度为 20cm，C20 混凝土箱涵侧墙厚 50cm，C20 混凝土顶板厚 30cm，涵洞长为 15m，试计算各部分工程量，并填写清单工程量计算表。

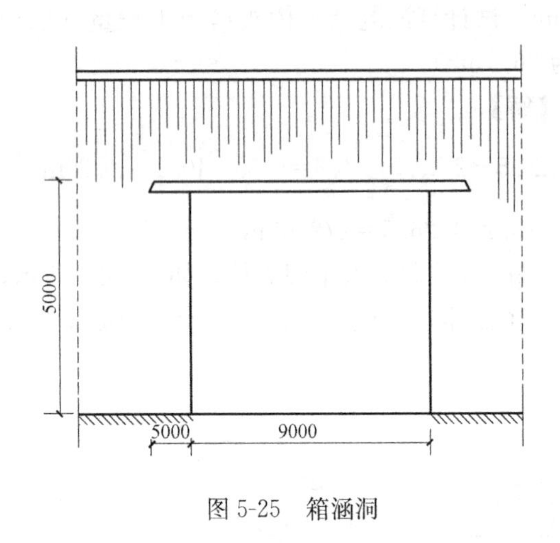

图 5-25 箱涵洞

【解】

（1）箱涵底板

$$V_1=9\times15\times0.2=27\text{m}^3$$

（2）箱涵侧墙

$$V_2=15\times5\times0.5=37.5\text{m}^3$$

$$V=2V_2=2\times37.5=75\text{m}^3$$

（3）箱涵顶板

$$V=(9+0.5\times2)\times0.3\times15=45\text{m}^3$$

清单工程量计算表见表 5-36。

清单工程量计算表 表 5-36

序号	项目编码	项目名称	项目特征描述	工程量	计量单位
1	040306003001	箱涵底板	箱涵底板表面为水泥混凝土板，厚度为 20cm	27	m^3
2	040306004001	箱涵侧墙	侧墙厚 50cm，C20 混凝土	75	m^3
3	040306005001	箱涵顶板	顶板厚 30cm，C20 混凝土	45	m^3

【例 5-26】 某桥梁工程采用钢箱梁，如图 5-26 所示，箱两端过檐为 150mm，箱长 30m，两端竖板厚 50mm，试计算单个钢箱梁工程量。

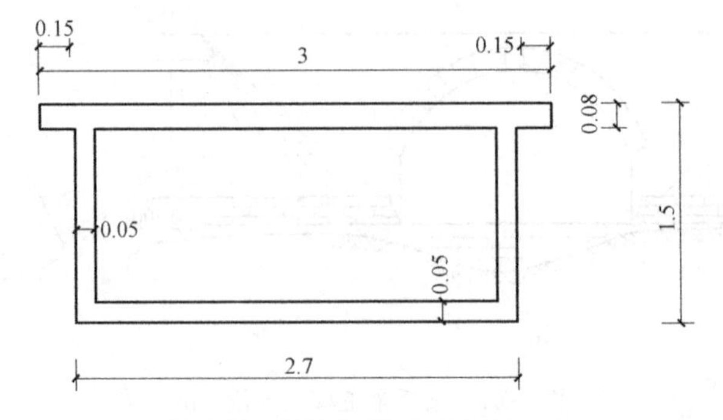

图 5-26 钢箱梁截面（单位：m）

【解】

钢箱梁体积=3×0.08×30+(1.5−0.05−0.08)×0.05×30×2+2.7×0.05×30=15.36m³

钢箱梁的工程量=15.36×7.85×103=120.576×103=120.576t

说明：该钢箱梁每立方米理论质量为7.85×103kg/m³。

【例5-27】 为了增加城市的美观，对某城市桥梁进行面层装饰如图5-27所示，其行车道采用水泥砂浆抹面，人行道为剁斧石饰面，护栏为镶贴面层，试计算各种饰料的工程量。

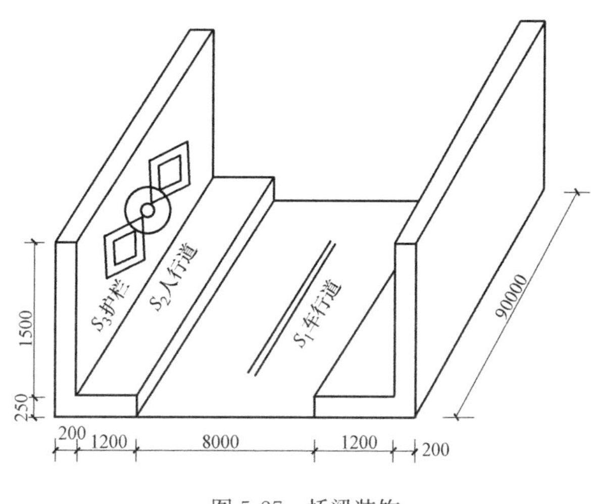

图5-27　桥梁装饰

【解】

（1）水泥砂浆抹面

$$S_1=8\times90=720\text{m}^2$$

（2）剁斧石砌面

$$S_2=2\times1.2\times90+4\times1.2\times0.25+2\times0.25\times90=262.2\text{m}^2$$

（3）镶贴面层

$$S_3=2\times1.5\times90+2\times0.2\times90+4\times0.2\times(1.5+2.5)$$

$$=309.2\text{m}^2$$

【例5-28】 某桥梁工程人行道U形镀锌薄钢板式伸缩缝，如图5-28所示，试计算伸缩缝工程量。

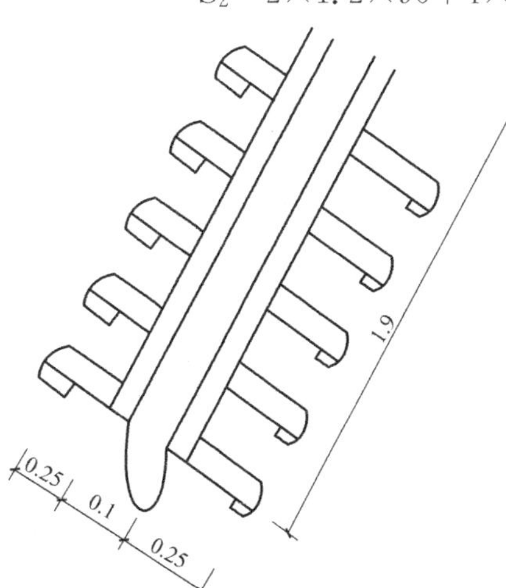

图5-28　某桥梁工程人行道U形桥梁伸缩缝（单位：m）

【解】

桥梁伸缩缝的工程量=1.9m(按其长度计算)。

5.2.4　隧道工程清单说明与工程计量

1. 工程计量规则

（1）隧道岩石开挖。隧道岩石开挖工程量计算规则见表5-37。

隧道岩石开挖（编码：040401） 表 5-37

项目编码	项目名称	项目特征	计量单位	工程量计算规则	工程内容
040401001	平洞开挖	1. 岩石类别 2. 开挖断面 3. 爆破要求 4. 弃碴运距	m^3	按设计图示结构断面尺寸乘以长度以体积计算	1. 爆破或机械开挖 2. 施工面排水 3. 出碴 4. 弃碴场内堆放、运输 5. 弃碴外运
040401002	斜井开挖				
040401003	竖井开挖				
040401004	地沟开挖	1. 断面尺寸 2. 岩石类别 3. 爆破要求 4. 弃碴运距	m^3	按设计图示结构断面尺寸乘以长度以体积计算	1. 爆破或机械开挖 2. 施工面排水 3. 出碴 4. 弃碴场内堆放、运输 5. 弃碴外运
040401005	小导管	1. 类型 2. 材料品种 3. 管径、长度	m	按设计图示尺寸以长度计算	1. 制作 2. 布眼 3. 钻孔 4. 安装
040401006	管棚				
040401007	注浆	1. 浆液种类 2. 配合比	m^3	按设计注浆量以体积计算	1. 浆液制作 2. 钻孔注浆 3. 堵孔

（2）岩石隧道衬砌。岩石隧道衬砌工程量计算规则见表 5-38。

岩石隧道衬砌（编码：040402） 表 5-38

项目编码	项目名称	项目特征	计量单位	工程量计算规则	工程内容
040402001	混凝土仰拱衬砌	1. 拱跨径 2. 部位 3. 厚度 4. 混凝土强度等级	m^3	按设计图示尺寸以体积计算	1. 模板制作、安装、拆除 2. 混凝土拌和、运输、浇筑 3. 养护
040402002	混凝土顶拱衬砌				
040402003	混凝土边墙衬砌	1. 部位 2. 厚度 3. 混凝土强度等级			
040402004	混凝土竖井衬砌	1. 厚度 2. 混凝土强度等级			
040402005	混凝土沟道	1. 断面尺寸 2. 混凝土强度等级			
040402006	拱部喷射混凝土	1. 结构形式 2. 厚度 3. 混凝土强度等级 4. 掺加材料品种、用量	m^2	按设计图示尺寸以面积计算	1. 清洗基层 2. 混凝土拌和、运输、浇筑、喷射 3. 收回弹料 4. 喷射施工平台搭设、拆除
040402007	边墙喷射混凝土				

续表

项目编码	项目名称	项目特征	计量单位	工程量计算规则	工程内容
040402008	拱圈砌筑	1. 断面尺寸 2. 材料品种、规格 3. 砂浆强度等级	m^3	按设计图示尺寸以体积计算	1. 砌筑 2. 勾缝 3. 抹灰
040402009	边墙砌筑	1. 厚度 2. 材料品种、规格 3. 砂浆强度等级			
040402010	砌筑沟道	1. 断面尺寸 2. 材料品种、规格 3. 砂浆强度等级	m^3	按设计图示尺寸以体积计算	1. 砌筑 2. 勾缝 3. 抹灰
040402011	洞门砌筑	1. 形状 2. 材料品种、规格 3. 砂浆强度等级			
040402012	锚杆	1. 直径 2. 长度 3. 锚杆类型 4. 砂浆强度等级	t	按设计图示尺寸以质量计算	1. 钻孔 2. 锚杆制作、安装 3. 压浆
040402013	充填压浆	1. 部位 2. 浆液成分强度	m^3	按设计图示尺寸以体积计算	1. 打孔、安装 2. 压浆
040402014	仰拱填充	1. 填充材料 2. 规格 3. 强度等级		按设计图示回填尺寸以体积计算	1. 配料 2. 填充
040402015	透水管	1. 材质 2. 规格	m	按设计图示尺寸以长度计算	安装
040402016	沟道盖板	1. 材质 2. 规格尺寸 3. 强度等级			制作、安装
040402017	变形缝	1. 类别 2. 材料品种、规格 3. 工艺要求			
040402018	施工缝				
040402019	柔性防水层	材料品种、规格	m^2	按设计图示尺寸以面积计算	铺设

（3）盾构掘进。盾构掘进工程量计算规则见表5-39。

盾构掘进（编号：040403）　　　　**表5-39**

项目编码	项目名称	项目特征	计量单位	工程量计算规则	工程内容
040403001	盾构吊装及吊拆	1. 直径 2. 规格型号 3. 始发方式	台·次	按设计图示数量计算	1. 盾构机安装、拆除 2. 车架安装、拆除 3. 管线连接、调试、拆除

续表

项目编码	项目名称	项目特征	计量单位	工程量计算规则	工程内容
040403002	盾构掘进	1. 直径 2. 规格 3. 形式 4. 掘进施工段类别 5. 密封舱材料品种 6. 弃土(浆)运距	m	按设计图示掘进长度计算	1. 掘进 2. 管片拼装 3. 密封舱添加材料 4. 负环管片拆除 5. 隧道内管线路铺设、拆除 6. 泥浆制作 7. 泥浆处理 8. 土方、废浆外运
040403003	衬砌壁后压浆	1. 浆液品种 2. 配合比	m^3	按管片外径和盾构壳体外径所形成的充填体积计算	1. 制浆 2. 送浆 3. 压浆 4. 封堵 5. 清洗 6. 运输
040403004	预制钢筋混凝土管片	1. 直径 2. 厚度 3. 宽度 4. 混凝土强度等级		按设计图示尺寸以体积计算	1. 运输 2. 试拼装 3. 安装
040403005	管片设置密封条	1. 管片直径、宽度、厚度 2. 密封条材料 3. 密封条规格	环	按设计图示数量计算	密封条安装
040403006	隧道洞口柔性接缝环	1. 材料 2. 规格 3. 部位 4. 混凝土强度等级	m	按设计图示以隧道管片外径周长计算	1. 制作、安装临时防水环板 2. 制作、安装、拆除临时止水缝 3. 拆除临时钢环板 4. 拆除洞口环管片 5. 安装钢环板 6. 柔性接缝环 7. 洞口钢筋混凝土环圈
040403007	管片嵌缝	1. 直径 2. 材料 3. 规格	环	按设计图示数量计算	1. 管片嵌缝槽表面处理、配料嵌缝 2. 管片手孔封堵
040403008	盾构机调头	1. 直径 2. 规格型号 3. 始发方式	台·次	按设计图示数量计算	1. 钢板、基座铺设 2. 盾构拆卸 3. 盾构调头、平行移运定位 4. 盾构拼装 5. 连接管线、调试
040403009	盾构机转场运输	1. 直径 2. 规格型号 3. 始发方式	台·次	按设计图示数量计算	1. 盾构机安装、拆除 2. 车架安装、拆除 3. 盾构机、车架转场运输
0404030010	盾构基座	1. 材质 2. 规格 3. 部位	t	按设计图示尺寸以质量计算	1. 制作 2. 安装 3. 拆除

（4）管节顶升、旁通道。管节顶升、旁通道工程量计算规则见表 5-40。

管节顶升、旁通道（编码：040404） **表 5-40**

项目编码	项目名称	项目特征	计量单位	工程量计算规则	工程内容
040404001	钢筋混凝土顶升管节	1. 材质 2. 混凝土强度等级	m^3	按设计图示尺寸以体积计算	1. 钢模板制作 2. 混凝土拌和、运输、浇筑 3. 养护 4. 管节试拼装 5. 管节场内外运输
040404002	垂直顶升设备安装、拆除	规格、型号	套	按设计图示数量计算	1. 基座制作和拆除 2. 车架、设备吊装就位 3. 拆除、堆放
040404003	管节垂直顶升	1. 断面 2. 强度 3. 材质	m	按设计图示以顶升长度计算	1. 管节吊运 2. 首节顶升 3. 中间节顶升 4. 尾节顶升
040404004	安装止水框、连系梁	材质	t	按设计图示尺寸以质量计算	制作、安装
040404005	阴极保护装置	1. 型号 2. 规格	组	按设计图示数量计算	1. 恒电位仪安装 2. 阳极安装 3. 阴极安装 4. 参变电极安装 5. 电缆敷设 6. 接线盒安装
040404006	安装取、排水头	1. 部位 2. 尺寸	个		1. 顶升口揭顶盖 2. 取排水头部安装
040404007	隧道内旁通道开挖	1. 土壤类别 2. 土体加固方式	m^3	按设计图示尺寸以体积计算	1. 土体加固 2. 支护 3. 土方暗挖 4. 土方运输
040404008	旁通道结构混凝土	1. 断面 2. 混凝土强度等级	m^3	按设计图示尺寸以体积计算	1. 模板制作、安装 2. 混凝土拌和、运输、浇筑 3. 洞门接口防水
040404009	隧道内集水井	1. 部位 2. 材料 3. 形式	座	按设计图示数量计算	1. 拆除管片建集水井 2. 不拆管片建集水井
040404010	防爆门	1. 形式 2. 断面	扇		1. 防爆门制作 2. 防爆门安装
040404011	钢筋混凝土复合管片	1. 图集、图纸名称 2. 构件代号、名称 3. 材质 4. 混凝土强度等级	m^3	按设计图示尺寸以体积计算	1. 构件制作 2. 试拼装 3. 运输、安装
040404012	钢管片	1. 材质 2. 探伤要求	t	按设计图示以质量计算	1. 钢管片制作 2. 试拼装 3. 探伤 4. 运输、安装

（5）隧道沉井。隧道沉井工程量计算规则见表 5-41。

隧道沉井（编码：040405） **表 5-41**

项目编码	项目名称	项目特征	计量单位	工程量计算规则	工程内容
040405001	沉井井壁混凝土	1. 形状 2. 规格 3. 混凝土强度等级	m^3	按设计尺寸以外围井筒混凝土体积计算	1. 模板制作、安装、拆除 2. 刃脚、框架、井壁混凝土浇筑 3. 养护
040405002	沉井下沉	1. 下沉深度 2. 弃土运距		按设计图示井壁外围面积乘以下沉深度以体积计算	1. 垫层凿除 2. 排水挖土下沉 3. 不排水下沉 4. 触变泥浆制作、输送 5. 弃土外运
040405003	沉井混凝土封底	混凝土强度等级		按设计图示尺寸以体积计算	1. 混凝土干封底 2. 混凝土水下封底
040405004	沉井混凝土底板	混凝土强度等级			1. 模板制作、安装、拆除 2. 混凝土拌和、运输、浇筑 3. 养护
040405005	沉井填心	材料品种	m^3	按设计图示尺寸以体积计算	1. 排水沉井填心 2. 不排水沉井填心
040405006	沉井混凝土隔墙	混凝土强度等级			1. 模板制作、安装、拆除 2. 混凝土拌和、运输、浇筑 3. 养护
040405007	钢封门	1. 材质 2. 尺寸	t	按设计图示尺寸以质量计算	1. 钢封门安装 2. 钢封门拆除

（6）混凝土结构。混凝土结构工程量计算规则见表 5-42。

混凝土结构（编码：040406） **表 5-42**

项目编码	项目名称	项目特征	计量单位	工程量计算规则	工程内容
040406001	混凝土地梁	1. 类别、部位 2. 混凝土强度等级	m^3	按设计图示尺寸以体积计算	1. 模板制作、安装、拆除 2. 混凝土拌和、运输、浇筑 3. 养护
040406002	混凝土底板				
040406003	混凝土柱				
040406004	混凝土墙				
040406005	混凝土梁				
040406006	混凝土平台、顶板				
040406007	圆隧道内架空路面	1. 厚度 2. 混凝土强度等级			
040406008	隧道内其他结构混凝土	1. 部位、名称 2. 混凝土强度等级			

（7）沉管隧道。沉管隧道工程量计算规则见表 5-43。

沉管隧道（编码：040407） **表 5-43**

<table>
<tr><th>项目编码</th><th>项目名称</th><th>项目特征</th><th>计量单位</th><th>工程量计算规则</th><th>工程内容</th></tr>
<tr><td>040407001</td><td>预制沉管底垫层</td><td>1. 材料品种、规格
2. 厚度</td><td>m^3</td><td>按设计图示沉管底面积乘以厚度以体积计算</td><td>1. 场地平整
2. 垫层铺设</td></tr>
<tr><td>040407002</td><td>预制沉管钢底板</td><td>1. 材质
2. 厚度</td><td>t</td><td>按设计图示尺寸以质量计算</td><td>钢底板制作、铺设</td></tr>
<tr><td>040407003</td><td>预制沉管混凝土板底</td><td rowspan="3">混凝土强度等级</td><td>m^3</td><td>按设计图示尺寸以体积计算</td><td>1. 模板制作、安装、拆除
2. 混凝土拌和、运输、浇筑
3. 养护
4. 底板预埋注浆管</td></tr>
<tr><td>040407004</td><td>预制沉管混凝土侧墙</td><td rowspan="2">m^3</td><td rowspan="2">按设计图示尺寸以体积计算</td><td rowspan="2">1. 模板制作、安装、拆除
2. 混凝土拌和、运输、浇筑
3. 养护</td></tr>
<tr><td>040407005</td><td>预制沉管混凝土顶板</td></tr>
<tr><td>040407006</td><td>沉管外壁防锚层</td><td>1. 材质品种
2. 规格</td><td>m^2</td><td>按设计图示尺寸以面积计算</td><td>铺设沉管外壁防锚层</td></tr>
<tr><td>040407007</td><td>鼻托垂直剪力键</td><td>材质</td><td rowspan="3">t</td><td rowspan="3">按设计图示尺寸以质量计算</td><td>1. 钢剪力键制作
2. 剪力键安装</td></tr>
<tr><td>040407008</td><td>端头钢壳</td><td>1. 材质、规格
2. 强度</td><td>1. 端头钢壳制作
2. 端头钢壳安装
3. 混凝土浇筑</td></tr>
<tr><td>040407009</td><td>端头钢封门</td><td>1. 材质
2. 尺寸</td><td>1. 端头钢封门制作
2. 端头钢封门安装
3. 端头钢封门拆除</td></tr>
<tr><td>040407010</td><td>沉管管段浮运临时供电系统</td><td rowspan="3">规格</td><td rowspan="3">套</td><td rowspan="3">按设计图示管段数量计算</td><td>1. 发电机安装、拆除
2. 配电箱安装、拆除
3. 电缆安装、拆除
4. 灯具安装、拆除</td></tr>
<tr><td>040407011</td><td>沉管管段浮运临时供排水系统</td><td>1. 泵阀安装、拆除
2. 管路安装、拆除</td></tr>
<tr><td>040407012</td><td>沉管管段浮运临时通风系统</td><td>1. 进排风机安装、拆除
2. 风管路安装、拆除</td></tr>
<tr><td>040407013</td><td>航道疏浚</td><td>1. 河床土质
2. 工况等级
3. 疏浚深度</td><td rowspan="2">m^3</td><td>按河床原断面与管段浮运时设计断面之差以体积计算</td><td>1. 挖泥船开收工
2. 航道疏浚挖泥
3. 土方驳运、卸泥</td></tr>
<tr><td>040407014</td><td>沉管河床基槽开挖</td><td>1. 河床土质
2. 工况等级
3. 挖土深度</td><td>按河床原断面与槽设计断面之差以体积计算</td><td>1. 挖泥船开收工
2. 沉管基槽挖泥
3. 沉管基槽清淤
4. 土方驳运、卸泥</td></tr>
</table>

续表

项目编码	项目名称	项目特征	计量单位	工程量计算规则	工程内容
040407015	钢筋混凝土块沉石	1. 工况等级 2. 沉石深度	m^3	按设计图示尺寸以体积计算	1. 预制钢筋混凝土块 2. 装船、驳运、定位沉石 3. 水下铺平石块
040407016	基槽抛铺碎石	1. 工况等级 2. 石料厚度 3. 沉石深度			1. 石料装运 2. 定位抛石、水下铺平石块
040407017	沉管管节浮运	1. 单节管段质量 2. 管段浮运距离	kt·m	按设计图示尺寸和要求以沉管管节质量和浮运距离的复合单位计算	1. 干坞放水、 2. 管段起浮定位 3. 管段浮运 4. 加载水箱制作、安装、拆除 5. 系缆柱制作、安装、拆除
040407018	管段沉放连接	1. 单节管段重量 2. 管段下沉深度	节	按设计图示数量计算	1. 管段定位 2. 管段压水下沉 3. 管段端面对接 4. 管节拉合
040407019	砂肋软体排覆盖	1. 材料品种 2. 规格	m^2	按设计图示尺寸以沉管顶面积加侧面外表面积计算	水下覆盖软体排
040407020	沉管水下压石		m^3	按设计图示尺寸以顶、侧压石的体积计算	1. 装石船开收工 2. 定位抛石、卸石 3. 水下铺石
040407021	沉管接缝处理	1. 接缝连接形式 2. 接缝长度	条	按设计图示数量计算	1. 按缝拉合 2. 安装止水带 3. 安装止水钢板 4. 混凝土拌和、运输、浇筑
040407022	沉管底部压浆固封充填	1. 压浆材料 2. 压浆要求	m^3	按设计图示尺寸以体积计算	1. 制浆 2. 管底压浆 3. 封孔

2. 清单相关说明

(1) 隧道岩石开挖。弃碴运距可以不描述，但应注明由投标人根据施工现场实际情况自行考虑决定报价。

(2) 岩石隧道衬砌。遇清单项目未列的砌筑构筑物时，应按“桥涵工程”中相关项目编码列项。

(3) 盾构掘进

1) 衬砌壁后压浆清单项目在编制工程量清单时，其工程数量可为暂估量，结算时按现场签证数量计算。

2) 盾构基座系指常用的钢结构，如果是钢筋混凝土结构，应按“沉管隧道”中相关项目进行列项。

3）钢筋混凝土管片按成品编制，购置费用应计入综合单价中。

（4）隧道沉井。沉井垫层按“桥涵工程”中相关项目编码列项。

（5）混凝土结构

1）隧道洞内道路路面铺装应按“道路工程”相关清单项目编码列项。

2）隧道洞内顶部和边墙内衬的装饰应按“桥涵工程”相关清单项目编码列项。

3）隧道内其他结构混凝土包括楼梯、电缆沟、车道侧石等。

4）垫层、基础应按“桥涵工程”相关清单项目编码列项。

5）隧道内衬弓形底板、侧墙、支承墙应按“混凝土结构”中的“混凝土底板”、“混凝土墙”的相关清单项目编码列项，并在项目特征中描述其类别、部位。

【例 5-29】 某隧道工程斜井示意图如图 5-29 所示，采用一般爆破，此隧道全长 350m，试计算该隧道斜井开挖的工程量。

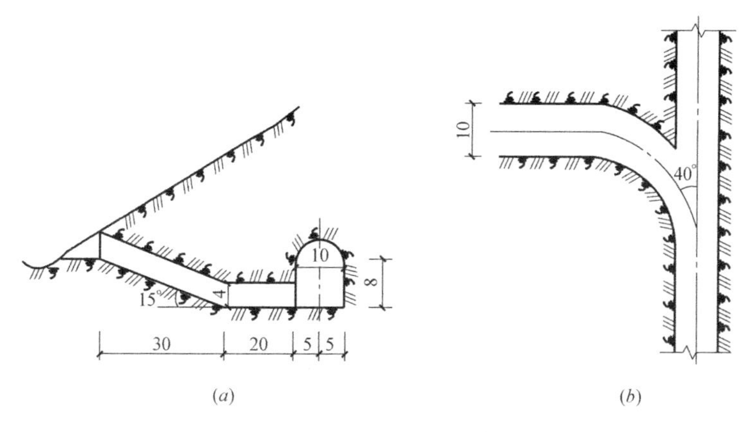

图 5-29 斜井示意图（单位：m）

（a）立面图；（b）平面图

【解】

（1）正井

$$正井的工程量=\left(\frac{1}{2}\times3.14\times5^2+8\times10\right)\times350=41737.5\text{m}^3$$

（2）井底平道

$$井底平道的工程量=20\times4\times10=800.00\text{m}^3$$

（3）井底斜道

$$井底斜道的工程量=30\times4\times10=1200.00\text{m}^3$$

【例 5-30】 某隧道工程施工，全长为 260m，岩层为次坚石，无地下水，采用平洞开挖，光面爆破，并进行拱圈砌筑和边墙砌筑，砌筑材料为粗石料砂浆，其设计尺寸如图 5-30 所示，试计算该段隧道开挖工程量和砌筑工程量。

【解】

（1）平洞开挖

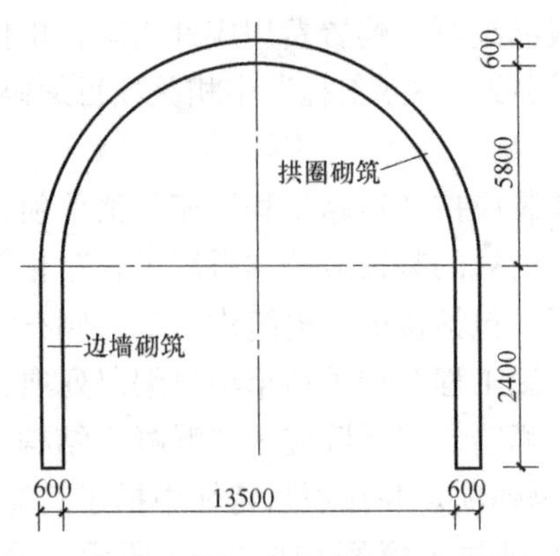

图 5-30　拱圈和边墙砌筑示意图

$$\left[\frac{1}{2}\times3.14\times(5.8+0.6)^2+2.4\times(13.5+0.6\times2)\right]\times260=25892.67\text{m}^3$$

（2）拱圈砌筑

$$\left(\frac{1}{2}\times3.14\times6.4^2-\frac{1}{2}\times3.14\times5.8^2\right)\times260=2988.02\text{m}^3$$

（3）边墙砌筑

$$2.4\times0.6\times260\times2=748.8\text{m}^3$$

【例 5-31】 某隧道工程长为 1000m，洞门形状如图 5-31 所示，端墙采用 M10 级水泥砂浆砌片石，翼墙采用 M7.5 级水泥砂浆砌片石，外露面用片石镶面并勾平缝，衬砌水泥砂浆砌片石厚 8cm，试计算洞门砌筑工程量，并填写清单工程量计算表。

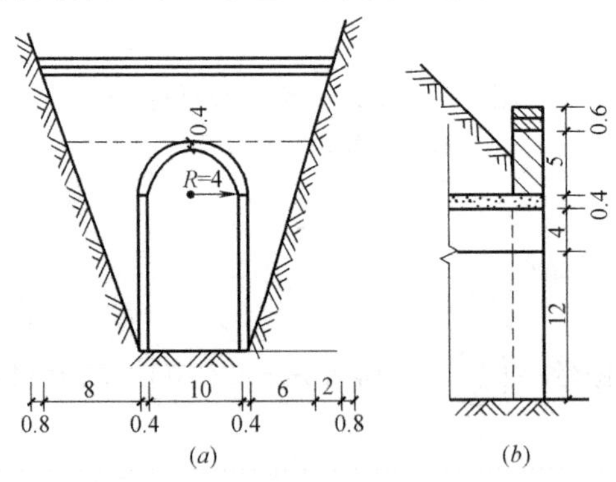

图 5-31　端墙式洞门示意图（单位：m）

(*a*)立面图；(*b*)局部剖面图

【解】

（1）端墙工程量

$$5.6\times(28.4+22.8)\times0.5\times0.08=11.47\text{m}^3$$

（2）翼墙工程量

$$\left[(12+4+0.4)\times\frac{1}{2}\times(10.8+22.8)-12\times10.8-4.4^2\pi/2\right]\times0.08=9.24\text{m}^3$$

（3）洞门砌筑工程量

$$11.47+9.24=20.71\text{m}^3$$

清单工程量计算表见表 5-44。

清单工程量计算表　　表 5-44

项目编码	项目名称	项目特征描述	工程量	计量单位
040402011001	洞门砌筑	端墙采用 M10 级水泥砂浆砌片石，翼墙采用 M7.5 级水泥砂浆砌片石，外露面用片石镶面并勾平缝	20.71	m^3

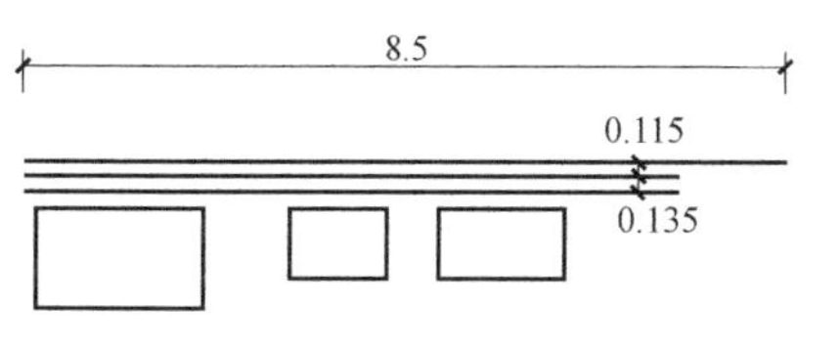

图 5-32　盾构尺寸图（单位：m）

【例 5-32】 某隧道工程在盾构推进中由盾尾的同级压浆泵进行压浆，如图 5-32 所示，浆液为水泥砂浆，砂浆强度等级为 M7.5，石料最大粒径为 10mm，配合比为水泥：砂子＝1：3，水胶比为 0.5，试计算衬砌壁后压浆的工程量。

【解】

$$衬砌压浆的工程量=3.14\times(0.115+0.135)^2\times8.5=1.67m^3$$

【例 5-33】 某一隧道工程在 K1＋050～K1＋200 施工段，利用管节垂直顶升进行隧道推进，顶力可达 4×10^3kN，管节采用钢筋混凝土制成，管节长度为 4m，管节垂直顶升长度为 45m，试计算管节垂直顶升工程量，并填写清单工程量计算表。

【解】

$$首节顶升长度=45m$$

清单工程量计算表见表 5-45。

清单工程量计算表　　表 5-45

项目编码	项目名称	项目特征描述	计量单位	工程量
040404001001	管节垂直顶升	顶力可达 4×10^3kN，管节采用钢筋混凝土制成	m	45

【例 5-34】 某沉井利用钢铁制作钢封门，其尺寸构造如图 5-33 所示，安装的钢封门厚 0.12m，试求此钢封门工程量（$\rho_{钢}=7.78t/m^3$）。

【解】

$$钢封门工程量=\left(\frac{1}{2}\times\pi\times2^2+4\times4\right)\times0.12\times7.78=20.80t$$

【例 5-35】 某工程隧道断面图如图 5-34 所示，该工程设置混凝土底板，混凝土强度

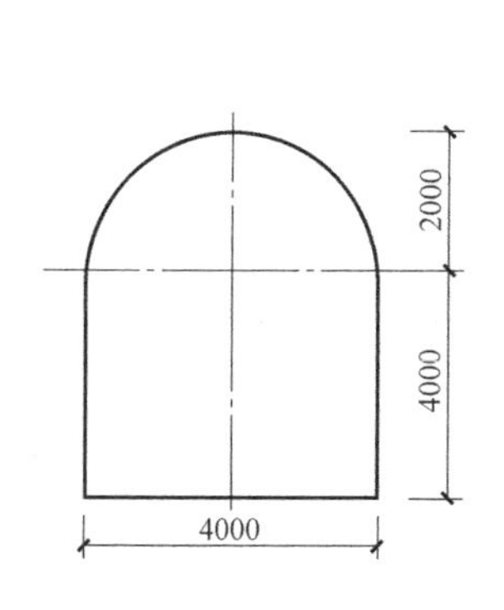

图 5-33　钢封门尺寸布置图

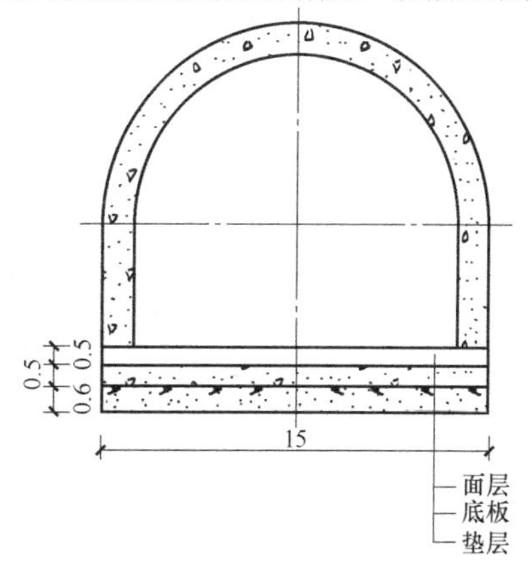

图 5-34　某隧道断面图（单位：m）

等级为 C30，石料最大粒径为 20mm，垫层位于底板下面且厚度为 0.6m，混凝土等级为 C20，试计算混凝土底板的工程量（隧道长度为 150m）。

【解】

混凝土底板的工程量＝150×0.5×15＝1125m³

【例 5-36】 某工程在 K0＋100～K0＋200 的施工段为水底隧道，如图 5-35 所示，预制沉管混凝土底板，混凝土强度等级为 C35，石料最大粒径 25mm，试计算该管段混凝土的工程量。

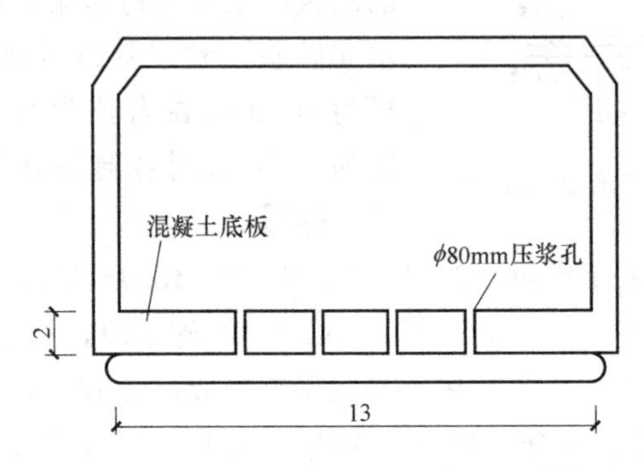

图 5-35 预制沉管混凝土板底示意图（单位：m）

【解】

$$预制沉管混凝土底板工程量=(200-100)\times 13\times 2-4\times 3.14\times\left(\frac{0.08}{2}\right)^2\times 2=2599.96\text{m}^3$$

【例 5-37】 某道路隧道长 150m，洞口桩号为 3＋300 和 3＋450，其中 3＋320～0＋370 段岩石为普坚石，此段隧道的设计断面如图 5-36 所示，设计开挖断面积为 65.27m²，超挖断面积为 3.26m²，拱部衬砌断面积为 10.25m²，超挖充填混凝土断面积为 2.58m²。

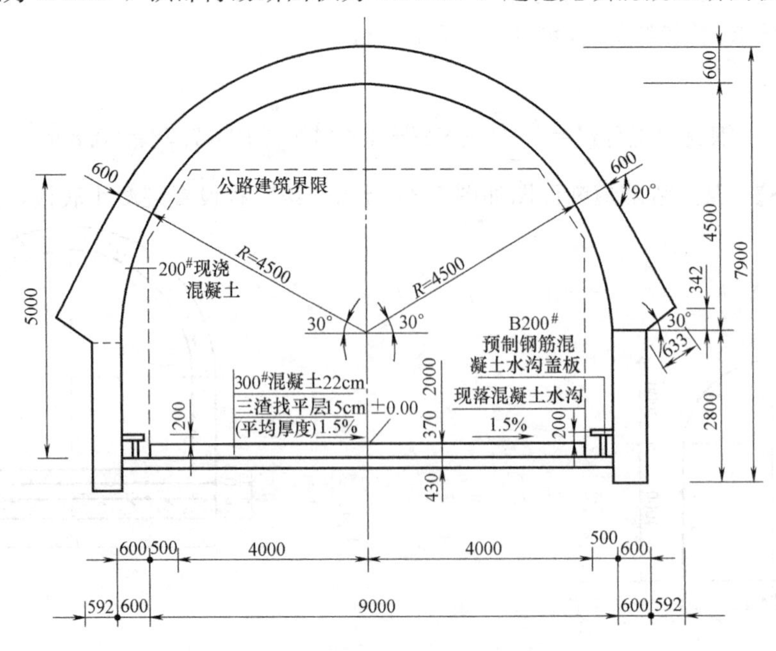

图 5-36 隧道洞口断面示意图

边墙厚为600mm，混凝土强度等级为C20，边墙断面积为3.25m²，超挖充填断面积为0.68m²。设计要求主洞超挖部分必须用与衬砌同强度等级混凝土充填，招标文件要求开挖出的废渣运至距洞口900m处弃场弃置（两洞口外900m处均有弃置场地）。试根据上述条件编制隧道0＋320～0＋370段的隧道开挖和衬砌工程量清单项目。

【解】

（1）工程量清单编制

1）计算清单工程量：

① 平洞开挖清单工程量：65.27×50＝3263.5m³

② 衬砌清单工程量

拱部：10.25×50＝512.5m³

边墙：3.25×50＝162.5m³

2）分部分项工程和单价措施项目清单与计价表见表5-46。

分部分项工程和单价措施项目清单与计价表 **表5-46**

工程名称：某道路隧道工程　　标段：0＋320～0＋370　　第　页　共　页

序号	项目编号	项目名称	项目特征描述	计量单位	工程数量	金额/元		
						综合单价	合价	其中
								暂估价
1	040401001001	平洞开挖	普坚石，设计断面65.27m²	m³	3263.5			
2	040402002001	混凝土顶拱衬砌	拱顶厚60cm，C20混凝土	m³	512.5			
3	040402003001	混凝土边墙衬砌	厚60cm，C20混凝土	m³	162.5			
合计								

（2）工程量清单计价

1）施工方案。现根据招标文件及设计图和工程量清单表作综合单价分析：

① 从工程地质图和以前进洞20m已开挖的主洞看石岩比较好，拟用光面爆破，全断面开挖。

② 衬砌采用先拱后墙法施工，对已开挖的主洞及时衬砌，减少岩面暴露时间，以利安全。

③ 出渣运输用挖掘机装渣，自卸汽车运输。模板采用钢模板、钢模架。

2）施工工程量的计算：

① 主洞开挖量计算。设计开挖断面积为65.27m²，超挖断面积为3.26m²，施工开挖量为（65.27＋3.26）×50＝3426.5m³。

② 拱部混凝土量计算。拱部设计衬砌断面为10.25m²，超挖充填混凝土断面积为2.58m²，拱部施工衬砌量为（10.25＋2.58）×50＝641.5m³。

③ 边墙衬砌量计算。边墙设计断面积为3.25m²，超挖充填断面积为0.68m²，边样施工衬砌量为（3.25＋0.68）×50＝196.5m³。

3）参照定额及管理费、利润的取定。

① 定额拟按全国市政工程预算定额。

② 管理费按直接费的10％考虑，利润按直接费的5％考虑。

③ 根据上述考虑作如下综合单价分析（见“综合单价计分析表”表5-47～表5-49）。分部分项工程和单价措施项目清单与计价表见表5-50。

综合单价分析表 表 5-47

工程名称：某道路隧道工程 标段：0+320～0+370 第 页 共 页

项目编码	040401001001	项目名称	平洞开挖	计量单位	m^3	工程量	3263.5

清单综合单价明细

定额编号	定额项目名称	定额单位	数量	单价				合价			
				人工费	材料费	机械费	管理费和利润	人工费	材料费	机械费	管理费和利润
4—20	平洞全断面开挖用光面爆破	$100m^3$	0.01	999.69	669.96	1974.31	551.094	10.0	6.70	1.97	5.51
4—54	平洞出渣	$100m^3$	0.01	25.17	—	1804.55	274.46	0.25	—	1.80	2.75
人工单价		小计						10.25	6.70	3.77	8.26
22.47元/工日		未计价材料费						—			
清单项目综合单价								28.98			

注：“数量”栏为“投标方工程量÷招标方工程量÷定额单位数量”，如“0.01”为“3426.5÷3263.5÷100”。

综合单价分析表 表 5-48

工程名称：某道路隧道工程 标段：0+320～0+370 第 页 共 页

项目编码	040402002001	项目名称	混凝土顶拱衬砌	计量单位	m^3	工程量	512.5

清单综合单价组成明细

定额编号	定额项目名称	定额单位	数量	单价				合价			
				人工费	材料费	机械费	管理费和利润	人工费	材料费	机械费	管理费和利润
4—91	平洞拱部混凝土衬砌	$10m^3$	0.01	709.15	10.39	137.06	128.49	7.10	0.10	1.37	1.29
人工单价		小计						7.10	0.10	1.37	1.29
22.47元/工日		未计价材料费						—			
清单项目综合单价								9.86			

注：“数量”栏为“投标方工程量÷招标方工程量÷定额单位数量”，如“0. 01”为“641. 5÷512. 5÷100”。

综合单价分析表 表 5-49

工程名称：某道路隧道工程 标段：0+320～0+370 第 页 共 页

项目编码	040402002001	项目名称	混凝土顶拱衬砌	计量单位	m^3	工程量	512.5

清单综合单价组成明细

定额编号	定额项目名称	定额单位	数量	单价				合价			
				人工费	材料费	机械费	管理费和利润	人工费	材料费	机械费	管理费和利润
4—109	混凝土边墙衬砌	$100m^3$	0.01	535.91	9.18	106.14	97.69	5.36	0.09	1.06	0.98
人工单价		小计						5.36	0.09	1.06	0.98
22.47元/工日		未计价材料费						—			
清单项目综合单价								7.49			

注：“数量”栏为“投标方工程量÷招标方工程量÷定额单位数量”，如“0.01”为“196.5÷162.5÷100”。

分部分项工程和单价措施项目清单与计价表　　表 5-50

工程名称：某道路隧道工程　　标段：0+320～0+370　　第　页　共　页

序号	项目编号	项目名称	项目特征描述	计量单位	工程数量	金额/元		
						综合单价	合价	其中 暂估价
1	040401001001	平洞开挖	普坚石，设计断面 65.27m^2	m^3	3263.5	28.98	94576.23	
2	040402002001	混凝土拱部衬砌	拱顶厚 60cm，C20 混凝土	m^3	512.5	9.86	5053.25	
3	040402003001	混凝土边墙衬砌	厚 60cm，C20 混凝土	m^3	162.5	7.43	1207.38	
合计							100836.86	

5.2.5 管网工程清单说明与工程计量

1. 工程计量规则

（1）管道铺设。管道铺设工程量计算规则见表 5-51。

管道铺设（编码：040501）　　表 5-51

项目编码	项目名称	项目特征	计量单位	工程量计算规则	工程内容
040501001	混凝土管	1. 垫层、基础材质及厚度 2. 管座材质 3. 规格 4. 接口方式 5. 铺设深度 6. 混凝土强度等级 7. 管道检验及试验要求	m	按设计图示中心线长度以延长米计算。不扣除附属构筑物、管件及阀门等所占长度	1. 垫层、基础铺筑及养护 2. 模板制作、安装、拆除 3. 混凝土拌和、运输、浇筑、养护 4. 预制管枕安装 5. 管道铺设 6. 管道接口 7. 管道检验及试验
040501002	钢管	1. 垫层、基础材质及厚度 2. 材质及规格 3. 接口方式 4. 铺设深度 5. 管道检验及试验要求 6. 集中防腐运距			1. 垫层、基础铺筑及养护 2. 模板制作、安装、拆除 3. 混凝土拌和、运输、浇筑、养护 4. 管道铺设 5. 管道检验及试验 6. 集中防腐运输
040501003	铸铁管	1. 垫层、基础材质及厚度 2. 材质及规格 3. 连接形式 4. 铺设深度 5. 管道检验及试验要求			1. 垫层、基础铺筑及养护 2. 模板制作、安装、拆除 3. 混凝土拌和、运输、浇筑、养护 4. 管道铺设 5. 管道检验及试验
040501004	塑料管				
040501005	直埋式预制保温管	1. 垫层材质及厚度 2. 材质及规格 3. 接口方式 4. 铺设深度 5. 管道检验及试验的要求			1. 垫层铺筑及养护 2. 管道铺设 3. 接口处保温 4. 管道检验及试验
040501006	管道架空跨越	1. 管道架设高度 2. 管道材质及规格 3. 接口方式 4. 管道检验及试验要求 5. 集中防腐运距		按设计图示中心线长度以延长米计算。不扣除管件及阀门等所占长度	1. 管道架设 2. 管道检验及试验 3. 集中防腐运输

续表

项目编码	项目名称	项目特征	计量单位	工程量计算规则	工程内容
040501007	隧道(沟、管)内管道	1. 基础材质及厚度 2. 混凝土强度等级 3. 材质及规格 4. 接口方式 5. 管道检验及试验要求 6. 集中防腐运距	m	按设计图示中心线长度以延长米计算。不扣除附属构筑物、管件及阀门等所占长度	1. 基础铺筑、养护 2. 模板制作、安装、拆除 3. 混凝土拌和、运输、浇筑、养护 4. 管道铺设 5. 管道检测及试验 6. 集中防腐运输
040501008	水平导向钻进	1. 土壤类别 2. 材质及规格 3. 一次成孔长度 4. 接口方式 5. 泥浆要求 6. 管道检验及试验要求 7. 集中防腐运距		按设计图示长度以延长米计算。扣除附属构筑物(检查井)所占的长度	1. 设备安装、拆除 2. 定位、成孔 3. 管道接口 4. 拉管 5. 纠偏、监测 6. 泥浆制作、注浆 7. 管道检测及试验 8. 集中防腐运输 9. 泥浆、土方外运
040501009	夯管	1. 土壤类别 2. 材质及规格 3. 一次夯管长度 4. 接口方式 5. 管道检验及试验要求 6. 集中防腐运距			1. 设备安装、拆除 2. 定位、夯管 3. 管道接口 4. 纠偏、监测 5. 管道检测及试验 6. 集中防腐运输 7. 土方外运
040501010	顶(夯)管工作坑	1. 土壤类别 2. 工作坑平面尺寸及深度 3. 支撑、围护方式 4. 垫层、基础材质及厚度 5. 混凝土强度等级 6. 设备、工作台主要技术要求	座	按设计图示数量计算	1. 支撑、围护 2. 模板制作、安装、拆除 3. 混凝土拌和、运输、浇筑、养护 4. 工作坑内设备、工作台安装及拆除
040501011	预制混凝土工作坑	1. 土壤类别 2. 工作坑平面尺寸及深度 3. 垫层、基础材质及厚度 4. 混凝土强度等级 5. 设备、工作台主要技术要求 6. 混凝土构件运距			1. 混凝土工作坑制作 2. 下沉、定位 3. 模板制作、安装、拆除 4. 混凝土拌和、运输、浇筑、养护 5. 工作坑内设备、工作台安装及拆除 6. 混凝土构件运输
040501012	顶管	1. 土壤类别 2. 顶管工作方式 3. 管道材质及规格 4. 中继间规格 5. 工具管材质及规格 6. 触变泥浆要求 7. 管道检验及试验要求 8. 集中防腐运距	m	按设计图示长度以延长米计算。扣除附属构筑物(检查井)所占的长度	1. 管道顶进 2. 管道接口 3. 中继间、工具管及附属设备安装拆除 4. 管内挖、运土及土方提升 5. 机械顶管设备调向 6. 纠偏、监测 7. 触变泥浆制作、注浆 8. 洞口止水 9. 管道检测及试验 10. 集中防腐运输 11. 泥浆、土方外运

续表

项目编码	项目名称	项目特征	计量单位	工程量计算规则	工程内容
040501013	土壤加固	1. 土壤类别 2. 加固填充材料 3. 加固方式	1. m 2. m^3	1. 按设计图示加固段长度以延长米计算 2. 按设计图示加固段体积以立方米计算	打孔、调浆、灌注
040501014	新旧管连接	1. 材质及规格 2. 连接方式 3. 带(不带)介质连接	处	按设计图示数量计算	1. 切管 2. 钻孔 3. 连接
040501015	临时放水管线	1. 材质及规格 2. 铺设方式 3. 接口形式	m	按放水管线长度以延长米计算，不扣除管件、阀门所占长度	管线铺设、拆除
040501016	砌筑方沟	1. 断面规格 2. 垫层、基础材质及厚度 3. 砌筑材料品种、规格、强度等级 4. 混凝土强度等级 5. 砂浆强度等级、配合比 6. 勾缝、抹面要求 7. 盖板材质及规格 8. 伸缩缝(沉降缝)要求 9. 防渗、防水要求 10. 混凝土构件运距	m	按设计图示尺寸以延长米计算	1. 模板制作、安装、拆除 2. 混凝土拌和、运输、浇筑、养护 3. 砌筑 4. 勾缝、抹面 5. 盖板安装 6. 防水、止水 7. 混凝土构件运输
040501017	混凝土方沟	1. 断面规格 2. 垫层、基础材质及厚度 3. 混凝土强度等级 4. 伸缩缝(沉降缝)要求 5. 盖板材质、规格 6. 防渗、防水要求 7. 混凝土构件运距	m	按设计图示尺寸以延长米计算	1. 模板制作、安装、拆除 2. 混凝土拌和、运输、浇筑、养护 3. 盖板安装 4. 防水、止水 5. 混凝土构件运输
040501018	砌筑渠道	1. 断面规格 2. 垫层、基础材质及厚度 3. 砌筑材料品种、规格、强度等级 4. 混凝土强度等级 5. 砂浆强度等级、配合比 6. 勾缝、抹面要求 7. 伸缩缝(沉降缝)要求 8. 防渗、防水要求	m	按设计图示尺寸以延长米计算	1. 模板制作、安装、拆除 2. 混凝土拌和、运输、浇筑、养护 3. 渠道砌筑 4. 勾缝、抹面 5. 防水、止水
040501019	混凝土渠道	1. 断面规格 2. 垫层、基础材质及厚度 3. 混凝土强度等级 4. 伸缩缝(沉降缝)要求 5. 防渗、防水要求 6. 混凝土构件运距	m	按设计图示尺寸以延长米计算	1. 模板制作、安装、拆除 2. 混凝土拌和、运输、浇筑、养护 3. 防水、止水 4. 混凝土构件运输
040501020	警示(示踪)带铺设	规格	m	按铺设长度以延长米计算	铺设

（2）管件、阀门及附件安装。管件、阀门及附件安装工程量计算规则见表5-52。

管件、阀门及附件安装（编码：040502） **表5-52**

项目编码	项目名称	项目特征	计量单位	工程量计算规则	工程内容
040502001	铸铁管管件	1. 种类 2. 材质及规格 3. 接口形式	个	按设计图示数量计算	安装
040502002	钢管管件制作、安装				制作、安装
040502003	塑料管管件	1. 种类 2. 材质及规格 3. 连接方式			安装
040502004	转换件	1. 材质及规格 2. 接口形式			
040502005	阀门	1. 种类 2. 材质及规格 3. 连接方式 4. 试验要求			
040502006	法兰	1. 材质、规格、结构形式 2. 连接方式 3. 焊接方式 4. 垫片材质			安装
040502007	盲堵板制作、安装	1. 材质及规格 2. 连接方式			制作、安装
040502008	套管制作、安装	1. 形式、材质及规格 2. 管内填料材质			
040502009	水表	1. 规格 2. 安装方式			安装
040502010	消火栓	1. 规格 2. 安装部位、方式			
040502011	补偿器（波纹管）	1. 规格 2. 安装方式			
040502012	除污器组成、安装		套		组成、安装
040502013	凝水缸	1. 材料品种 2. 型号及规格 3. 连接方式	组		1. 制作 2. 安装
040502014	调压器	1. 规格 2. 型号 3. 连接方式			安装
040502015	过滤器				
040502016	分离器				
040502017	安全水封	规格			
040502018	检漏（水）管				

（3）支架制作安装。支架制作安装工程量计算规则见表5-53。

支架制作及安装（编码：040503） **表5-53**

项目编码	项目名称	项目特征	计量单位	工程量计算规则	工程内容
040503001	砌筑支墩	1. 垫层材质、厚度 2. 混凝土强度等级 3. 砌筑材料、规格、强度等级 4. 砂浆强度等级、配合比	m^3	按设计图示尺寸以体积计算	1. 模板制作、安装、拆除 2. 混凝土拌和、运输、浇筑、养护 3. 砌筑 4. 勾缝、抹面
040503002	混凝土支墩	1. 垫层材质、厚度 2. 混凝土强度等级 3. 预制混凝土构件运距			1. 模板制作、安装、拆除 2. 混凝土拌和、运输、浇筑、养护 3. 预制混凝土支墩安装 4. 混凝土构件运输
040503003	金属支架制作、安装	1. 垫层、基础材质及厚度 2. 混凝土强度等级 3. 支架材质 4. 支架形式 5. 预埋件材质及规格	t	按设计图示质量计算	1. 模板制作、安装、拆除 2. 混凝土拌和、运输、浇筑、养护 3. 支架制作、安装
040503004	金属吊架制作、安装	1. 吊架形式 2. 吊架材质 3. 预埋件材质及规格			制作、安装

（4）管道附属构筑物。管道附属构筑物工程量计算规则见表5-54。

管道附属构筑物（编码：040504）　　表5-54

项目编码	项目名称	项目特征	计量单位	工程量计算规则	工程内容
040504001	砌筑井	1. 垫层、基础材质及厚度 2. 砌筑材料品种、规格、强度等级 3. 勾缝、抹面要求 4. 砂浆强度等级、配合比 5. 混凝土强度等级 6. 盖板材质、规格 7. 井盖、井圈材质及规格 8. 踏步材质、规格 9. 防渗、防水要求	座	按设计图示数量计算	1. 垫层铺筑 2. 模板制作、安装、拆除 3. 混凝土拌和、运输、浇筑、养护 4. 砌筑、勾缝、抹面 5. 井圈、井盖安装 6. 盖板安装 7. 踏步安装 8. 防水、止水
040504002	混凝土井	1. 垫层、基础材质及厚度 2. 混凝土强度等级 3. 盖板材质、规格 4. 井盖、井圈材质及规格 5. 踏步材质、规格 6. 防渗、防水要求			1. 垫层铺筑 2. 模板制作、安装、拆除 3. 混凝土拌和、运输、浇筑、养护 4. 井圈、井盖安装 5. 盖板安装 6. 踏步安装 7. 防水、止水
040504003	塑料检查井	1. 垫层、基础材质及厚度 2. 检查井材质、规格 3. 井筒、井盖、井圈材质及规格			1. 垫层铺筑 2. 模板制作、安装、拆除 3. 混凝土拌和、运输、浇筑、养护 4. 检查井安装 5. 井筒、井圈、井盖安装
040504004	砖砌井筒	1. 井筒规格 2. 砌筑材料品种、规格 3. 砌筑、勾缝、抹面要求 4. 砂浆强度等级、配合比 5. 踏步材质、规格 6. 防渗、防水要求	m	按设计图示尺寸以延长米计算	1. 砌筑、勾缝、抹面 2. 踏步安装
040504005	预制混凝土井筒	1. 井筒规格 2. 踏步规格			1. 运输 2. 安装
040504006	砌体出水口	1. 垫层、基础材质及厚度 2. 砌筑材料品种、规格 3. 砌筑、勾缝、抹面要求 4. 砂浆强度等级及配合比	座	按设计图示数量计算	1. 垫层铺筑 2. 模板制作、安装、拆除 3. 混凝土拌和、运输、浇筑、养护 4. 砌筑、勾缝、抹面
040504007	混凝土出水口	1. 垫层、基础材质及厚度 2. 混凝土强度等级			1. 垫层铺筑 2. 模板制作、安装、拆除 3. 混凝土拌和、运输、浇筑、养护
040504008	整体化粪池	1. 材质 2. 型号、规格			安装
040504009	雨水口	1. 雨水箅子及圈口材质、型号、规格 2. 垫层、基础材质及厚度 3. 混凝土强度等级 4. 砌筑材料品种、规格 5. 砂浆强度等级及配合比			1. 垫层铺筑 2. 模板制作、安装、拆除 3. 混凝土拌和、运输、浇筑、养护 4. 砌筑、勾缝、抹面 5. 雨水箅子安装

2. 清单相关说明

清单项目所涉及土方工程的内容应按“土石方工程”中相关项目编码列项。

刷油、防腐、保温工程、阴极保护及牺牲阳极应按现行国家标准《通用安装工程工程量计算规范》GB 50856－2013 中附录 M“刷油、防腐蚀、绝热工程”中相关项目编码列项。

高压管道及管件、阀门安装，不锈钢管及管件、阀门安装，管道焊缝无损探伤应按现行国家标准《通用安装工程工程量计算规范》GB 50856—2013 附录 H“工业管道”中相关项目编码列项。

管道检验及试验要求应按各专业的施工验收规范及设计要求，对已完管道工程进行的管道吹扫、冲洗消毒、强度试验、严密性试验、闭水试验等内容进行描述。

阀门电动机需单独安装，应按现行国家标准《通用安装工程工程量计算规范》GB 50856—2013 附录 K“给水排水、采暖、燃气工程”中相关项目编码列项。

雨水口连接管应按“管道铺设”中相关项目编码列项。

(1) 管道铺设

1) 管道架空跨越铺设的支架制作、安装及支架基础、垫层应按“支架制作及安装”相关清单项目编码列项。

2) 管道铺设项目中的做法如为标准设计，也可在项目特征中标注标准图集号。

(2) 管件、阀门及附件安装。040502013 项目的“凝水井”应按“管道附属构筑物”相关清单项目编码列项。

(3) 管道附属构筑物。管道附属构筑物为标准定型附属构筑物时，在项目特征中应标注标准图集编号及页码。

【例 5-38】 某工程采用钢管铺设，如图 5-37 所示，主干管直径 500mm，支管直径 200mm，试计算钢管的工程量。

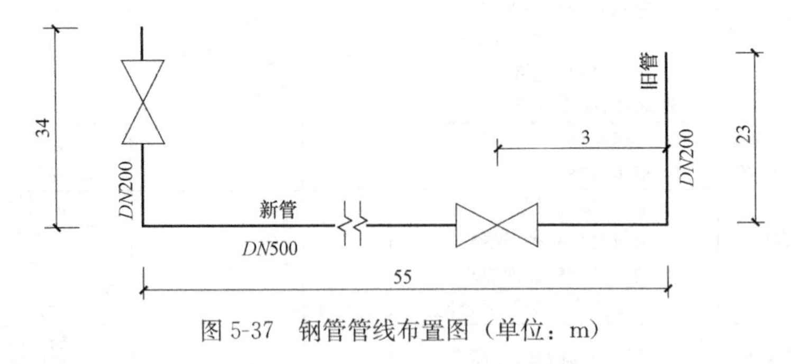

图 5-37　钢管管线布置图（单位：m）

【解】

$$DN500 \text{ 钢管铺设的工程量} = 55\text{m}$$

$$DN200 \text{ 钢管铺设的工程量} = 34 + 23 = 57.00\text{m}$$

【例 5-39】 某市政工程，在总长为 260m 的铸铁管上需要隔 20m 安装一个铸铁管管件，试计算铸铁管管件的工程量。

【解】

$$\text{铸铁管管件的工程量} = 260/20 = 13 \text{ 个}$$

【例 5-40】 某排水工程砌筑井分布示意图如图 5-38 所示，该工程有 $DN400$ 和

*DN*600 两种管道，管子采用混凝土污水管（每节长 2.5m），C20 混凝土基础，水泥砂浆接口，共有 4 座直径为 1m 的圆形砌筑井，试计算砌筑井的工程量。

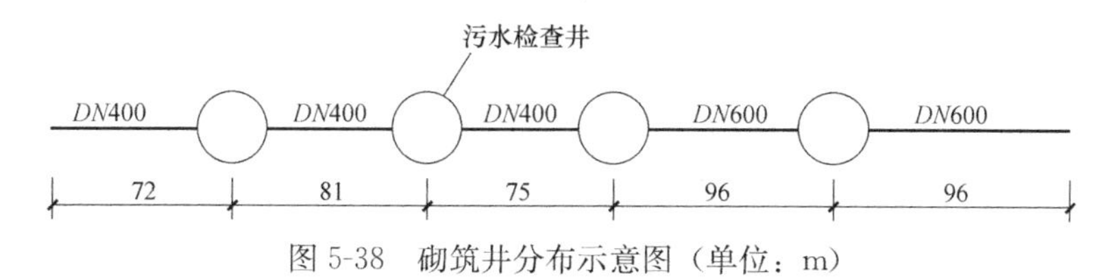

图 5-38 砌筑井分布示意图（单位：m）

【解】

砌筑井的工程量＝4 座

5.2.6 水处理工程清单说明与工程计量

1. 工程计量规则

（1）水处理构筑物。水处理构筑物工程量计算规则见表 5-55。

水处理构筑物（编码：040601） 表 5-55

项目编码	项目名称	项目特征	计量单位	工程量计算规则	工程内容
040601001	现浇混凝土沉井井壁及隔墙	1. 混凝土强度等级 2. 防水、抗渗要求 3. 断面尺寸	m^3	按设计图示尺寸以体积计算	1. 垫木铺设 2. 模板制作、安装、拆除 3. 混凝土拌和、运输、浇筑 4. 养护 5. 预留孔封口
040601002	沉井下沉	1. 土壤类别 2. 断面尺寸 3. 下沉深度 4. 减阻材料种类		按自然面标高至设计垫层底标高间的高度乘以沉井外壁最大断面面积以体积计算	1. 垫木拆除 2. 挖土 3. 沉井下沉 4. 填充减阻材料 5. 余方弃置
040601003	沉井混凝土底板	1. 混凝土强度等级 2. 防水、抗渗要求	m^3	按设计图示尺寸以体积计算	1. 模板制作、安装、拆除 2. 混凝土拌和、运输、浇筑 3. 养护
040601004	沉井内地下混凝土结构	1. 部位 2. 混凝土强度等级 3. 防水、抗渗要求			
040601005	沉井混凝土顶板	1. 混凝土强度等级 2. 防水、抗渗要求			
040601006	现浇混凝土池底				
040601007	现浇混凝土池壁(隔墙)				
040601008	现浇混凝土池柱				
040601009	现浇混凝土池梁				
040601010	现浇混凝土池盖板				
040601011	现浇混凝土板	1. 名称、规格 2. 混凝土强度等级 3. 防水、抗渗要求		按设计图示尺寸以体积计算	1. 模板制作、安装、拆除 2. 混凝土拌和、运输、浇筑 3. 养护

续表

项目编码	项目名称	项目特征	计量单位	工程量计算规则	工程内容
040601012	池槽	1. 混凝土强度等级 2. 防水、抗渗要求 3. 池槽断面尺寸 4. 盖板材质	m	按设计图示尺寸以长度计算	1. 模板制作、安装、拆除 2. 混凝土拌和、运输、浇筑 3. 养护 4. 盖板安装 5. 其他材料铺设
040601013	砌筑导流壁、筒	1. 砌体材料、规格 2. 断面尺寸 3. 砌筑、勾缝、抹面砂浆强度等级	m^3	按设计图示尺寸以体积计算	1. 砌筑 2. 抹面 3. 勾缝
040601014	混凝土导流壁、筒	1. 混凝土强度等级 2. 防水、抗渗要求 3. 断面尺寸			1. 模板制作、安装、拆除 2. 混凝土拌和、运输、浇筑 3. 养护
040601015	混凝土楼梯	1. 结构形式 2. 底板厚度 3. 混凝土强度等级	1. m^2 2. m^3	1. 以平方米计量，按设计图示尺寸以水平投影面积计算 2. 以立方米计量，按设计图示尺寸以体积计算	1. 模板制作、安装、拆除 2. 混凝土拌和、运输、浇筑或预制 3. 养护 4. 楼梯安装
040601016	金属扶梯、栏杆	1. 材质 2. 规格 3. 防腐刷油材质、工艺要求	1. t 2. m	1. 以吨计量，按设计图示尺寸以质量计算 2. 以米计量，按设计图示尺寸以长度计算	1. 制作、安装 2. 除锈、防腐、刷油
040601017	其他现浇混凝土构件	1. 构件名称、规格 2. 混凝土强度等级	m^3	按设计图示尺寸以体积计算	1. 模板制作、安装、拆除 2. 混凝土拌和、运输、浇筑 3. 养护
040601018	预制混凝土板	1. 图集、图纸名称 2. 构件代号、名称 3. 混凝土强度等级 4. 防水、抗渗要求			1. 模板制作、安装、拆除 2. 混凝土拌和、运输、浇筑 3. 养护 4. 构件安装 5. 接头灌浆 6. 砂浆制作 7. 运输
040601019	预制混凝土槽				
040601020	预制混凝土支墩				
040601021	其他预制混凝土构件	1. 部位 2. 图集、图纸名称 3. 构件代号、名称 4. 混凝土强度等级 5. 防水、抗渗要求			
040601022	滤板	1. 材质 2. 规格 3. 厚度 4. 部位	m^2	按设计图示尺寸以面积计算	1. 制作 2. 安装
040601023	折板				
040601024	壁板				
040601025	滤料铺设	1. 滤料品种 2. 滤料规格	m^3	按设计图示尺寸以体积计算	铺设

续表

项目编码	项目名称	项目特征	计量单位	工程量计算规则	工程内容
040601026	尼龙网板	1. 材料品种 2. 材料规格	m^2	按设计图示尺寸以面积计算	1. 制作 2. 安装
040601027	刚性防水	1. 工艺要求 2. 材料品种、规格			1. 配料 2. 铺筑
040601028	柔性防水				涂、贴、粘、刷防水材料
040601029	沉降(施工)缝	1. 材料品种 2. 沉降缝规格 3. 沉降缝部位	m	按设计图示尺寸以长度计算	铺、嵌沉降(施工)缝
040601030	井、池渗漏试验	构筑物名称	m^3	按设计图示储水尺寸以体积计算	渗漏试验

(2) 水处理设备。水处理设备工程量计算规则见表5-56。

水处理设备(编号:040602) **表5-56**

项目编码	项目名称	项目特征	计量单位	工程量计算规则	工程内容
040602001	格栅	1. 材质 2. 防腐材料 3. 规格	1. t 2. 套	1. 以吨计量,按设计图示尺寸以质量计算 2. 以套计量,按设计图示数量计算	1. 制作 2. 防腐 3. 安装
040602002	格栅除污机	1. 类型 2. 材质 3. 规格、型号 4. 参数	台	按设计图示数量计算	1. 安装 2. 无负荷试运转
040602003	滤网清污机				
040602004	压榨机				
040602005	刮砂机				
040602006	吸砂机				
040602007	刮泥机				
040602008	吸泥机				
040602009	刮吸泥机	1. 类型 2. 材质 3. 规格、型号 4. 参数	台	按设计图示数量计算	1. 安装 2. 无负荷试运转
040602010	撇渣机				
040602011	砂(泥)水分离器				
040602012	曝气机				
040602013	曝气器		个		
040602014	布气管	1. 材质 2. 直径	m	按设计图示以长度计算	1. 钻孔 2. 安装
040602015	滗水器	1. 类型 2. 材质 3. 规格、型号 4. 参数	套	按设计图示数量计算	1. 安装 2. 无负荷试运转
040602016	生物转盘				
040602017	搅拌机		台		
040602018	推进器				
040602019	加药设备	1. 类型 2. 材质 3. 规格、型号 4. 参数	套		
040602020	加氯机				
040602021	氯吸收装置				
040602022	水射器	1. 材质 2. 公称直径	个		
040602023	管式混合器				

续表

项目编码	项目名称	项目特征	计量单位	工程量计算规则	工程内容
040602024	冲洗装置	1. 类型 2. 材质 3. 规格、型号 4. 参数	套	按设计图示数量计算	1. 安装 2. 无负荷试运转
040602025	带式压滤机		台		
040602026	污泥脱水机				
040602027	污泥浓缩机				
040602028	污泥浓缩脱水一体机				
040602029	污泥输送机				
040602030	污泥切割机				
040602031	闸门	1. 类型 2. 材质 3. 形式 4. 规格、型号	1. 座 2. t	1. 以座计量，按设计图示数量计算 2. 以吨计量，按设计图示尺寸以质量计算	1. 安装 2. 操纵装置安装 3. 调试
040602032	旋转门				
040602033	堰门				
040602034	拍门				
040602035	启闭机	1. 类型 2. 材质 3. 形式 4. 规格、型号	台	按设计图示数量计算	
040602036	升杆式铸铁泥阀	公称直径	座		
040602037	平底盖闸				
040602038	集水槽	1. 材质 2. 厚度 3. 形式 4. 防腐材料	m^2	按设计图示尺寸以面积计算	1. 安装 2. 操纵装置安装 3. 调试
040602039	堰板				
040602040	斜板	1. 材料品种 2. 厚度			1. 制作 2. 安装安装
040602041	斜管	1. 斜管材料品种 2. 斜管规格	m	按设计图示以长度计算	
040602042	紫外线消毒设备	1. 类型 2. 材质 3. 规格、型号 4. 参数	套	按设计图示数量计算	1. 安装 2. 无负荷试运转
040602043	臭氧消毒设备				
040602044	除臭设备				
040602045	膜处理设备				
040602046	在线水质检测设备				

2. 清单相关说明

(1) 水处理工程中建筑物应按现行国家标准《房屋建筑与装饰工程工程量计算规范》GB 50854—2013 中相关项目编码列项，园林绿化项目应按现行国家标准《园林绿化工程工程量计算规范》GB 50858—2013 中相关项目编码列项。

(2) 清单项目工作内容中均未包括土石方开挖、回填夯实等内容，发生时应按“土石方工程”中相关项目编码列项。

(3) 设备安装工程只列了水处理工程专用设备的项目，各类仪表、泵、阀门等标准、定型设备应按现行国家标准《通用安装工程工程量计算规范》GB 50856—2013 中相关项目编码列项。

（4）沉井混凝土地梁工程量，应并入底板内计算。

（5）各类垫层应按“桥涵工程”相关编码列项。

【例 5-41】 如图 5-39 所示，盖板长度 $l=6.5$m，宽 $B=2$m，厚度 $h=0.4$m，铸铁井盖半径 $r=0.2$m。试计算其清单工程量，并填写清单工程量计算表。

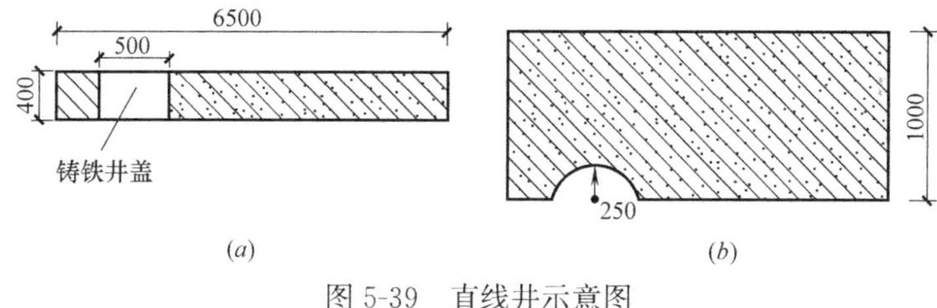

图 5-39　直线井示意图

（a）直线井剖面图；（b）直线井平面图（一半）

【解】

此钢筋混凝土盖板清单工程量为：

$$V=(Bl-\pi r^2)h=(2\times6.5-3.14\times0.25)\times0.4=4.89\text{m}^3$$

清单工程量计算表见表 5-57。

清单工程量计算表　　　　**表 5-57**

项目编码	项目名称	项目特征描述	工程量	计量单位
040601005001	沉井混凝土顶板	直线井的钢筋混凝土顶板	4.89	m^3

【例 5-42】 某一半地下室锥坡池底如图 5-40 所示，池底下有混凝土垫层 25cm，伸出池底外周边 15cm，该池底总厚 60cm，圆锥高 30cm，池壁外径 8.0m，内径 7.6m，池壁深 10m，试计算该混凝土池底的工程量以及现浇混凝土池壁的工程量。

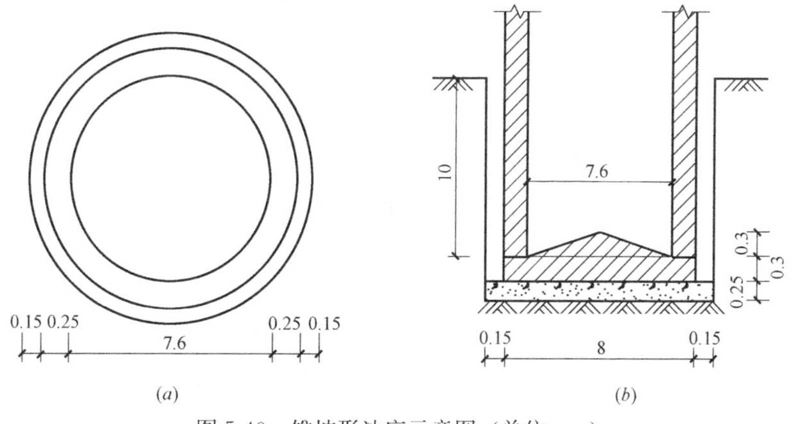

图 5-40　锥坡形池底示意图（单位：m）

（a）平面图；（b）剖面图

【解】

（1）混凝土池底

混凝土池底的工程量＝圆锥体部分的工程量＋圆柱体部分的工程量

$$=\frac{1}{3}\times0.3\times3.14\times\left(\frac{7.6}{2}\right)^2+0.3\times3.14\times\left(\frac{8}{2}\right)^2=19.61\text{m}^3$$

（2）现浇混凝土池壁

现浇混凝土池壁的工程量$=10\times3.14\times\left[\left(\frac{8}{2}\right)^2-\left(\frac{7.6}{2}\right)^2\right]=48.98m^3$

【例 5-43】 某挑檐式走道板如图 5-41 所示，走道板布置在圆形水池外侧，伸入池壁 20cm，走道板平面图上呈圆环形，其内径为 6.6m，外径为 8.6m，厚 30cm，试计算该现浇走道板的混凝土工程量。

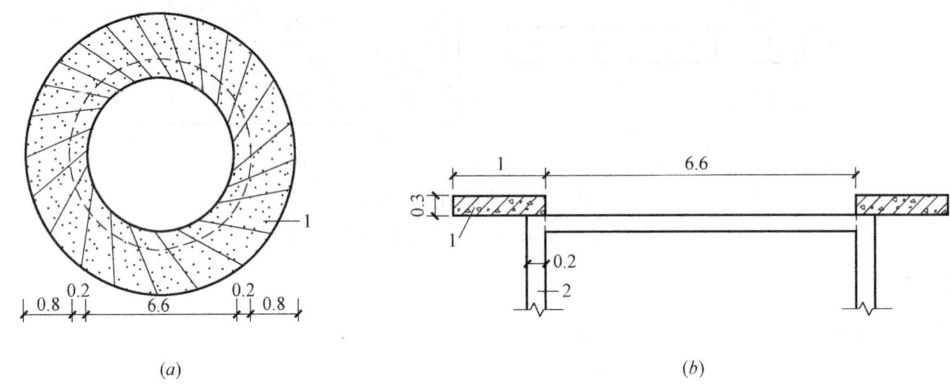

图 5-41　挑檐式走道板示意图（单位 m）

（a）平面图；（b）剖面图

1—走道板；2—池壁

【解】

走道板混凝土的工程量$=3.14\times\frac{8.6^2-(6.6+0.2\times2)^2}{4}\times0.3=5.88m^2$

【例 5-44】 市政排水工程预处理过程中，常使用格栅机拦截较大颗粒的悬浮物，如图 5-42 所示为一组格栅，试计算其工程量。

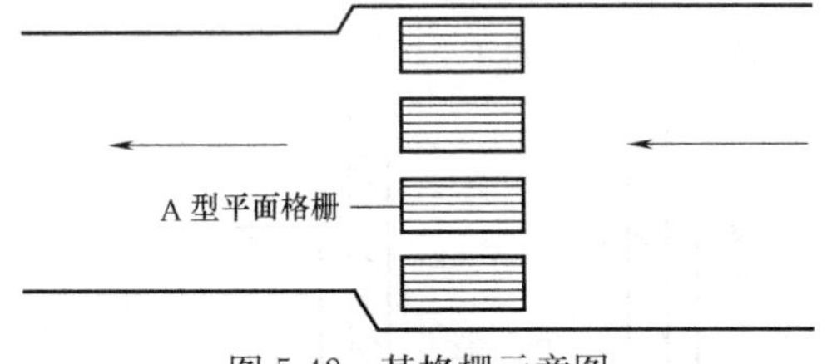

图 5-42　某格栅示意图

【解】

格栅除污机工程量=4 台

5.2.7　生活垃圾处理工程清单说明与工程计量

1. 工程计量规则

（1）垃圾卫生填埋。垃圾卫生填埋工程量计算规则见表 5-58。

垃圾卫生填埋（编号：040701）　　表 5-58

项目编码	项目名称	项目特征	计量单位	工程量计算规则	工程内容
040701001	场地平整	1. 部位 2. 坡度 3. 压实度	m^2	按设计图示尺寸以面积计算	1. 找坡、平整 2. 压实
040701002	垃圾坝	1. 结构类型 2. 土石种类、密实度 3. 砌筑形式、砂浆强度等级 4. 混凝土强度等级 5. 断面尺寸	m^3	按设计图示尺寸以体积计算	1. 模板制作、安装、拆除 2. 地基处理 3. 摊铺、夯实、碾压、整形、修坡 4. 砌筑、填缝、铺浆 5. 浇筑混凝土 6. 沉降缝 7. 养护

续表

项目编码	项目名称	项目特征	计量单位	工程量计算规则	工程内容
040701003	压实黏土防渗层	1. 厚度 2. 压实度 3. 渗透系数	m^2	按设计图示尺寸以面积计算	1. 填筑、平整 2. 压实
040701004	高密度聚乙烯(HDPD)膜	1. 铺设位置 2. 厚度、防渗系数 3. 材料规格、强度、单位重量 4. 连(搭)接方式			1. 裁剪 2. 铺设 3. 连(搭)接
040701005	钠基膨润土防水毯(GCL)				
040701006	土工合成材料				
040701007	袋装土保护层	1. 厚度 2. 材料品种、规格 3. 铺设位置			1. 运输 2. 土装袋 3. 铺设或铺筑 4. 袋装土放置
040701008	帷幕灌浆垂直防渗	1. 地质参数 2. 钻孔孔径、深度、间距 3. 水泥浆配比	m	按设计图示尺寸以长度计算	1. 钻孔 2. 清孔 3. 压力注浆
040701009	碎(卵)石导流层	1. 材料品种 2. 材料规格 3. 导流层厚度或断面尺寸	m^3	按设计图示尺寸以体积计算	1. 运输 2. 铺筑
040701010	穿孔管铺设	1. 材质、规格、型号 2. 直径、壁厚 3. 穿孔尺寸、间距 4. 连接方式 5. 铺设位置	m	按设计图示尺寸以长度计算	1. 铺设 2. 连接 3. 管件安装
040701011	无孔管铺设	1. 材质、规格 2. 直径、壁厚 3. 连接方式 4. 铺设位置	m	按设计图示尺寸以长度计算	1. 铺设 2. 连接 3. 管件安装
040701012	盲沟	1. 材质、规格 2. 垫层、粒料规格 3. 断面尺寸 4. 外层包裹材料性能指标			1. 垫层、粒料铺筑 2. 管材铺设、连接 3. 粒料填充 4. 外层材料包裹
040701013	导气石笼	1. 石笼直径 2. 石料粒径 3. 导气管材质、规格 4. 反滤层材料 5. 外层包裹材料性能指标	1. m 2. 座	1. 以米计量，按设计图示尺寸以长度计算 2. 以座计量，按设计图示数量计算	1. 外层材料包裹 2. 导气管铺设 3. 石料填充
040701014	浮动覆盖膜	1. 材质、规格 2. 锚固方式	m^2	按设计图示尺寸以面积计算	1. 浮动膜安装 2. 布置重力压管 3. 四周锚固

续表

项目编码	项目名称	项目特征	计量单位	工程量计算规则	工程内容
040701015	燃烧火炬装置	1. 基座形式、材质、规格、强度等级 2. 燃烧系统类型、参数	套	按设计图示数量计算	1. 浇筑混凝土 2. 安装 3. 调试
040701016	监测井	1. 地质参数 2. 钻孔孔径、深度 3. 监测井材料、直径、壁厚、连接方式 4. 滤料材质	口		1. 钻孔 2. 井筒安装 3. 填充滤料
040701017	堆体整形处理	1. 压实度 2. 边坡坡度	m^2	按设计图示尺寸以面积计算	1. 挖、填及找坡 2. 边坡整形 3. 压实
040701018	覆盖植被层	1. 材料品种 2. 厚度 3. 渗透系数			1. 铺筑 2. 压实
040701019	防风网	1. 材质、规格 2. 材料性能指标			安装
040701020	垃圾压缩设备	1. 类型、材质 2. 规格、型号 3. 参数	套	按设计图示数量计算	1. 安装 2. 调试

(2) 垃圾焚烧。垃圾焚烧工程量计算规则见表 5-59。

垃圾焚烧（编号：040702） **表 5-59**

项目编码	项目名称	项目特征	计量单位	工程量计算规则	工程内容
040702001	汽车衡	1. 规格、型号 2. 精度	台	按设计图示数量计算	1. 安装 2. 调试
040702002	自动感应洗车装置	1. 类型 2. 规格、型号 3. 参数	套		
040702003	破碎机		台		
040702004	垃圾卸料门	1. 尺寸 2. 材质 3. 自动开关装置	m^2	按设计图示尺寸以面积计算	
040702005	垃圾抓斗起重机	1. 规格、型号、精度 2. 跨度、高度 3. 自动称重、控制系统要求	套	按设计图示数量计算	
040702006	焚烧炉体	1. 类型 2. 规格、型号 3. 处理能力 4. 参数			

2. 清单相关说明

(1) 垃圾处理工程中的建筑物、园林绿化等应按相关专业计量规范清单项目编码列项。

（2）清单项目工作内容中均未包括“土石方开挖、回填夯实”等，应按“土石方工程”中相关项目编码列项。

（3）设备安装工程只列了垃圾处理工程专用设备的项目，其余如除尘装置、除渣设备、烟气净化设备、飞灰固化设备、发电设备及各类风机、仪表、泵、阀门等标准、定型设备等，应按现行国家标准《通用安装工程工程量计算规范》GB 50856—2013中相关项目编码列项。

（4）边坡处理应按“桥涵工程”中相关项目编码列项。

（5）填埋场渗沥液处理系统应按“水处理工程”中相关项目编码列项。

【例5-45】 某垃圾填埋场场地整平工程平面图为一矩形，长10m，宽8m。试计算场地整平的工程量。

【解】

$$场地整平的工程量=10\times8=80m^2$$

【例5-46】 某生活垃圾处理工程有DN200的穿孔管750m，试计算穿孔管铺设的工程量。

【解】

$$穿孔管铺设的工程量=750m$$

【例5-47】 某垃圾焚烧工程有3台汽车衡，宽3m，长6m，最大承重为35t，试计算汽车衡的工程量。

【解】

$$汽车衡的工程量=3台$$

【例5-48】 某工程有40樘垃圾卸料门，其尺寸为6m×4m，试计算垃圾卸料门的工程量。

【解】

$$垃圾卸料门的工程量=40\times6\times4=960m^2$$

5.2.8 路灯工程清单说明与工程计量

1. 工程计量规则

（1）变配电设备工程。变配电设备工程工程量计算规则见表5-60。

变配电设备工程（编码：040801） **表5-60**

项目编码	项目名称	项目特征	计量单位	工程量计算规则	工程内容
040801001	杆上变压器	1. 名称 2. 型号 3. 容量(kV·A) 4. 电压(kV) 5. 支架材质、规格 6. 网门、保护门材质、规格 7. 油过滤要求 8. 干燥要求	台	按设计图示数量计算	1. 支架制作、安装 2. 本体安装 3. 油过滤 4. 干燥 5. 网门、保护门制作、安装 6. 补刷(喷)油漆 7. 接地
040801002	地上变压器	1. 名称 2. 型号 3. 容量(kV·A) 4. 电压(kV) 5. 基础形式、材质、规格 6. 网门、保护门材质、规格 7. 油过滤要求 8. 干燥要求			1. 基础制作、安装 2. 本体安装 3. 油过滤 4. 干燥 5. 网门、保护门制作、安装 6. 补刷(喷)油漆 7. 接地

续表

项目编码	项目名称	项目特征	计量单位	工程量计算规则	工程内容
040801003	组合型成套箱式变电站	1. 名称 2. 型号 3. 容量(kV·A) 4. 电压(kV) 5. 组合形式 6. 基础形式、材质、规格	台	按设计图示数量计算	1. 基础制作、安装 2. 本体安装 3. 进箱母线安装 4. 补刷(喷)油漆 5. 接地
040801004	高压成套配电柜	1. 名称 2. 型号 3. 规格 4. 母线配置方式 5. 种类 6. 基础形式、材质、规格			1. 基础制作、安装 2. 本体安装 3. 补刷(喷)油漆 4. 接地
040801005	低压成套控制柜	1. 名称 2. 型号 3. 规格 4. 种类 5. 基础形式、材质、规格 6. 接线端子材质、规格 7. 端子板外部接线材质、规格			1. 基础制作、安装 2. 本体安装 3. 附件安装 4. 焊、压接线端子 5. 端子接线 6. 补刷(喷)油漆 7. 接地
040801006	落地式控制箱	1. 名称 2. 型号 3. 规格 4. 基础形式、材质、规格 5. 回路 6. 附件种类、规格 7. 接线端子材质、规格 8. 端子板外部接线材质、规格	台	按设计图示数量计算	
040801007	杆上控制箱	1. 名称 2. 型号 3. 规格 4. 回路 5. 附件种类、规格 6. 支架材质、规格 7. 进出线管管架材质、规格、安装高度 8. 接线端子材质、规格 9. 端子板外部接线材质、规格			1. 支架制作、安装 2. 本体安装 3. 附件安装 4. 焊、压接线端子 5. 端子接线 6. 进出线管管架安装 7. 补刷(喷)油漆 8. 接地
040801008 040801009	杆上配电箱 悬挂嵌入式配电箱	1. 名称 2. 型号 3. 规格 4. 安装方式 5. 支架材质、规格 6. 接线端子材质、规格 7. 端子板外部接线材质、规格	台	按设计图示数量计算	1. 支架制作、安装 2. 本体安装 3. 焊、压接线端子 4. 端子接线 5. 补刷(喷)油漆 6. 接地

续表

项目编码	项目名称	项目特征	计量单位	工程量计算规则	工程内容
040801010	落地式配电箱	1. 名称 2. 型号 3. 规格 4. 基础形式、材质、规格 5. 接线端子材质、规格 6. 端子板外部接线材质、规格	台	按设计图示数量计算	1. 基础制作、安装 2. 本体安装 3. 焊、压接线端子 4. 端子接线 5. 补刷(喷)油漆 6. 接地
040801011	控制屏	1. 名称 2. 型号 3. 规格 4. 种类 5. 基础形式、材质、规格 6. 接线端子材质、规格 7. 端子板外部接线材质、规格 8. 小母线材质、规格 9. 屏边规格	台	按设计图示数量计算	1. 基础制作、安装 2. 本体安装 3. 端子板安装 4. 焊、压接线端子 5. 盘柜配线、端子接线 6. 小母线安装 7. 屏边安装 8. 补刷(喷)油漆 9. 接地
040801012	继电、信号屏				
040801013	低压开关柜（配电屏）				1. 基础制作、安装 2. 本体安装 3. 端子板安装 4. 焊、压接线端子 5. 盘柜配线、端子接线 6. 屏边安装 7. 补刷(喷)油漆 8. 接地
040801014	弱电控制返回屏	1. 名称 2. 型号 3. 规格 4. 种类 5. 基础形式、材质、规格 6. 接线端子材质、规格 7. 端子板外部接线材质、规格 8. 小母线材质、规格 9. 屏边规格	台	按设计图示数量计算	1. 基础制作、安装 2. 本体安装 3. 端子板安装 4. 焊、压接线端子 5. 盘柜配线、端子接线 6. 小母线安装 7. 屏边安装 8. 补刷(喷)油漆 9. 接地
040801015	控制台	1. 名称 2. 型号 3. 规格 4. 种类 5. 基础形式、材质、规格 6. 接线端子材质、规格 7. 端子板外部接线材质、规格 8. 小母线材质、规格			1. 基础制作、安装 2. 本体安装 3. 端子板安装 4. 焊、压接线端子 5. 盘柜配线、端子接线 6. 小母线安装 7. 补刷(喷)油漆 8. 接地
040801016	电力电容器	1. 名称 2. 型号 3. 规格 4. 质量	个		1. 本体安装、调试 2. 接线 3. 接地

续表

项目编码	项目名称	项目特征	计量单位	工程量计算规则	工程内容
040801017	跌落式熔断器	1. 名称 2. 型号 3. 规格 4. 安装部位	组	按设计图示数量计算	1. 本体安装、调试 2. 接线 3. 接地
040801018	避雷器	1. 名称 2. 型号 3. 规格 4. 电压(kV) 5. 安装部位			1. 本体安装、调试 2. 接线 3. 补刷(喷)油漆 4. 接地
040801019	低压熔断器	1. 名称 2. 型号 3. 规格 4. 接线端子材质、规格	个		1. 本体安装 2. 焊、压接线端子 3. 接线
040801020	隔离开关	1. 名称 2. 型号 3. 容量(A) 4. 电压(kV) 5. 安装条件 6. 操作机构名称、型号 7. 接线端子材质、规格	组	按设计图示数量计算	1. 本体安装、调试 2. 接线 3. 补刷(喷)油漆 4. 接地
040801021	负荷开关				
040801022	真空断路器		台		
040801023	限位开关	1. 名称 2. 型号 3. 规格 4. 接线端子材质、规格	个		1. 本体安装 2. 焊、压接线端子 3. 接线
040801024	控制器		台		
040801025	接触器				
040801026	磁力启动器				
040801027	分流器	1. 名称 2. 型号 3. 规格 4. 容量(A) 5. 接线端子材质、规格	个		
040801028	小电器	1. 名称 2. 型号 3. 规格 4. 接线端子材质、规格	个(套、台)		
040801029	照明开关	1. 名称 2. 材质 3. 规格 4. 安装方式	个		1. 本体安装 2. 接线
040801030	插座				
040801031	线缆断线报警装置	1. 名称 2. 型号 3. 规格 4. 参数	套		1. 本体安装、调试 2. 接线
040801032	铁构件制作、安装	1. 名称 2. 材质 3. 规格	kg	按设计图示尺寸以质量计算	1. 制作 2. 安装 3. 补刷(喷)油漆
040801033	其他电器	1. 名称 2. 型号 3. 规格 4. 安装方式	个(套、台)	按设计图示数量计算	1. 本体安装 2. 接线

（2）10kV 以下架空线路工程。10kV 以下架空线路工程工程量计算规则见表 5-61。

10kV 以下架空线路工程（编码：040802） **表 5-61**

项目编码	项目名称	项目特征	计量单位	工程量计算规则	工程内容
040802001	电杆组立	1. 名称 2. 规格 3. 材质 4. 类型 5. 地形 6. 土质 7. 底盘、拉盘、卡盘规格 8. 拉线材质、规格、类型 9. 引下线支架安装高度 10. 垫层、基础：厚度、材料品种、强度等级 11. 电杆防腐要求	根	按设计图示数量计算	1. 工地运输 2. 垫层、基础浇筑 3. 底盘、拉盘、卡盘安装 4. 电杆组立 5. 电杆防腐 6. 拉线制作、安装 7. 引下线支架安装
040802002	横担组装	1. 名称 2. 规格 3. 材质 4. 类型 5. 安装方式 6. 电压(kV) 7. 瓷瓶型号、规格 8. 金具型号、规格	组		1. 横担安装 2. 瓷瓶、金具组装
040802003	导线架设	1. 名称 2. 型号 3. 规格 4. 地形 5. 导线跨越类型	km	按设计图示尺寸另加预留量以单线长度计算	1. 工地运输 2. 导线架设 3. 导线跨越及进户线架设

（3）电缆工程。电缆工程工程量计算规则见表 5-62。

电缆工程（编码：040803） **表 5-62**

项目编码	项目名称	项目特征	计量单位	工程量计算规则	工程内容
040803001	电缆	1. 名称 2. 型号 3. 规格 4. 材质 5. 敷设方式、部位 6. 电压(kV) 7. 地形	m	按设计图示尺寸另加预留及附加量以长度计算	1. 揭(盖)盖板 2. 电缆敷设
040803002	电缆保护管	1. 名称 2. 型号 3. 规格 4. 材质 5. 敷设方式 6. 过路管加固要求		按设计图示尺寸以长度计算	1. 保护管敷设 2. 过路管加固
040803003	电缆排管	1. 名称 2. 型号 3. 规格 4. 材质 5. 垫层、基础：厚度、材料品种、强度等级 6. 排管排列形式			1. 垫层、基础浇筑 2. 排管敷设

续表

项目编码	项目名称	项目特征	计量单位	工程量计算规则	工程内容
040803004	管道包封	1. 名称 2. 规格 3. 混凝土强度等级	m	按设计图示尺寸以长度计算	1. 灌注 2. 养护
040803005	电缆终端头	1. 名称 2. 型号 3. 规格 4. 材质、类型 5. 安装部位 6. 电压(kV)	个	按设计图示数量计算	1. 制作 2. 安装 3. 接地
040803006	电缆中间头	1. 名称 2. 型号 3. 规格 4. 材质、类型 5. 安装方式 6. 电压(kV)			
040803007	铺砂、盖保护板(砖)	1. 种类 2. 规格	m	按设计图示尺寸以长度计算	1. 铺砂 2. 盖保护板(砖)

(4) 配管、配线工程。配管、配线工程工程量计算规则见表 5-63。

配管、配线工程(编码:040804) **表 5-63**

项目编码	项目名称	项目特征	计量单位	工程量计算规则	工程内容
040804001	配管	1. 名称 2. 材质 3. 规格 4. 配置形式 5. 钢索材质、规格 6. 接地要求	m	按设计图示尺寸以长度计算	1. 预留沟槽 2. 钢索架设(拉紧装置安装) 3. 电线管路敷设 4. 接地
040804002	配线	1. 名称 2. 配线形式 3. 型号 4. 规格 5. 材质 6. 配线部位 7. 配线线制 8. 钢索材质、规格		按设计图示尺寸另加预留量以单线长度计算	1. 钢索架设(拉紧装置安装) 2. 支持体(绝缘子等)安装 3. 配线
040804003	接线箱	1. 名称 2. 规格 3. 材质 4. 安装形式	个	按设计图示数量计算	本体安装
040804004	接线盒				
040804005	带形母线	1. 名称 2. 型号 3. 规格 4. 材质 5. 绝缘子类型、规格 6. 穿通板材质、规格 7. 引下线材质、规格 8. 伸缩节、过渡板材质、规格 9. 分相漆品种	m	按设计图示尺寸另加预留量以单相长度计算	1. 支持绝缘子安装及耐压试验 2. 穿通板制作、安装 3. 母线安装 4. 引下线安装 5. 伸缩节安装 6. 过渡板安装 7. 拉紧装置安装 8. 刷分相漆

（5）照明器具安装工程。照明器具安装工程工程量计算规则见表 5-64。

照明器具安装工程（编码：040805） **表 5-64**

项目编码	项目名称	项目特征	计量单位	工程量计算规则	工程内容
040805001	常规照明灯	1. 名称 2. 型号 3. 灯杆材质、高度 4. 灯杆编号 5. 灯架形式及臂长 6. 光源数量 7. 附件配置 8. 垫层、基础：厚度、材料品种、强度等级 9. 杆座形式、材质、规格 10. 接线端子材质、规格 11. 编号要求 12. 接地要求	套	按设计图示数量计算	1. 垫层铺筑 2. 基础制作、安装 3. 立灯杆 4. 杆座制作、安装 5. 灯架制作、安装 6. 灯具附件安装 7. 焊、压接线端子 8. 接线 9. 补刷（喷）油漆 10. 灯杆编号 11. 接地 12. 试灯
040805002	中杆照明灯				
040805003	高杆照明灯				1. 垫层铺筑 2. 基础制作、安装 3. 立灯杆 4. 杆座制作、安装 5. 灯架制作、安装 6. 灯具附件安装 7. 焊、压接线端子 8. 接线 9. 补刷（喷）油漆 10. 灯杆编号 11. 升降机构接线调试 12. 接地 13. 试灯
040805004	景观照明灯	1. 名称 2. 型号 3. 规格 4. 安装形式 5. 接地要求	1. 套 2. m	1. 以套计量，按设计图示数量计算 2. 以米计量，按设计图示尺寸以延长米计算	1. 灯具安装 2. 焊、压接线端子 3. 接线 4. 补刷（喷）油漆 5. 接地 6. 试灯
040805005	桥栏杆照明灯		套	按设计图示数量计算	
040805006	地道涵洞照明灯				

（6）防雷接地装置工程。防雷接地装置工程工程量计算规则见表 5-65。

防雷接地装置工程（编码：040806） **表 5-65**

项目编码	项目名称	项目特征	计量单位	工程量计算规则	工程内容
040506001	接地极	1. 名称 2. 材质 3. 规格 4. 土质 5. 基础接地形式	根（块）	按设计图示数量计算	1. 接地极（板、桩）制作、安装 2. 补刷（喷）油漆

续表

项目编码	项目名称	项目特征	计量单位	工程量计算规则	工程内容
040506002	接地母线	1. 名称 2. 材质 3. 规格	m	按设计图示尺寸另加附加量以长度计算	1. 接地母线制作、安装 2. 补刷（喷）油漆
040506003	避雷引下线	1. 名称 2. 材质 3. 规格 4. 安装高度 5. 安装形式 6. 断接卡子、箱材质、规格			1. 避雷引下线制作、安装 2. 断接卡子、箱制作、安装 3. 补刷（喷）油漆
040506004	避雷针	1. 名称 2. 材质 3. 规格 4. 安装高度 5. 安装形式	套（基）	按设计图示数量计算	1. 本体安装 2. 跨接 3. 补刷（喷）油漆
040506005	降阻剂	名称	kg	按设计图示数量以质量计算	施放降阻剂

（7）电气调整工程。电气调整工程工程量计算规则见表 5-66。

电气调整试验（编码：040807） **表 5-66**

项目编码	项目名称	项目特征	计量单位	工程量计算规则	工程内容
040807001	变压器系统调试	1. 名称 2. 型号 3. 容量（kV·A）	系统	按设计图示数量计算	系统调试
040807002	供电系统调试	1. 名称 2. 型号 3. 电压（kV）			
040807003	接地装置调试	1. 名称 2. 类别	系统（组）		接地电阻测试
040807004	电缆试验	1. 名称 2. 电压（kV）	次（根、点）		试验

2. 清单相关说明

清单项目工作内容中均未包括土石方开挖及回填、破除混凝土路面等，发生时应按“土石方工程”及“拆除工程”中相关项目编码列项。

清单项目工作内容中均未包括除锈、刷漆（补刷漆除外），发生时应按现行国家标准《通用安装工程工程量计算规范》GB 50856—2013 中相关项目编码列项。

清单项目工作内容包含补漆的工序，可不进行特征描述，由投标人根据相关规范标准自行考虑报价。

母线、电线、电缆、架空导线等，按以下规定计算附加长度（波形长度或预留量）计入工程量中（表 3-98～表 3-102）。

（1）变配电设备工程

1）小电器包括按钮、测量表计、继电器、电磁锁、屏上辅助设备、辅助电压互感器、小型安全变压器等。

2）其他电器安装指未列的电器项目，必须根据电器实际名称确定项目名称。明确描述项目特征、计量单位、工程量计算规则、工作内容。

3）铁构件制作、安装适用于路灯工程的各种支架、铁构件的制作、安装。

4）设备安装未包括地脚螺栓安装、浇筑（二次灌浆、抹面），如需安装应按现行国家标准《房屋建筑与装饰工程工程量计算规范》GB 50854—2013中相关项目编码列项。

5）盘、箱、柜的外部进出线预留长度见表5-67。

盘、箱、柜的外部进出电线预留长度　　表5-67

序号	项　目	预留长度(m/根)	说　明
1	各种箱、柜、盘、板、盒	高+宽	盘面尺寸
2	单独安装的铁壳开关、自动开关、刀开关、启动器、箱式电阻器、变阻器	0.5	从安装对象中心算起
3	继电器、控制开关、信号灯、按钮、熔断器等小电器	0.3	
4	分支接头	0.2	分支线预留

（2）10kV以下架空线路工程。导线架设预留长度见表5-68。

架空导线预留长度　　表5-68

项　目		预留长度(m/根)
	转角	2.5
	分支、终端	2.0
低压	分支、终端	0.5
	交叉跳线转角	1.5
与设备连接		0.5
进户线		2.5

（3）电缆工程

1）电缆穿刺线夹按电缆中间头编码列项。

2）电缆保护管敷设方式清单项目特征描述时应区分直埋保护管、过路保护管。

3）顶管敷设应按“管道铺设”中相关项目编码列项。

4）电缆井应按“管道附属构筑物”中相关项目编码列项，如有防盗要求的应在项目特征中描述。

5）电缆敷设预留量及附加长度见表5-69。

电缆敷设预留量及附加长度　　表5-69

序号	项　目	预留(附加)长度(m/根)	说　明
1	电缆敷设弛度、波形弯度、交叉	2.5%	按电缆全长计算
2	电缆进入建筑物	2.0	规范规定最小值
3	电缆进入沟内或吊架时引上(下)预留	1.5	规范规定最小值

续表

序号	项　目	预留(附加)长度(m/根)	说　明
4	变电所进线、出线	1.5	规范规定最小值
5	电力电缆终端头	1.5	检修余量最小值
6	电缆中间接头盒	两端各留 2.0	检修余量最小值
7	电缆进控制、保护屏及模拟盘等	高+宽	按盘面尺寸
8	高压开关柜及低压配电盘、箱	2.0	盘下进出线
9	电缆至电动机	0.5	从电动机接线盒算起
10	厂用变压器	3.0	从地坪算起
11	电缆绕过梁柱等增加长度	按实计算	按被绕物的断面情况计算增加长度

(4) 配管、配线工程

1) 配管安装不扣除管路中间的接线箱（盒）、灯头盒、开关盒所占长度。

2) 配管名称指电线管、钢管、塑料管等。

3) 配管配置形式指明、暗配、钢结构支架、钢索配管、埋地敷设、水下敷设、砌筑沟内敷设等。

4) 配线名称指管内穿线、塑料护套配线等。

5) 配线形式指照明线路、木结构、砖、混凝土结构、沿钢索等。

6) 配线进入箱、柜、板的预留长度见表 5-70，母线配置安装的预留长度见表 5-71。

配线进入箱、柜、板的预留长度（每一根线）　　表 5-70

序号	项　目	预留长度(m)	说　明
1	各种开关箱、柜、板	高+宽	盘面尺寸
2	单独安装(无箱、盘)的铁壳开关、闸刀开关、启动器、线槽进出线盒等	0.3	从安装对象中心算起
3	由地面管子出口引至动力接线箱	1.0	从管口计算
4	电源与管内导线连接(管内穿线与软、硬母线接点)	1.5	从管口计算

(5) 照明器具安装工程

1) 常规照明灯是指安装在高度≤15m 的灯杆上的照明器具。

2) 中杆照明灯是指安装在高度≤19m 的灯杆上的照明器具。

3) 高杆照明灯是指安装在高度>19m 的灯杆上的照明器具。

4) 景观照明灯是指利用不同的造型、相异的光色与亮度来造景的照明器具。

(6) 防雷接地装置工程。接地母线、引下线附加长度见表 5-71。

母线配置安装预留长度　　表 5-71

序号	项　目	预留长度(m)	说　明
1	带形母线终端	0.3	从最后一个支持点算起
2	带形母线与分支线连接	0.5	分支线预留
3	带形母线与设备连接	0.5	从设备端子接口算起
4	接地母线、引下线附加长度	3.9%	按接地母线、引下线全厂计算

【例 5-49】 某管形避雷器如图 5-43 所示，某工程有 3 组这样的管形避雷器，试计算

管形避雷器的工程量。

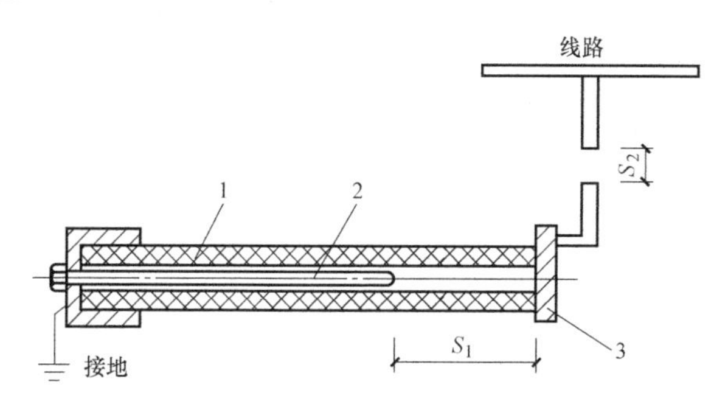

图 5-43 管形避雷器

1—产气管；2—内部电极；3—外部电极；S_1—内部间隙；S_2—外部间隙

【解】

避雷器的工程量=3 组

【例 5-50】 某工程架设导线，采用 BLV 型铝芯绝缘导线，共架设长 1600m，试计算导线架设工程量。

【解】

架设导线的工程量=1600m=1.6km

【例 5-51】 某工程采用铝制带形母线共 1220m，其规格为 125mm×10mm（宽×厚），试计算带形母线的工程量。

【解】

带形母线的工程量=1220m

【例 5-52】 某市有一座桥采用桥栏杆照明，该照明电压 220V，所用线缆为 320m，共架有 12 套这样的桥栏杆照明灯，试计算桥栏杆照明灯的工程量。

【解】

桥栏杆照明灯的工程量=12 套

5.2.9 钢筋和拆除工程清单说明与工程计量

1. 工程计量规则

（1）钢筋工程。钢筋工程工程量计算规则见表 5-72。

钢筋工程（编码：040901） 表 5-72

项目编码	项目名称	项目特征	计量单位	工程量计算规则	工程内容
040901001	现浇构件钢筋	1. 钢筋种类 2. 钢筋规格	t	按设计图示尺寸以质量计算	1. 制作 2. 运输 3. 安装
040901002	预制构件钢筋				
040901003	钢筋网片				
040901004	钢筋笼				
040901005	先张法预应力钢筋(钢丝、钢绞线)	1. 部位 2. 预应力筋种类 3. 预应力筋规格			1. 张拉台座制作、安装、拆除 2. 预应力筋制作、张拉
040901006	后张法预应力钢筋(钢丝束、钢绞线)	1. 部位 2. 预应力筋种类 3. 预应力筋规格 4. 锚具种类、规格 5. 砂浆强度等级 6. 压浆管材质、规格			1. 预应力筋孔道制作、安装 2. 锚具安装 3. 预应力筋制作、张拉 4. 安装压浆管道 5. 孔道压浆
040901007	型钢	1. 材料种类 2. 材料规格			1. 制作 2. 运输 3. 安装、定位

续表

项目编码	项目名称	项目特征	计量单位	工程量计算规则	工程内容
040901008	植筋	1. 材料种类 2. 材料规格 3. 植入深度 4. 植筋胶品种	根	按设计图示数量计算	1. 定位、钻孔、清孔 2. 钢筋加工成型 3. 注胶、植筋 4. 抗拔试验 5. 养护
040901009	预埋铁件	1. 材料种类 2. 材料规格	t	按设计图示尺寸以质量计算	1. 制作 2. 运输 3. 安装
040901010	高强螺栓		1. t 2. 套	1. 按设计图示尺寸以质量计算 2. 按设计图示数量计算	

（2）拆除工程。拆除工程工程量计算规则见表 5-73。

拆除工程（编码：041001） **表 5-73**

项目编码	项目名称	项目特征	计量单位	工程量计算规则	工程内容
041001001	拆除路面	1. 材质 2. 厚度	m^2	按拆除部位以面积计算	1. 拆除、清理 2. 运输
041001002	拆除人行道				
041001003	拆除基层	1. 材质 2. 厚度 3. 部位			
041001004	铣刨路面	1. 材质 2. 结构形式 3. 厚度			
041001005	拆除侧、平（缘）石	材质	m	按拆除部位以延长米计算	
041001006	拆除管道	1. 材质 2. 管径			
041001007	拆除砖石结构	1. 结构形式 2. 强度等级	m^3	按拆除部位以体积计算	
041001008	拆除混凝土结构				
041001009	拆除井	1. 结构形式 2. 规格尺寸 3. 强度等级	座	按拆除部位以数量计算	
041001010	拆除电杆	1. 结构形式 2. 规格尺寸	根		
041001011	拆除管片	1. 材质 2. 部位	处		

2. 清单相关说明

（1）钢筋工程

1）现浇构件中伸出构件的锚固钢筋、预制构件的吊钩和固定位置的支撑钢筋等，应并入钢筋工程量内。除设计标明的搭接外，其他施工搭接不计算工程量，由投标人在报价中综合考虑。

2）“钢筋工程”所列“型钢”是指劲性骨架的型钢部分。

3）凡型钢与钢筋组合（除预埋铁件外）的钢格栅，应分别列项。

（2）拆除工程

1）拆除路面、人行道及管道清单项目的工作内容中均不包括基础及垫层拆除，发生时按本章相应清单项目编码列项。

2）伐树、挖树蔸应按现行国家标准《园林绿化工程工程量计算规范》GB 50858—2013 中相应清单项目编码列项。

【例 5-53】 某工程采用六角高强度螺栓，如图 5-44 所示，共用了 160 套，试计算高强度螺栓的工程量。

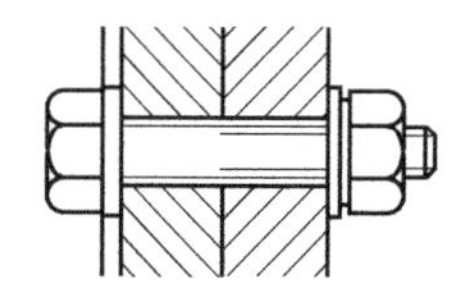

图 5-44　高强度螺栓

【解】

高强度螺栓的工程量＝160 套

【例 5-54】 某工程在施工中需要拆除一段路面，该路面为沥青路面，厚 500mm，路宽 16m，长 1000m，试计算拆除路面的工程量。

【解】

$$拆除路面的工程量＝16\times1000＝16000m^2$$

【例 5-55】 某桥梁工程，其钢筋工程的分部分项工程量清单见表 5-74，试编制综合单价表和分部分项工程和单价措施项目清单与计价表（其中，管理费按直接费的 10%、利润按直接费的 5%计取）。

分部分项工程量清单　　表 5-74

序号	项目编码	项目名称	数量	单位
1	040901001001	现浇构件钢筋(现浇部分 ϕ10 以内)	1.58	t
2	040901001002	现浇构件钢筋(现浇部分 ϕ10 以外)	7.15	t
3	040901002001	预制构件钢筋(预制部分 ϕ10 以内)	12.46	t
4	040901002002	预制构件钢筋(预制部分 ϕ10 以外)	35.77	t
5	040901009001	预埋铁件	2.94	t

【解】

（1）编制综合单价分析表。综合单价分析表见表 5-75～表 5-79。

综合单价分析表　　表 5-75

工程名称：某桥梁钢筋工程　　标段：　　第　页　共　页

项目编码	040901001001	项目名称	现浇构件钢筋	计量单位	t	工程量	1.58

清单综合单价组成明细											
定额编号	定额项目名称	定额单位	数量	单价				合价			
				人工费	材料费	机械费	管理费和利润	人工费	材料费	机械费	管理费和利润
3-235	现浇混凝土钢筋(ϕ10 以内)	t	1	374.35	41.82	40.10	68.44	374.35	41.82	40.10	68.44
人工单价		小计						374.35	41.82	40.10	68.44
40 元/工日		未计价材料费									
清单项目综合单价								524.71			

注：“数量”栏为“投标方工程量÷招标方工程量÷定额单位数量”，如“1”为“1.58÷1.58÷1”。

综合单价分析表 表 5-76

工程名称：某桥梁钢筋工程 标段： 第 页 共 页

项目编码	040901001002	项目名称	现浇构件钢筋	计量单位		t		工程量		7.15	
清单综合单价组成明细											
定额编号	定额项目名称	定额单位	数量	单价				合价			
				人工费	材料费	机械费	管理费和利润	人工费	材料费	机械费	管理费和利润
3-235	现浇混凝土钢筋（ϕ10 以外）	t	1	182.23	61.78	69.66	47.05	182.23	61.78	69.66	47.05
人工单价		小计						182.23	61.78	69.66	47.05
40 元/工日		未计价材料费									
清单项目综合单价								360.72			

注：“数量”栏为“投标方工程量÷招标方工程量÷定额单位数量”，如“1”为“7.15÷7.15÷1”。

工程量清单综合单价分析表 表 5-77

工程名称：某桥梁钢筋工程 标段： 第 页 共 页

项目编码	040701002001	项目名称	现浇构件钢筋	计量单位		t		工程量		12.46	
清单综合单价组成明细											
定额编号	定额项目名称	定额单位	数量	单价				合价			
				人工费	材料费	机械费	管理费和利润	人工费	材料费	机械费	管理费和利润
3-233	预制混凝土钢筋（ϕ10 以内）	t	1	463.11	45.03	49.21	83.75	463.11	45.03	49.21	83.75
人工单价		小计						463.11	45.03	49.21	83.75
40 元/工日		未计价材料费									
清单项目综合单价								641.10			

注：“数量”栏为“投标方工程量÷招标方工程量÷定额单位数量”，如“1”为“12.46÷12.46÷1”。

综合单价分析表 表 5-78

工程名称：某桥梁钢筋工程 标段： 第 页 共 页

项目编码	040901001002	项目名称	现浇构件钢筋	计量单位	t	工程量	35.77				
清单综合单价组成明细											
定额编号	定额项目名称	定额单位	数量	单价				合价			
				人工费	材料费	机械费	管理费和利润	人工费	材料费	机械费	管理费和利润
3-234	预制混凝土钢筋（ϕ10 以外）	t	1	176.61	58.32	67.44	45.36	176.61	58.32	67.44	45.36
人工单价		小计						176.61	58.32	67.44	45.36
40 元/工日		未计价材料费									
清单项目综合单价								347.73			

注："数量"栏为"投标方工程量÷招标方工程量÷定额单位数量"，如"1"为"35.77÷35.77÷1"。

综合单价分析表 表 5-79

工程名称：某桥梁钢筋工程 标段： 第 页 共 页

项目编码	040901009001	项目名称	预埋铁件	计量单位	t	工程量	2.94				
清单综合单价组成明细											
定额编号	定额项目名称	定额单位	数量	单价				合价			
				人工费	材料费	机械费	管理费和利润	人工费	材料费	机械费	管理费和利润
3-238	预埋铁件	t	0.01	860.83	3577.07	310.52	712.26	8.61	35.77	3.11	7.12
人工单价		小计						8.61	35.77	3.11	7.12
40 元/工日		未计价材料费									
清单项目综合单价								54.61			

注："数量"栏为"投标方工程量÷招标方工程量÷定额单位数量"，如"0.01"为"2.94÷2.94÷100"。

（2）编制分部分项工程和单价措施项目清单与计价表。分部分项工程和单价措施项目清单与计价表见表 5-80。

分部分项工程和单价措施项目清单与计价表 表 5-80

工程名称：某桥梁钢筋工程 标段： 第 页 共 页

序号	项目编号	项目名称	项目特征描述	计量单位	工程数量	金额/元		
						综合单价	合价	其中 暂估价
1	040901002003	现浇构件钢筋	非预应力钢筋（现浇部分 ϕ10 以内）	t	1.58	524.71	829.04	
2	040901002004	现浇构件钢筋	非预应力钢筋（现浇部分 ϕ10 以外）	t	7.15	360.72	2579.15	
3	040901002001	预制构件钢筋	非预应力钢筋（预制部分 ϕ10 以内）	t	12.46	641.10	7988.11	
4	040901002002	预制构件钢筋	非预应力钢筋（预制部分 ϕ10 以外）	t	35.77	347.73	12438.30	
5	040901009001	预埋铁件	预埋铁件	t	2.94	54.61	160.55	
合计							23995.15	

5.3 市政工程清单计价

5.3.1 工程量清单计价使用范围

计价规范适用于建设工程发承包及其实施阶段的计价活动。使用国有资金投资的建设工程发承包，必须采用工程量清单计价；非国有资金投资的建设工程，宜采用工程量清单计价；不采用工程量清单计价的建设丁程，应执行计价规范中除工程量清单等专门性规定外的其他规定。

国有资金投资的项目包括全部使用国有资金（含国家融资资金）投资或以国有资金投资为主的工程建设项目。

（1）国有资金投资的工程建设项目包括：

1）使用各级财政预算资金的项目；

2）使用纳入财政管理的各种政府性专项建设资金的项目；

3）使用国有企事业单位自有资金，并且国有资产投资者实际拥有控制权的项目。

（2）国家融资资金投资的工程建设项目包括：

1）使用国家发行债券所筹资金的项目；

2）使用国家对外借款或者担保所筹资金的项目；

3）使用国家政策性贷款的项目；

4）国家授权投资主体融资的项目；

5）国家特许的融资项目。

（3）以国有资金（含国家融资资金）为主的工程建设项目是指国有资金占投资总额50%以上，或虽不足50%但国有投资者实质上拥有控股权的工程建设项目。

5.3.2 工程量清单计价基本程序

工程量清单计价的过程可分为两个阶段，即工程量清单的编制和工程量清单应用两个阶段。工程量清单编制程序如图5-45所示，工程量清单应用程序如图5-46所示。

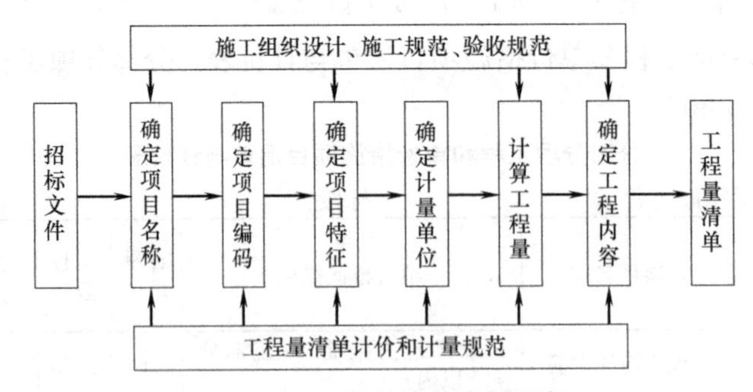

图5-45 工程量清单编制程序

工程量清单计价的基本原理是：按照工程量清单计价规范规定，在各相应专业丁程计量规范规定的工程量清单项目设置及工程量计算规则基础上，针对具体工程的施工图纸和施工组织设计计算出各个清单项目的工程量，根据规定的方法计算出综合单价，并汇总各清单合价得出工程总价。

$$分部分项工程费=\sum(分部分项工程量\times相应分部分项综合单价) \tag{5-1}$$

$$措施项目费=\sum各措施项目费 \tag{5-2}$$

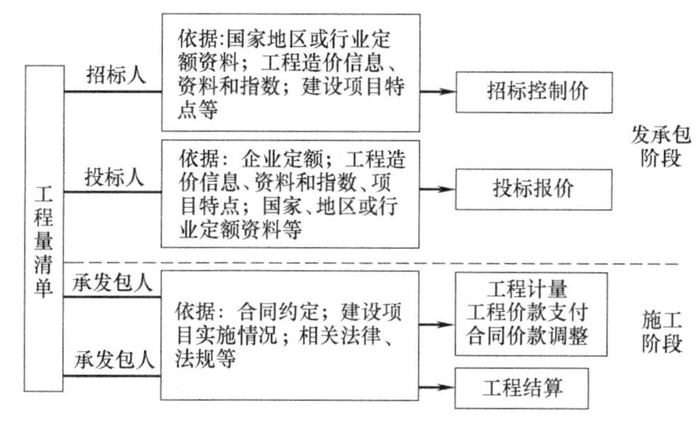

图 5-46 工程量清单应用程序

其他项目费＝暂列金额＋暂估价＋计日工＋总承包服务费 (5-3)

单位工程报价＝分部分项工程费＋措施项目费＋其他项目费＋规费＋税金 (5-4)

单项工程报价＝∑单位工程报价 (5-5)

建设项目总报价＝∑单项工程报价 (5-6)

上述公式中，综合单价是指完成一个规定清单项目所需的人工费、材料及工程设备费、施工机具使用费和企业管理费、利润，以及一定范围内的风险费用。风险费用是隐含于已标价工程量清单综合单价中，用于化解发承包双方在工程合同中约定内容及范围内的市场价格波动风险的费用。

工程量清单计价活动涵盖施工招标、合同管理及竣工交付全过程，主要包括：编制招标工程量清单、招标控制价、投标报价，确定合同价，进行工程计量与价款支付、合同价款的调整、工程结算和工程计价纠纷处理等活动。

5.3.3 工程量清单计价编制

1. 一般规定

(1) 计价方式

1) 使用国有资金投资的建设工程发承包，必须采用工程量清单计价。

2) 非国有资金投资的建设工程，宜采用工程量清单计价。

3) 工程量清单应采用综合单价计价。

4) 不采用工程量清单计价的建设工程，应执行《建设工程工程量清单计价规范》GB 50500—2013 除了工程量清单等专门性规定外的其他规定。

5) 措施项目中的安全文明施工费必须按照国家或省级、行业建设主管部门的规定计算，不得作为竞争性费用。

6) 规费和税金必须按照国家或是省级、行业建设主管部门的规定计算，不得作为竞争性费用。

(2) 发包人提供材料和工程设备

1) 发包人提供的材料和工程设备（以下简称甲供材料）应在招标文件中按照《建设工程工程量清单计价规范》GB 50500—2013 附录 L1 的规定填写《发包人提供材料和工程设备一览表》，写明甲供材料的名称、数量、规格、单价、交货方式、交货地点等。承包人投标时，甲供材料单价应计入相应项目的综合单价中，签约后，发包人应按照合同约定扣除甲供材料款，不予支付。

2）承包人应根据合同工程进度计划的安排，向发包人提交甲供材料交货的日期计划。发包人按照计划提供。

3）发包人提供的甲供材料，如规格、数量或质量不符合合同要求，或因发包人原因发生交货日期的延误、交货地点及交货方式的变更等情况，发包人应承担由此增加的费用和（或）工期延误，并应向承包人支付合理利润。

4）发承包双方对甲供材料的数量发生争议无法达成一致的，应按照相关工程的计价定额同类项目规定的材料消耗量计算。

5）如果发包人要求承包人采购已在招标文件中确定为甲供材料，材料价格应由发承包双方根据市场调查确定，并应另行签订补充协议。

（3）承包人提供材料和工程设备

1）除了合同约定的发包人提供的甲供材料外，合同工程所需要的材料和工程设备应由承包人提供，承包人提供的材料和工程设备均应由承包人负责采购、运输以及保管。

2）承包人应按照合同约定将采购材料和工程设备的供货人以及品种、规格、数量和供货时间等提交发包人确认，并负责提供材料和工程设备的质量证明文件，满足合同约定的质量标准。

3）对承包人提供的材料和工程设备经检测不符合合同约定的质量标准，发包人应立即要求承包人更换，由此增加的费用和（或）工期延误应由承包人承担。对发包人要求检测承包人已具有合格证明的材料、工程设备，但经检测证明该项材料、工程设备符合合同约定的质量标准，发包人应承担由此增加的费用和（或）工期延误，并向承包人支付合理利润。

（4）计价风险

1）建设工程发承包。必须在招标文件、合同中明确计价中的风险内容及其范围。不得采用无限风险、所有风险或类似语句规定计价中的风险内容及范围。

2）由于下列因素出现，影响合同价款调整的，应由发包人承担：

① 国家法律、法规、规章和政策发生变化。

② 省级或行业建设主管部门发布的人工费调整，但承包人对人工费或人工单价的报价高于发布的除外。

③ 由政府定价或政府指导价管理的原材料等价格进行了调整。

3）由于市场物价波动影响合同价款的，应由发承包双方合理分摊，按《建设工程工程量清单计价规范》GB 50500—2013 中附录 L2 或 L3 填写《承包人提供主要材料和工程设备一览表》作为合同附件；当合同中没有约定，发承包双方发生争议时，应按“物价变化”的规定调整合同价款。

4）由于承包人使用机械设备、施工技术以及组织管理水平等自身原因造成施工费用增加的，应由承包人全部承担。

5）当不可抗力发生，影响合同价款时，应按“合同价款调整”中“不可抗力”的规定执行。

2. 招标控制价

（1）一般规定

1）国有资金投资的建设工程招标。招标人必须编制招标控制价。

我国对国有资金投资项目的投资控制实行的是投资概算审批制度，国有资金投资的工程原则上不能超过批准的投资概算。

国有资金投资的工程实行工程量清单招标，为了客观、合理地评审投标报价和避免哄抬标价，避免造成国有资产流失，招标人必须编制招标控制价，规定最高投标限价。

2）招标控制价应由具有编制能力的招标人或受其委托具有相应资质的工程造价咨询人编制和复核。

3）工程造价咨询人接受招标人委托编制招标控制价，不得再就同一工程接受投标人委托编制投标报价。

4）招标控制价应按规定编制，不应上调或下浮。

5）当招标控制价超过批准的概算时，招标人应将其报原概算审批部门审核。

6）招标人应在发布招标文件时公布招标控制价，同时应将招标控制价及有关资料报送工程所在地或有该工程管辖权的行业管理部门工程造价管理机构备查。

招标控制价的作用决定了招标控制价不同于标底，无需保密。为体现招标的公平、公正性，防止招标人有意抬高或压低工程造价，招标人应在招标文件中如实公布招标控制价，同时，招标人应将招标控制价报工程所在地或有该工程管辖权的行业管理部门的工程造价管理机构备查。

（2）招标控制价应根据下列依据编制与复核：

1）《建设工程工程量清单计价规范》GB 50500—2013。

2）国家或省级、行业建设主管部门颁发的计价定额和计价办法。

3）建设工程设计文件及相关资料。

4）拟定的招标文件及招标工程量清单。

5）与建设项目相关的标准、规范、技术资料。

6）施工现场情况、工程特点及常规施工方案。

7）工程造价管理机构发布的工程造价信息，当工程造价信息没有发布时参照市场价。

8）其他的相关资料。

（3）综合单价中应包括招标文件中划分的应由投标人承担的风险范围及其费用。招标文件中没有明确的，如是工程造价咨询人编制，应提请招标人明确；如是招标人编制，应予明确。

（4）分部分项工程和措施项目中的单价项目，应根据拟定的招标文件和招标工程量清单项目中的特征描述及有关要求确定综合单价计算。

（5）措施项目中的总价项目应根据拟定的招标文件和常规施工方案按“工程量清单计价编制一般规定”中“计价方式”（4）和（5）的规定计价。

（6）其他项目应按下列规定计价：

1）暂列金额应按招标工程量清单中列出的金额填写。

2）暂估价中的材料、工程设备单价应按招标工程量清单中列出的单价计入综合单价。

3）暂估价中的专业工程金额应按招标工程量清单中列出的金额填写。

4）计日工应按招标工程量清单中列出的项目根据工程特点和有关计价依据确定综合单价计算。

5）总承包服务费应根据招标工程量清单列出的内容和要求估算。

（7）规费和税金必须按国家或省级、行业建设主管部门的规定计算。

3. 投标报价

（1）一般规定

1）投标价应由投标人或受其委托具有相应资质的工程造价咨询人编制。

2）投标人应依据《建设工程工程量清单计价规范》GB 50500—2013的规定自主确定投标报价。

3）投标报价不得低于工程成本。

4）投标人必须按招标工程量清单填报价格。项目编码、项目名称、项目特征、计量单位、工程量必须与招标工程量清单一致。

5）投标人的投标报价高于招标控制价的应予废标。

（2）投标报价应根据下列依据编制和复核：

1）《建设工程工程量清单计价规范》GB 50500—2013。

2）国家或省级、行业建设主管部门颁发的计价办法。

3）企业定额，国家或省级、行业建设主管部门颁发的计价定额和计价办法。

4）招标文件、招标工程量清单及其补充通知、答疑纪要。

5）建设工程设计文件及相关资料。

6）施工现场情况、工程特点及投标时拟定的施工组织设计或施工方案。

7）与建设项目相关的标准、规范等技术资料。

8）市场价格信息或工程造价管理机构发布的工程造价信息。

9）其他的相关资料。

（3）综合单价中应包括招标文件中划分的应由投标人承担的风险范围及其费用，招标文件中没有明确的，应提请招标人明确。

（4）综合单价中应包括招标文件中划分的应由投标人承担的风险范围及其费用，招标文件中没有明确的，应提请招标人明确。

（5）措施项目中的总价项目金额应根据招标文件和投标时拟定的施工组织设计或施工方案按相关规定自主确定。

（6）其他项目费应按下列规定报价：

1）暂列金额应按招标工程量清单中列出的金额填写。

2）材料、工程设备暂估价应按招标工程量清单中列出的单价计入综合单价。

3）专业工程暂估价应按招标工程量清单中列出的金额填写。

4）计日工应按招标工程量清单中列出的项目和数量，自主确定综合单价并计算计日工金额。

5）总承包服务费应根据招标工程量清单中列出的内容和提出的要求自主确定。

（7）规费和税金必须按国家或省级、行业建设主管部门的规定计算。

（8）招标工程量清单与计价表中列明的所有需要填写单价和合价的项目，投标人均应填写且只允许有一个报价。未填写单价和合价的项目，可视为此项费用已包含在已标价工程量清单中其他项目的单价和合价之中。当竣工结算时，此项目不得重新组价予以调整。

（9）投标总价应与分部分项工程费、措施项目费、其他项目费和规费、税金的合计金额一致。

4. 合同价款约定

(1) 实行招标的工程合同价款应在中标通知书发出之日起30天内，由发、承包双方依据招标文件和中标人的投标文件在书面合同中约定。

合同约定不得违背招标、投标文件中关于工期、造价、质量等方面的实质性内容。招标文件与中标人投标文件不一致的地方，应以投标文件为准。

(2) 不实行招标的工程合同价款，应在发承包双方认可的工程价款基础上，由发、承包双方在合同中约定。

(3) 实行工程量清单计价的工程，应采用单价合同；建设规模较小，技术难度较低，工期较短，且施工图设计已审查批准的建设工程可采用总价合同；紧急抢险、救灾以及施工技术特别复杂的建设工程可采用成本加酬金合同。

(4) 约定内容

1) 发承包双方应在合同条款中对下列事项进行约定：

① 预付工程款的数额、支付时间及抵扣方式。

② 安全文明施工措施的支付计划，使用要求等。

③ 工程计量与支付工程进度款的方式、数额及时间。

④ 工程价款的调整因素、方法、程序、支付及时间。

⑤ 施工索赔与现场签证的程序、金额确认与支付时间。

⑥ 承担计价风险的内容、范围以及超出约定内容、范围的调整办法。

⑦ 工程竣工价款结算编制与核对、支付及时间。

⑧ 工程质量保证金的数额、预留方式及时间。

⑨ 违约责任以及发生合同价款争议的解决方法及时间。

⑩ 与履行合同、支付价款有关的其他事项等。

2) 合同中没有按照上述1) 的要求约定或约定不明的，若发承包双方在合同履行中发生争议由双方协商确定；当协商不能达成一致时，应按《建设工程工程量清单计价规范》GB 50500—2013的规定执行。

5. 工程计量

(1) 一般规定

1) 工程量必须按照相关工程现行国家计量规范规定的工程量计算规则计算。

2) 工程计量可选择按月或按工程形象进度分段计量，具体计量周期应在合同中约定。

3) 因承包人原因造成的超出合同工程范围施工或返工的工程量，发包人不予计量。

4) 成本加酬金合同应按“单价合同的计量”的规定计量。

(2) 单价合同的计量

1) 工程量必须以承包人完成合同工程应予计量的工程量确定。

2) 施工中进行工程计量，当发现招标工程量清单中出现缺项、工程量偏差，或因工程变更引起工程量增减时，应按承包人在履行合同义务中完成的工程量计算。

3) 承包人应按照合同约定的计量周期和时间向发包人提交当期已完工程量报告。发包人应在收到报告后7天内核实，并将核实计量结果通知承包人。发包人未在约定时间内进行核实的，承包人提交的计量报告中所列的工程量应视为承包人实际完成的工程量。

4）发包人认为需要进行现场计量核实时，应在计量前24小时通知承包人，承包人应为计量提供便利条件并派人参加。当双方均同意核实结果时，双方应在上述记录上签字确认。承包人收到通知后不派人参加计量，视为认可发包人的计量核实结果。发包人不按照约定时间通知承包人，致使承包人未能派人参加计量，计量核实结果无效。

5）当承包人认为发包人核实后的计量结果有误时，应在收到计量结果通知后的7天内向发包人提出书面意见，并应附上其认为正确的计量结果和详细的计算资料。发包人收到书面意见后，应在7天内对承包人的计量结果进行复核后通知承包人。承包人对复核计量结果仍有异议的，按照合同约定的争议解决办法处理。

6）承包人完成已标价工程量清单中每个项目的工程量并经发包人核实无误后，发承包双方应对每个项目的历次计量报表进行汇总，以核实最终结算工程量，并应在汇总表上签字确认。

（3）总价合同的计量

1）采用工程量清单方式招标形成的总价合同，其工程量应按照“单价合同的计量”的规定计算。

2）采用经审定批准的施工图纸及其预算方式发包形成的总价合同，除按照工程变更规定的工程量增减外，总价合同各项目的工程量应为承包人用于结算的最终工程量。

3）总价合同约定的项目计量应以合同工程经审定批准的施工图纸为依据，发承包双方应在合同中约定工程计量的形象目标或时间节点进行计量。

4）承包人应在合同约定的每个计量周期内对已完成的工程进行计量，并向发包人提交达到工程形象目标完成的工程量和有关计量资料的报告。

5）发包人应在收到报告后7天内对承包人提交的上述资料进行复核，以确定实际完成的工程量和工程形象目标。对其有异议的，应通知承包人进行共同复核。

6. 合同价款调整

（1）一般规定

1）下列事项（但不限于）发生，发承包双方应按照合同约定调整合同价款：

① 法律法规变化；

② 工程变更；

③ 项目特征不符；

④ 工程量清单缺项；

⑤ 工程量偏差；

⑥ 计日工；

⑦ 物价变化；

⑧ 暂估价；

⑨ 不可抗力；

⑩ 提前竣工（赶工补偿）；

⑪ 误期赔偿；

⑫ 索赔；

⑬ 现场签证；

⑭ 暂列金额；

⑮ 发承包双方约定的其他调整事项。

2）出现合同价款调增事项（不含工程量偏差、计日工、现场签证、索赔）后的14天内，承包人应向发包人提交合同价款调增报告并附上相关资料；承包人在14天内未提交合同价款调增报告的，应视为承包人对该事项不存在调整价款请求。

3）出现合同价款调减事项（不含工程量偏差、索赔）后的14天内，发包人应向承包人提交合同价款调减报告并附相关资料；发包人在14天内未提交合同价款调减报告的，应视为发包人对该事项不存在调整价款请求。

4）发（承）包人应在收到承（发）包人合同价款调增（减）报告及相关资料之日起14天内对其核实，予以确认的应书面通知承（发）包人。当有疑问时，应向承（发）包人提出协商意见。发（承）包人在收到合同价款调增（减）报告之日起14天内未确认也未提出协商意见的，应视为承（发）包人提交的合同价款调增（减）报告已被发（承）包人认可。发（承）包人提出协商意见的，承（发）包人应在收到协商意见后的14天内对其核实，予以确认的应书面通知发（承）包人。承（发）包人在收到发（承）包人的协商意见后14天内既不确认也未提出不同意见的，应视为发（承）包人提出的意见已被承（发）包人认可。

5）发包人与承包人对合同价款调整的不同意见不能达成一致的，只要对发承包双方履约不产生实质影响，双方应继续履行合同义务，直到其按照合同约定的争议解决方式得到处理。

6）经发承包双方确认调整的合同价款，作为追加（减）合同价款，应与工程进度款或结算款同期支付。

（2）法律法规变化

1）招标工程以投标截止日前28天、非招标工程以合同签订前28天为基准日，其后因国家的法律、法规、规章和政策发生变化引起工程造价增减变化的，发承包双方应按照省级或行业建设主管部门或其授权的工程造价管理机构据此发布的规定调整合同价款。

2）因承包人原因导致工期延误的，按第1）条规定的调整时间，在合同工程原定竣工时间之后，合同价款调增的不予调整，合同价款调减的予以调整。

（3）工程变更

1）因工程变更引起已标价工程量清单项目或其工程数量发生变化时，应按照下列规定调整：

① 已标价工程量清单中有适用于变更工程项目的，应采用该项目的单价；但当工程变更导致该清单项目的工程数量发生变化，且工程量偏差超过15%时，该项目单价应按照工程量偏差第2）条的规定调整。

② 已标价工程量清单中没有适用但有类似于变更工程项目的，可在合理范围内参照类似项目的单价。

③ 已标价工程量清单中没有适用也没有类似于变更工程项目的，应由承包人根据变更工程资料、计量规则和计价办法、工程造价管理机构发布的信息价格和承包人报价浮动率提出变更工程项目的单价，并应报发包人确认后调整。承包人报价浮动率可按下列公式计算：

招标工程：

$$承包人报价浮动率L=(1-中标价/招标控制价)\times 100\% \tag{5-7}$$

非招标工程：

$$承包人报价浮动率L=(1-报价/施工图预算)\times 100\% \tag{5-8}$$

④ 已标价工程量清单中没有适用也没有类似于变更工程项目，且工程造价管理机构发布的信息价格缺价的，应由承包人根据变更工程资料、计量规则、计价办法和通过市场调查等取得有合法依据的市场价格提出变更工程项目的单价，并应报发包人确认后调整。

2）工程变更引起施工方案改变并使措施项目发生变化时，承包人提出调整措施项目费的，应事先将拟实施的方案提交发包人确认，并应详细说明与原方案措施项目相比的变化情况。拟实施的方案经发承包双方确认后执行，并应按照下列规定调整措施项目费：

① 安全文明施工费应按照实际发生变化的措施项目依据国家或省级、行业建设主管部门的规定计算。

② 采用单价计算的措施项目费，应按照实际发生变化的措施项目，按1）的规定确定单价。

③ 按总价（或系数）计算的措施项目费，按照实际发生变化的措施项目调整，但应考虑承包人报价浮动因素，即调整金额按照实际调整金额乘以1）规定的承包人报价浮动率计算。

如果承包人未事先将拟实施的方案提交给发包人确认，则应视为工程变更不引起措施项目费的调整或承包人放弃调整措施项目费的权利。

（4）当发包人提出的工程变更因非承包人原因删减了合同中的某项原定工作或工程，致使承包人发生的费用或（和）得到的收益不能被包括在其他已支付或应支付的项目中，也未被包含在任何替代的工作或工程中时，承包人有权提出并应得到合理的费用及利润补偿。

（5）项目特征不符

1）发包人在招标工程量清单中对项目特征的描述，应被认为是准确和全面的，并且与实际施工要求相符合。承包人应按照发包人提供的招标工程量清单，根据项目特征描述的内容及有关要求实施合同工程，直到项目被改变为止。

2）承包人应按照发包人提供的设计图纸实施合同工程，若在合同履行期间出现设计图纸（含设计变更）与招标工程量清单任一项目的特征描述不符，且该变化引起该项目工程造价增减变化的，应按照实际施工的项目特征，按工程变更相关条款的规定重新确定相应工程量清单项目的综合单价，并调整合同价款。

（6）工程量清单缺项

1）合同履行期间，由于招标工程量清单中缺项，新增分部分项工程清单项目的，应按照相关规定确定单价，并调整合同价款。

2）新增分部分项工程清单项目后，引起措施项目发生变化的，应根据工程变更第2）条的规定，在承包人提交的实施方案被发包人批准后调整合同价款。

3）由于招标工程量清单中措施项目缺项，承包人应将新增措施项目实施方案提交发包人批准后，按照工程变更第1）条、第2）条的规定调整合同价款。

（7）工程量偏差

1）合同履行期间，当应予计算的实际工程量与招标工程量清单出现偏差，且符合下列 2)、3) 条规定时，发承包双方应调整合同价款。

2) 对于任一招标工程量清单项目，当因本节规定的工程量偏差和工程变更规定的工程变更等原因导致工程量偏差超过 15%时，可进行调整。当工程量增加 15%以上时，增加部分的工程量的综合单价应予调低；当工程量减少 15%以上时，减少后剩余部分的工程量的综合单价应予调高。

3) 当工程量出现上述 2) 条的变化，且该变化引起相关措施项目相应发生变化时，按系数或单一总价方式计价的，工程量增加的措施项目费调增，工程量减少的措施项目费调减。

(8) 计日工

1) 发包人通知承包人以计日工方式实施的零星工作，承包人应予执行。

2) 采用计日工计价的任何一项变更工作，在该项变更的实施过程中，承包人应按合同约定提交下列报表和有关凭证送发包人复核：

① 工作名称、内容和数量；

② 投入该工作所有人员的姓名、工种、级别和耗用工时；

③ 投入该工作的材料名称、类别和数量；

④ 投入该工作的施工设备型号、台数和耗用台时；

⑤ 发包人要求提交的其他资料和凭证。

3) 任一计日工项目持续进行时，承包人应在该项工作实施结束后的 24 小时内向发包人提交有计日工记录汇总的现场签证报告一式三份。发包人在收到承包人提交现场签证报告后的 2 天内予以确认并将其中一份返还给承包人，作为计日工计价和支付的依据。发包人逾期未确认也未提出修改意见的，应视为承包人提交的现场签证报告已被发包人认可。

4) 任一计日工项目实施结束后，承包人应按照确认的计日工现场签证报告核实该类项目的工程数量，并应根据核实的工程数量和承包人已标价工程量清单中的计日工单价计算，提出应付价款；已标价工程量清单中没有该类计日工单价的，由发承包双方按工程变更的规定商定计日工单价计算。

5) 每个支付期末，承包人应按照进度款的规定向发包人提交本期间所有计日工记录的签证汇总表，并应说明本期间自己认为有权得到的计日工金额，调整合同价款，列入进度款支付。

(9) 物价变化

1) 合同履行期间，因人工、材料、工程设备、机械台班价格波动影响合同价款时，应根据合同约定，按《建设工程工程量清单计价规范》GB 50500—2013 附录 A 的方法之一调整合同价款。

2) 承包人采购材料和工程设备的，应在合同中约定主要材料、工程设备价格变化的范围或幅度；当没有约定，且材料、工程设备单价变化超过 5%时，超过部分的价格应按照《建设工程工程量清单计价规范》GB 50500—2013 附录 A 的方法计算调整材料、工程设备费。

3) 发生合同工程工期延误的，应按照下列规定确定合同履行期的价格调整：

① 因非承包人原因导致工期延误的，计划进度日期后续工程的价格，应采用计划进度日期与实际进度日期两者的较高者。

② 因承包人原因导致工期延误的，计划进度日期后续工程的价格，应采用计划进度日期与实际进度日期两者的较低者。

4）发包人供应材料和工程设备的，不适用上述1）、2）条规定，应由发包人按照实际变化调整，列入合同工程的工程造价内。

（10）暂估价

1）发包人在招标工程量清单中给定暂估价的材料、工程设备属于依法必须招标的，应由发承包双方以招标的方式选择供应商，确定价格，并应以此为依据取代暂估价，调整合同价款。

2）发包人在招标工程量清单中给定暂估价的材料、工程设备不属于依法必须招标的，应由承包人按照合同约定采购，经发包人确认单价后取代暂估价，调整合同价款。

3）发包人在工程量清单中给定暂估价的专业工程不属于依法必须招标的，应按照工程变更相应条款的规定确定专业工程价款，并应以此为依据取代专业工程暂估价，调整合同价款。

4）发包人在招标工程量清单中给定暂估价的专业工程，依法必须招标的，应由发承包双方依法组织招标选择专业分包人，并接受有管辖权的建设工程招标投标管理机构的监督，还应符合下列要求：

① 除合同另有约定外，承包人不参加投标的专业工程发包招标，应由承包人作为招标人，但拟定的招标文件、评标工作、评标结果应报送发包人批准。与组织招标工作有关的费用应被认为已经包括在承包人的签约合同价（投标总报价）中。

② 承包人参加投标的专业工程发包招标，应由发包人作为招标人，与组织招标工作有关的费用由发包人承担。同等条件下，应优先选择承包人中标。

③ 应以专业工程发包中标价为依据取代专业工程暂估价，调整合同价款。

（11）不可抗力

1）因不可抗力事件导致的人员伤亡、财产损失及其费用增加，发承包双方应按下列原则分别承担并调整合同价款和工期：

① 合同工程本身的损害、因工程损害导致第三方人员伤亡和财产损失以及运至施工场地用于施工的材料和待安装的设备的损害，应由发包人承担；

② 发包人、承包人人员伤亡应由其所在单位负责，并应承担相应费用；

③ 承包人的施工机械设备损坏及停工损失，应由承包人承担；

④ 停工期间，承包人应发包人要求留在施工场地的必要的管理人员及保卫人员的费用应由发包人承担；

⑤ 工程所需清理、修复费用，应由发包人承担。

2）不可抗力解除后复工的，若不能按期竣工，应合理延长工期。发包人要求赶工的，赶工费用应由发包人承担。

3）因不可抗力解除合同的，应按合同解除的价款结算与支付的规定办理。

（12）提前竣工（赶工补偿）

1）招标人应依据相关工程的工期定额合理计算工期，压缩的工期天数不得超过定额工期的20%，超过者，应在招标文件中明示增加赶工费用。

2）发包人要求合同工程提前竣工的，应征得承包人同意后与承包人商定采取加快工程进度的措施，并应修订合同工程进度计划。发包人应承担承包人由此增加的提前竣工（赶工补偿）费用。

3）发承包双方应在合同中约定提前竣工每日历天应补偿额度，此项费用应作为增加合同价款列入竣工结算文件中，应与结算款一并支付。

（13）误期赔偿

1）承包人未按照合同约定施工，导致实际进度迟于计划进度的，承包人应加快进度，实现合同工期。

合同工程发生误期，承包人应赔偿发包人由此造成的损失，并应按照合同约定向发包人支付误期赔偿费。即使承包人支付误期赔偿费，也不能免除承包人按照合同约定应承担的任何责任和应履行的任何义务。

2）发承包双方应在合同中约定误期赔偿费，并应明确每日历天应赔额度。误期赔偿费应列入竣工结算文件中，并应在结算款中扣除。

3）工程竣工前，合同工程内的某单项（位）工程已通过了竣工验收，且该单项（位）工程接收证书中表明的竣工日期并未延误，而是合同工程的其他部分产生了工期延误时，误期赔偿费应按照已颁发工程接收证书的单项（位）工程造价占合同价款的比例幅度予以扣减。

（14）索赔

1）当合同一方向另一方提出索赔时，应有正当的索赔理由和有效证据，并应符合合同的相关约定。

2）根据合同约定，承包人认为非承包人原因发生的事件造成了承包人的损失，应按下列程序向发包人提出索赔：

① 承包人应在知道或应知道索赔事件发生后 28 天内，向发包人提交索赔意向通知书，说明发生索赔事件的事由。承包人逾期未发出索赔意向通知书的，丧失索赔的权利。

② 承包人应在发出索赔意向通知书后 28 天内，向发包人正式提交索赔通知书。索赔通知书应详细说明索赔理由和要求，并应附必要的记录和证明材料。

③ 索赔事件具有连续影响的，承包人应继续提交延续索赔通知，说明连续影响的实际情况和记录。

④ 在索赔事件影响结束后的 28 天内，承包人应向发包人提交最终索赔通知书，说明最终索赔要求，并应附必要的记录和证明材料。

3）承包人索赔应按下列程序处理：

① 发包人收到承包人的索赔通知书后，应及时查验承包人的记录和证明材料。

② 发包人应在收到索赔通知书或有关索赔的进一步证明材料后的 28 天内，将索赔处理结果答复承包人，如果发包人逾期未作出答复，视为承包人索赔要求已被发包人认可。

③ 承包人接受索赔处理结果的，索赔款项应作为增加合同价款，在当期进度款中进行支付；承包人不接受索赔处理结果的，应按合同约定的争议解决方式办理。

4）承包人要求赔偿时，可以选择下列一项或几项方式获得赔偿：

① 延长工期。

② 要求发包人支付实际发生的额外费用。

③ 要求发包人支付合理的预期利润。

④ 要求发包人按合同的约定支付违约金。

5）当承包人的费用索赔与工期索赔要求相关联时，发包人在做出费用索赔的批准决定时，应结合工程延期，综合做出费用赔偿和工程延期的决定。

6）发承包双方在按合同约定办理了竣工结算后，应被认为承包人已无权再提出竣工结算前所发生的任何索赔。承包人在提交的最终结清申请中，只限于提出竣工结算后的索赔，提出索赔的期限应自发承包双方最终结清时终止。

7）根据合同约定，发包人认为由于承包人的原因造成发包人的损失，宜按承包人索赔的程序进行索赔。

8）发包人要求赔偿时，可以选择下列一项或几项方式获得赔偿：

① 延长质量缺陷修复期限；

② 要求承包人支付实际发生的额外费用；

③ 要求承包人按合同的约定支付违约金。

9）承包人应付给发包人的索赔金额可从拟支付给承包人的合同价款中扣除，或由承包人以其他方式支付给发包人。

（15）现场签证

1）承包人应发包人要求完成合同以外的零星项目、非承包人责任事件等工作的，发包人应及时以书面形式向承包人发出指令，并应提供所需的相关资料；承包人在收到指令后，应及时向发包人提出现场签证要求。

2）承包人应在收到发包人指令后的7天内向发包人提交现场签证报告，发包人应在收到现场签证报告后的48小时内对报告内容进行核实，予以确认或提出修改意见。发包人在收到承包人现场签证，报告后的48小时内未确认也未提出修改意见的，应视为承包人提交的现场签证报告已被发包人认可。

3）现场签证的工作如已有相应的计日工单价，现场签证中应列明完成该类项目所需的人工、材料、工程设备和施工机械台班的数量。

如现场签证的工作没有相应的计日工单价，应在现场签证报告中列明完成该签证工作所需的人工、材料设备和施工机械台班的数量及单价。

4）合同工程发生现场签证事项，未经发包人签证确认，承包人便擅自施工的，除非征得发包人书面同意，否则发生的费用应由承包人承担。

5）现场签证工作完成后的7天内，承包人应按照现场签证内容计算价款，报送发包人确认后，作为增加合同价款，与进度款同期支付。

6）在施工过程中，当发现合同工程内容因场地条件、地质水文、发包人要求等不一致时，承包人应提供所需的相关资料，并提交发包人签证认可，作为合同价款调整的依据。

（16）暂列金额

1）已签约合同价中的暂列金额应由发包人掌握使用。

2）发包人按照前述（1）～（14）项的规定支付后，暂列金额余额应归发包人所有。

7. 合同价款期中支付

（1）预付款

1）承包人应将预付款专用于合同工程。

2）包工包料工程的预付款的支付比例不得低于签约合同价（扣除暂列金额）的10%，不宜高于签约合同价（扣除暂列金额）的30%。

3）承包人应在签订合同或向发包人提供与预付款等额的预付款保函后向发包人提交预付款支付申请。

4）发包人应在收到支付申请的7天内进行核实，向承包人发出预付款支付证书，并在签发支付证书后的7天内向承包人支付预付款。

5）发包人没有按合同约定按时支付预付款的，承包人可催告发包人支付；发包人在预付款期满后的7天内仍未支付的，承包人可在付款期满后的第8天起暂停施工。发包人应承担由此增加的费用和延误的工期，并应向承包人支付合理利润。

6）预付款应从每一个支付期应支付给承包人的工程进度款中扣回，直到扣回的金额达到合同约定的预付款金额为止。

7）承包人的预付款保函的担保金额根据预付款扣回的数额相应递减，但在预付款全部扣回之前一直保持有效。发包人应在预付款扣完后的14天内将预付款保函退还给承包人。

（2）安全文明施工费

1）安全文明施工费包括的内容和使用范围，应符合国家有关文件和计量规范的规定。

2）发包人应在工程开工后的28天内预付不低于当年施工进度计划的安全文明施工费总额的60%，其余部分应按照提前安排的原则进行分解，并应与进度款同期支付。

3）发包人没有按时支付安全文明施工费的，承包人可催告发包人支付；发包人在付款期满后的7天内仍未支付的，若发生安全事故，发包人应承担相应责任。

4）承包人对安全文明施工费应专款专用，在财务账目中应单独列项备查，不得挪作他用，否则发包人有权要求其限期改正；逾期未改正的，造成的损失和延误的工期应由承包人承担。

（3）进度款

1）发承包双方应按照合同约定的时间、程序和方法，根据工程计量结果，办理期中价款结算，支付进度款。

2）进度款支付周期应与合同约定的工程计量周期一致。

3）已标价工程量清单中的单价项目，承包人应按工程计量确认的工程量与综合单价计算；综合单价发生调整的，以发承包双方确认调整的综合单价计算进度款。

4）已标价工程量清单中的总价项目和按照规定形成的总价合同，承包人应按合同中约定的进度款支付分解，分别列入进度款支付申请中的安全文明施工费和本周期应支付的总价项目的金额中。

5）发包人提供的甲供材料金额，应按照发包人签约提供的单价和数量从进度款支付中扣除，列入本周期应扣减的金额中。

6）承包人现场签证和得到发包人确认的索赔金额应列入本周期应增加的金额中。

7）进度款的支付比例按照合同约定，按期中结算价款总额计，不低于60%，不高于90%。

8）承包人应在每个计量周期到期后的7天内向发包人提交已完工程进度款支付申请一式四份，详细说明此周期认为有权得到的款额，包括分包人已完工程的价款。

9）发包人应在收到承包人进度款支付申请后的14天内，根据计量结果和合同约定对申请内容予以核实，确认后向承包人出具进度款支付证书。若发承包双方对部分清单项目的计量结果出现争议，发包人应对无争议部分的工程计量结果向承包人出具进度款支付证书。

10）发包人应在签发进度款支付证书后的14天内，按照支付证书列明的金额向承包人支付进度款。

11）若发包人逾期未签发进度款支付证书，则视为承包人提交的进度款支付申请已被发包人认可，承包人可向发包人发出催告付款的通知。发包人应在收到通知后的14天内，按照承包人支付申请的金额向承包人支付进度款。

12）发包人未按照9)～11）条的规定支付进度款的，承包人可催告发包人支付，并有权获得延迟支付的利息；发包人在付款期满后的7天内仍未支付的，承包人可在付款期满后的第8天起暂停施工。发包人应承担由此增加的费用和延误的工期，向承包人支付合理利润，并应承担违约责任。

13）发现已签发的任何支付证书有错、漏或重复的数额，发包人有权予以修正，承包人也有权提出修正申请。经发承包双方复核同意修正的，应在本次到期的进度款中支付或扣除。

8. 合同解除的价款结算与支付

（1）发承包双方协商一致解除合同的，应按照达成的协议办理结算和支付合同价款。

（2）由于不可抗力致使合同无法履行解除合同的，发包人应向承包人支付合同解除之日前已完成工程但尚未支付的合同价款，此外，还应支付下列金额：

1）提前竣工（赶工补偿）的由发包人承担的费用；

2）已实施或部分实施的措施项目应付价款；

3）承包人为合同工程合理订购且已交付的材料和工程设备货款；

4）承包人撤离现场所需的合理费用，包括员工遣送费和临时工程拆除、施工设备运离现场的费用；

5）承包人为完成合同工程而预期开支的任何合理费用，且该项费用未包括在本款其他各项支付之内。

发承包双方办理结算合同价款时，应扣除合同解除之日前发包人应向承包人收回的价款。当发包人应扣除的金额超过了应支付的金额，承包人应在合同解除后的56天内将其差额退还给发包人。

（3）因承包人违约解除合同的，发包人应暂停向承包人支付任何价款。发包人应在合同解除后28天内核实合同解除时承包人已完成的全部合同价款以及按施工进度计划已运至现场的材料和工程设备货款，按合同约定核算承包人应支付的违约金以及造成损失的索赔金额，并将结果通知承包人。发承包双方应在28天内予以确认或提出意见，并应办理结算合同价款。如果发包人应扣除的金额超过了应支付的金额，承包人应在合同解除后的56天内将其差额退还给发包人。发承包双方不能就解除合同后的结算达成一致的，按照合同约定的争议解决方式处理。

（4）因发包人违约解除合同的，发包人除应按照（2）的规定向承包人支付各项价款外，应按合同约定核算发包人应支付的违约金以及给承包人造成损失或损害的索赔金额费用。该笔费用应由承包人提出，发包人核实后应与承包人协商确定后的 7 天内向承包人签发支付证书。协商不能达成一致的，应按照合同约定的争议解决方式处理。

9. 竣工结算与支付

（1）一般规定

1）工程完工后，发、承包双方必须在合同约定时间内办理工程竣工结算。

2）工程竣工结算应由承包人或受其委托具有相应资质的工程造价咨询人编制，并应由发包人或受其委托具有相应资质的工程造价咨询人核对。

3）当发承包双方或一方对工程造价咨询人出具的竣工结算文件有异议时，可向工程造价管理机构投诉，申请对其进行执业质量鉴定。

4）工程造价管理机构对投诉的竣工结算文件进行质量鉴定，宜按工程造价鉴定的相关规定进行。

5）竣工结算办理完毕，发包人应将竣工结算文件报送工程所在地或有该工程管辖权的行业管理部门的工程造价管理机构备案，竣工结算文件应作为工程竣工验收备案、交付使用的必备文件。

（2）编制与复核

1）工程竣工结算应根据下列依据编制和复核：

①《建设工程工程量清单计价规范》GB 50500—2013；

② 工程合同；

③ 发、承包双方实施过程中已确认的工程量及其结算的合同价款；

④ 发、承包双方实施过程中已确认调整后追加（减）的合同价款；

⑤ 建设工程设计文件及相关资料；

⑥ 投标文件；

⑦ 其他依据。

2）分部分项工程和措施项目中的单价项目应依据发、承包双方确认的工程量与已标价工程量清单的综合单价计算；发生调整的，应以发、承包双方确认调整的综合单价计算。

3）措施项目中的总价项目应依据已标价工程量清单的项目和金额计算；发生调整的，应以发、承包双方确认调整的金额计算，其中安全文明施工费应按相关规定计算。

4）其他项目应按下列规定计价：

① 计日工应按发包人实际签证确认的事项计算；

② 暂估价应按暂估价的规定计算；

③ 总承包服务费应依据已标价工程量清单金额计算；发生调整的，应以发、承包双方确认调整的金额计算；

④ 索赔费用应依据发、承包双方确认的索赔事项和金额计算；

⑤ 现场签证费用应依据发、承包双方签证资料确认的金额计算；

⑥ 暂列金额应减去合同价款调整（包括索赔、现场签证）金额计算，如有余额归发包人。

5）规费和税金应按相关规定计算。规费中的工程排污费应按工程所在地环境保护部门规定的标准缴纳后按实列入。

6）发、承包双方在合同工程实施过程中已经确认的工程计量结果和合同价款，在竣工结算办理中应直接进入结算。

（3）竣工结算

1）合同工程完工后，承包人应在经发承包双方确认的合同工程期中价款结算的基础上汇总编制完成竣工结算文件，应在提交竣工验收申请的同时向发包人提交竣工结算文件。

承包人未在合同约定的时间内提交竣工结算文件，经发包人催告后14天内仍未提交或没有明确答复的，发包人有权根据已有资料编制竣工结算文件，作为办理竣工结算和支付结算款的依据，承包人应予以认可。

2）发包人应在收到承包人提交的竣工结算文件后的28天内核对。发包人经核实：认为承包人还应进一步补充资料和修改结算文件，应在上述时限内向承包人提出核实意见，承包人在收到核实意见后的28天内应按照发包人提出的合理要求补充资料，修改竣工结算文件，并应再次提交给发包人复核后批准。

3）发包人应在收到承包人再次提交的竣工结算文件后的28天内予以复核，将复核结果通知承包人，并应遵守下列规定：

① 发包人、承包人对复核结果无异议的，应在7天内在竣工结算文件上签字确认，竣工结算办理完毕；

② 发包人或承包人对复核结果认为有误的，无异议部分按照（1）规定办理不完全竣工结算；有异议部分由发承包双方协商解决；协商不成的，应按照合同约定的争议解决方式处理。

4）发包人在收到承包人竣工结算文件后的28天内，不核对竣工结算或未提出核对意见的，应视为承包人提交的竣工结算文件已被发包人认可，竣工结算办理完毕。

5）承包人在收到发包人提出的核实意见后的28天内，不确认也未提出异议的，应视为发包人提出的核实意见已被承包人认可，竣工结算办理完毕。

6）发包人委托工程造价咨询人核对竣工结算的，工程造价咨询人应在28天内核对完毕，核对结论与承包人竣工结算文件不一致的，应提交给承包人复核；承包人应在14天内将同意核对结论或不同意见的说明提交工程造价咨询人。工程造价咨询人收到承包人提出的异议后，应再次复核，复核无异议的，应按3）中①的规定办理，复核后仍有异议的，按3）中②的规定办理。

承包人逾期未提出书面异议的，应视为工程造价咨询人核对的竣工结算文件已经承包人认可。

7）对发包人或发包人委托的工程造价咨询人指派的专业人员与承包人指派的专业人员经核对后无异议并签名确认的竣工结算文件，除非发承包人能提出具体、详细的不同意见，发承包人都应在竣工结算文件上签名确认，如其中一方拒不签认的，按下列规定办理：

① 若发包人拒不签认的，承包人可不提供竣工验收备案资料，并有权拒绝与发包人或其上级部门委托的工程造价咨询人重新核对竣工结算文件。

② 若承包人拒不签认的，发包人要求办理竣工验收备案的，承包人不得拒绝提供竣工验收资料；否则，由此造成的损失，承包人承担相应责任。

8）合同工程竣工结算核对完成，发承包双方签字确认后，发包人不得要求承包人与另一个或多个工程造价咨询人重复核对竣工结算。

9）发包人对工程质量有异议，拒绝办理工程竣工结算的，已竣工验收或已竣工未验收但实际投入使用的工程，其质量争议应按该工程保修合同执行，竣工结算应按合同约定办理；已竣工未验收且未实际投入使用的工程以及停工、停建工程的质量争议，双方应就有争议的部分委托有资质的检测鉴定机构进行检测，并应根据检测结果确定解决方案，或按工程质量监督机构的处理决定执行后办理竣工结算，无争议部分的竣工结算应按合同约定办理。

（4）结算款支付

1）承包人应根据办理的竣工结算文件向发包人提交竣工结算款支付申请。申请应包括下列内容：

① 竣工结算合同价款总额；

② 累计已实际支付的合同价款；

③ 应预留的质量保证金；

④ 实际应支付的竣工结算款金额。

2）发包人应在收到承包人提交竣工结算款支付申请后 7 天内予以核实，向承包人签发竣工结算支付证书。

3）发包人签发竣工结算支付证书后的 14 天内，应按照竣工结算支付证书列明的金额向承包人支付结算款。

4）发包人在收到承包人提交的竣工结算款支付申请后 7 天内不予核实，不向承包人签发竣工结算支付证书的，视为承包人的竣工结算款支付申请已被发包人认可；发包人应在收到承包人提交的竣工结算款支付申请 7 天后的 14 天内，按照承包人提交的竣工结算款支付申请列明的金额向承包人支付结算款。

5）发包人未按照 3）、4）规定支付竣工结算款的，承包人可催告发包人支付，并有权获得延迟支付的利息。发包人在竣工结算支付证书签发后或者在收到承包人提交的竣工结算款支付申请 7 天后的 56 天内仍未支付的，除法律另有规定外，承包人可与发包人协商将该工程折价，也可直接向人民法院申请将该工程依法拍卖。承包人应就该工程折价或拍卖的价款优先受偿。

（5）最终结清

1）缺陷责任期终止后，承包人应按照合同约定向发包人提交最终结清支付申请。发包人对最终结清支付申请有异议的，有权要求承包人进行修正和提供补充资料。承包人修正后，应再次向发包人提交修正后的最终结清支付申请。

2）发包人应在收到最终结清支付申请后的 14 天内予以核实，并应向承包人签发最终结清支付证书。

3）发包人应在签发最终结清支付证书后的 14 天内，按照最终结清支付证书列明的金额向承包人支付最终结清款。

4）发包人未在约定的时间内核实，又未提出具体意见的，应视为承包人提交的最终结清支付申请已被发包人认可。

5）发包人未按期最终结清支付的，承包人可催告发包人支付，并有权获得延迟支付的利息。

6）最终结清时，承包人被预留的质量保证金不足以抵减发包人工程缺陷修复费用的，承包人应承担不足部分的补偿责任。

7）承包人对发包人支付的最终结清款有异议的，应按照合同约定的争议解决方式处理。

10. 合同价款争议的解决

（1）监理或造价工程师暂定

1）若发包人和承包人之间就工程质量、进度、价款支付与扣除、工期延期、索赔、价款调整等发生任何法律上、经济上或技术上的争议，首先应根据已签约合同的规定，提交合同约定职责范围内的总监理工程师或造价工程师解决，并应抄送另一方。总监理工程师或造价工程师在收到此提交件后14天内应将暂定结果通知发包人和承包人。发承包双方对暂定结果认可的，应以书面形式予以确认，暂定结果成为最终决定。

2）发、承包双方在收到总监理工程师或造价工程师的暂定结果通知之后的14天内未对暂定结果予以确认也未提出不同意见的，应视为发承包双方已认可该暂定结果。

3）发、承包双方或一方不同意暂定结果的，应以书面形式向总监理工程师或造价工程师提出，说明自己认为正确的结果，同时抄送另一方，此时该暂定结果成为争议。在暂定结果对发、承包双方当事人履约不产生实质影响的前提下，发、承包双方应实施该结果，直到按照发、承包双方认可的争议解决办法被改变为止。

（2）管理机构的解释或认定

1）合同价款争议发生后，发、承包双方可就工程计价依据的争议以书面形式提请工程造价管理机构对争议以书面文件进行解释或认定。

2）工程造价管理机构应在收到申请的10个工作日内就发、承包双方提请的争议问题进行解释或认定。

3）发、承包双方或一方在收到工程造价管理机构书面解释或认定后仍可按照合同约定的争议解决方式提请仲裁或诉讼。除工程造价管理机构的上级管理部门做出了不同的解释或认定，或在仲裁裁决或法院判决中不予采信的外，工程造价管理机构做出的书面解释或认定应为最终结果，并应对发、承包双方均有约束力。

（3）协商和解

1）合同价款争议发生后，发、承包双方任何时候都可以进行协商。协商达成一致的，双方应签订书面和解协议，和解协议对发、承包双方均有约束力。

2）如果协商不能达成一致协议，发包人或承包人都可以按合同约定的其他方式解决争议。

（4）调解

1）发、承包双方应在合同中约定或在合同签订后共同约定争议调解人，负责双方在合同履行过程中发生争议的调解。

2）合同履行期间，发、承包双方可协议调换或终止任何调解人，但发包人或承包人都不能单独采取行动。除非双方另有协议，在最终结清支付证书生效后，调解人的任期应即终止。

3）如果发承包双方发生了争议，任何一方可将该争议以书面形式提交调解人，并将副本抄送另一方，委托调解人调解。

4）发承包双方应按照调解人提出的要求，给调解人提供所需要的资料、现场进入权及相应设施。调解人应被视为不是在进行仲裁人的工作。

5）调解人应在收到调解委托后 28 天内或由调解人建议并经发承包双方认可的其他期限内提出调解书，发、承包双方接受调解书的，经双方签字后作为合同的补充文件，对发、承包双方均具有约束力，双方都应立即遵照执行。

6）当发、承包双方中任一方对调解人的调解书有异议时，应在收到调解书后 28 天内向另一方发出异议通知，并应说明争议的事项和理由。但除非并直到调解书在协商和解或仲裁裁决、诉讼判决中做出修改，或合同已经解除，承包人应继续按照合同实施工程。

7）当调解人已就争议事项向发、承包双方提交了调解书，而任一方在收到调解书后 28 天内均未发出表示异议的通知时，调解书对发、承包双方应均具有约束力。

（5）仲裁、诉讼

1）发、承包双方的协商和解或调解均未达成一致意见，其中的一方已就此争议事项根据合同约定的仲裁协议申请仲裁，应同时通知另一方。

2）仲裁可在竣工之前或之后进行，但发包人、承包人、调解人各自的义务不得因在工程实施期间进行仲裁而有所改变。当仲裁是在仲裁机构要求停止施工的情况下进行时，承包人应对合同工程采取保护措施，由此增加的费用应由败诉方承担。

3）在（1）～（4）规定的期限内，暂定或和解协议或调解书已经有约束力的情况下，当发、承包中一方未能遵守暂定或和解协议或调解书时，另一方可在不损害他可能具有的任何其他权利的情况下，将未能遵守暂定或不执行和解协议或调解书达成的事项提交仲裁。

4）发包人、承包人在履行合同时发生争议，双方不愿和解、调解或者和解、调解不成，又没有达成仲裁协议的，可依法向人民法院提起诉讼。

参考文献

［1］ 中华人民共和国住房和城乡建设部. 建设工程工程量清单计价规范 GB 50500—2013［S］. 北京：中国计划出版社，2013.

［2］ 中华人民共和国住房和城乡建设部. 市政工程工程量计算规范 GB 50857—2013［S］. 北京：中国计划出版社，2013.

［3］ 张麦妞. 市政工程工程量清单计价知识问答［M］. 北京：人民交通出版社，2009.

［4］ 杨伟. 新版市政工程工程量清单计价及实例［M］. 北京：化学工业出版社，2013.

［5］ 曾昭宏. 市政工程识图与工程量清单计价［M］. 哈尔滨：哈尔滨工业大学出版社，2012.

［6］ 史静宇. 市政工程概预算与工程量清单计价［M］. 哈尔滨：哈尔滨工业大学出版社，2011.

［7］ 王云江. 市政工程预算快速入门与技巧［M］. 北京：中国建筑工业出版社，2014.